课堂实录

中文版 **Flash CS6**

课堂实录

刘孟辉 / 编著

清华大学出版社

北京

## 内容简介

本书由专业设计师及教学专家倾力奉献，内容涵盖绘图工具、对象编辑、文本编辑、导入图像、使用图层、创建元件、多媒体的导入导出、时间轴与帧、创建Flash动画、ActionScript编程、Flash组件等，案例包括关键帧动画、绘制立方体、绘制风景图、为风景图添加文字效果、黄昏时刻效果、动态按钮制作、传统补间动画、引导层动画、遮罩动画、放大镜动画、礼花动画、葡萄园宣传动画、下雪效果动画、交互界面制作等，案例全部来源于工作一线与教学实践，全书以课堂实录的形式进行内容编排，专为教学及自学量身定做，在附带的DVD光盘中包含了书中相关案例的素材文件、源文件和多媒体视频教学文件。

本书可作为大、中专院校及各类Flash培训班的培训教材，特别定制的视频教学让你在家享受专业级课堂式培训，也适用于从事平面广告、动画设计、网页设计、出版包装等多领域制作人员学习。

**图书在版编目(CIP)数据**

中文版Flash CS6课堂实录 / 刘孟辉编著. —北京：清华大学出版社，2014
　（课堂实录）
　ISBN 978-7-302-32013-5

Ⅰ. ①中…　Ⅱ. ①刘…　Ⅲ. ①动画制作软件　Ⅳ. ①TP391.41

中国版本图书馆CIP数据核字(2013)第078261号

责任编辑：陈绿春
封面设计：潘国文
责任校对：徐俊伟
责任印制：杨　艳

出版发行：清华大学出版社
　　　　网　　　址：http://www.tup.com.cn，http://www.wqbook.com
　　　　地　　　址：北京清华大学学研大厦 A 座　　　邮　　编：100084
　　　　社 总 机：010-62770175　　　　　　　　　邮　　购：010-62786544
　　　　投稿与读者服务：010-62776969，c-service@tup.tsinghua.edu.cn
　　　　质 量 反 馈：010-62772015，zhiliang@tup.tsinghua.edu.cn
印　刷　者：北京富博印刷有限公司
装　订　者：北京市密云县京文制本装订厂
经　　　销：全国新华书店
开　　本：188mm×260mm　　　印　张：19.25　　　字　数：534 千字
　　　　　（附 DVD1 张）
版　　次：2014 年 3 月第 1 版　　　　印　次：2014 年 3 月第 1 次印刷
印　　数：1～4000
定　　价：49.00 元

产品编号：045965-01

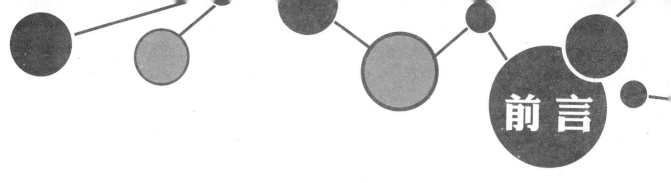

前言

　　Flash CS6是一个交互式动画设计制作工具，利用它可以将音乐、声效、动画及富有创意的界面融合在一起，制作出高品质的Flash动画。越来越多的人已经把Flash作为网页动画设计制作的首选工具，并且创作出了许多令人叹为观止的动画效果。经过几年的发展，Flash动画的应用空间越来越广阔，除了可以应用于网络，还可以应用于手机等其他媒体领域，该软件的使用是设计师必备的技能之一。

　　本书向读者详细介绍了各种类型Flash动画的设计与制作方法。全书分为16课，每课全面而细致地讲解了Flash CS6软件的知识点及Flash动画设计制作的技巧，并配有大量的图片说明，让初学者很容易掌握Flash动画设计制作的规律。

　　通过本书的学习，读者完全可以领悟使用Flash CS6软件进行各种类型Flash动画制作的方法和技巧。本书从商业应用的角度出发，内容全面，实例类型覆盖了各种风格网站的应用领域。

　　第1课主要讲了Flash CS6的特点和应用范围，软件启动与退出的方法，以及工作界面内各个窗口和面板的使用方法，并以小实例的方式简单了解Flash软件的使用方法和功能。

　　第2课主要讲解Flash CS6的基本操作，包括文件的新建、保存、关闭、打开等，还包括舞台工作区的参数设置，以及标尺网格等辅助功能的使用方法，最后通过实例的学习对本课所学知识进行综合掌握。

　　第3课主要介绍Flash CS6中绘图工具、图形编辑工具和文本工具的使用方法。

　　第4课介绍了编辑图形的常用方法。

　　第5课介绍了导入图像文件的方法，并对导入的位图进行压缩和转换，包含导入AI文件和PSD文件等各种格式文件的导入方法，以及导出图像的方式。

　　第6课讲解了如何制作简单的动画，包括时间轴、关键帧，以及相关工具的使用。

　　第7课主要介绍Flash CS6图层的使用，图层是图形图像处理上的一个非常重要的手段，在Flash中每个层上都可以绘制图像，所有图层重叠在一起就组成了完整的图像。

　　第8课主要介绍创建元件的方法和元件编辑的各项操作，以及元件库的使用，并对专业库和公用库进行专门介绍。

　　第9课主要通过制作简单的动画，介绍补间动画、补间形状动画、引导层动画和遮罩层动画的制作方法。

　　第10课主要通过制作简单的动画实例，介绍引导层动画和遮罩层动画的制作方法。

　　第11课主要讲解了Flash CS6中的ActionScript在Flash动画中的应用，通过使用ActionScript脚本代码，可以实现很多特殊的动画效果。

　　第12课主要讲解了如何在Flash中使用组件。

　　第13课将介绍音频和视频的编辑。在制作一些Flash动画时，可以根据需要将音频文件或视频文件导入到Flash中，这样可以使制作出的效果更加逼真。

　　第14课通过两个交互式动画对交互动画技术进行讲解，使读者能够举一反三应用到相关的商业设计制作领域中。

第15课将主要介绍动画的输出与发布，以及对影片进行优化和减少影片的容量等方法。通过本课的学习，可以熟练地掌握动画输出与发布的设置方法。

第16课介绍了三个精彩案例的具体操作步骤和制作方法，将前面所学到的知识进行综合运用，此案例可应用于网站和广告等行业。通过对本课的学习，可开拓创作思维，从而自己去制作出真正商业化的作品。

本书实例涉及面广，几乎涵盖了Flash动画设计制作的各个方面，力求让读者通过不同的实例掌握不同的知识点。在对实例的讲解过程中，手把手地讲解如何操作，直至得出最终效果。

本书由刘孟辉主笔，参加编写的还包括德州职业技术学院的郁陶老师及李少勇老师、以及郑爱华、郑爱连、郑福丁、郑福木、郑桂华、郑桂英、郑海红、郑开利、郑玉英、郑庆臣、郑珍庆、潘瑞兴、林金浪、刘爱华、刘强、刘志珍、马双、唐红连、谢良鹏、郑元君和北方电脑学校的温振宁、黄荣芹、刘德生、宋明老师等。

作者

# 目录

# 第1课
# 走进Flash的精彩世界

随着不断地完善与更新，Flash软件已经成为行业中重要的动画编辑软件。本课主要讲了Flash CS6的特点和应用范围、启动与退出的方法，以及工作界面内各个窗口和面板的使用方法。并以制作小实例的方式简单了解Flash软件的使用方法和功能。

# 1.1 基础讲解

## ■1.1.1 Flash CS6概述

Flash CS6是Adobe公司出品的动画制作软件，从简单的动画到复杂的交互式Web应用程序，它几乎可以帮助用户完成所有的任务。如今，Flash的应用领域越来越广泛，有着不可替代的作用，便捷的操作和不断升级的功能使其引领着整个网络动画时代。

由于Flash具有文件数据小、适于网络传输的特点，并且拥有可无限放大的高品质矢量图形、完美的声音效果，以及较强的交互性能，因此受到了广大动画爱好者的一致好评。正是广大用户对Flash的这种空前的关注与热情，才使Flash完善，并且已经成为了目前事实上的交互矢量动画的标准。

现在，随便打开一个网页，其中都会存在一部分的Flash动画，从Logo到广告短片，甚至整个网站的制作，几乎都会看到Flash的身影。可以说Flash正在以其强大的魅力影响着人们对网络的认识。

## ■1.1.2 Flash的特点

作为当前业界最流行的动画制作软件，Flash CS6必定有其独特的技术与优势，了解这些知识对于今后选择和制作动画有很大的帮助。同时新软件的推出也要求我们去不断地学习新知识，这样才能更好地使用软件服务于我们的工作。如图1-1所示为专业的Flash学习和传播网站——闪吧网。

图1-1　闪吧网主页

### 1. 矢量格式

用Flash绘制的图形可以保存为矢量图形，这种类型的图像文件包含独立的分离图像，可以自由、无限制地重新组合。它的特点是放大后图像不会失真，与分辨率无关，文件占用空间较小，非常有利于在网络上传播。

### 2. 支持多种图像格式文件导入

在动画设计中，前期必然会使用到多种图像处理软件，如Photoshop、Illustrator等，当在这些软件中做好图像后，可以使用Flash中的"导入"命令将它们导入，并进行动画的制作。

### 3. 支持音/视频文件导入

Flash提供了功能强大的音/视频导入功能，可让用户设计的Flash作品更加丰富多彩，并做到现实场景和动画场景相结合。

Flash支持声音文件的导入，在Flash中可以使用MP3文件。MP3是一种压缩性能比很高的音频格式，能很好地还原声音，从而保证在Flash中添加的声音文件既有很好的音质，文件体积也很小。

### 4. 平台的广泛支持

任何安装有Flash Player插件的网页浏览器都可以观看Flash动画，目前已有95%以上的浏览器安装了Flash Player，几乎包含了所有的浏览器和操作系统，因此Flash动画已经逐渐成为应用最为广泛的多媒体形式。

### 5．Flash动画文件容量小

通过关键帧和组件技术的使用，使Flash输出的动画文件非常小，通常一个简短的动画只有几百KB，这样即可在打开网页很短的时间内对动画进行播放，同时也节省了上传和下载的时间。

### 6．制作简单且观赏性强

相对于实拍短片，Flash动画有着操作相对简单、制作周期短、易于修改和成本低等特点，其不受现实空间的制约，有利于进行各种创意思维和夸张手法的运用，创作出观赏性极强的动画。

### 7．支持流式下载

使用流式下载技术可以使动画边下载边观看，即使后面的内容还没有下载完毕，也可以观看动画。

若制作的Flash动画比较大，可以在大动画的前面放置一个小动画，在播放小动画的过程中，检测大动画的下载情况，从而避免出现等待的情况。如图1-2所示为一个Flash动画的载入画面。

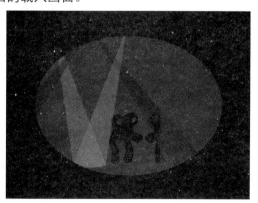

图1-2　载入页面

### 8．交互性强

Flash中使用的ActionScript脚本运行机制，可以添加任何复杂的程序，增强了对于交互事件的动作控制。另外，脚本程序语言在动态数据交互方面有了重大改进，AotionScript功能的全面嵌入使制作一个完整意义上的Flash动态商务网站成为可能，用户甚至还可以用它来开发一个功能完备的虚拟社区。如图1-3所示为一个Flash互动小游戏的页面。

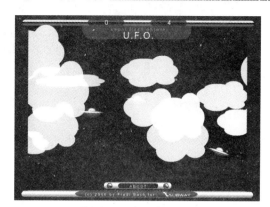

图1-3　互动小游戏页面

## 1.1.3　Flash的应用

使用Flash制作动画的优点是动画品质高、体积小、互动功能强大，目前广泛应用于网页设计、动画制作、多媒体教学、游戏设计、企业介绍等诸多领域。

### 1．宣传广告动画

使用Flash足以制作互联网中播放的动画。虽然Flash软件制作3D动画很难，但是制作2D动画绰绰有余，并且成本大大降低，因此使Flash在这个领域的发展非常迅速，已经成为大型门户网站广告动画的主要形式。同时，宣传广告动画成了Flash应用最广泛的领域之一。如图1-4所示为网站中的广告动画。

图1-4　宣传广告动画

### 2．产品功能演示

很多产品被开发出来后，为了让人们了解它的功能，其设计者往往用Flash制作一个演示片，以便能全面地展示产品的特点，而且还可以实现很多实拍所不能表现的效果，如图1-5所示为一款数码播放器的演示动画。

图1-5　产品功能演示

### 3．制作游戏

虽然Flash不是专为制作游戏而开发的软件，但是随着ActionScript功能的强大，出现了很多种制作技法。并且，通过这些技法可以制作出简单、有趣的Flash游戏。同时还可以将网络广告和游戏结合起来，在娱乐的同时增强广告效果，如图1-6所示为使用Flash制作的游戏。

图1-6　Flash游戏

### 4．音乐MTV

由于Flash支持音频的导入，所以使用其制作MTV也成为一种应用比较广泛的形式。由于个人录音设备的普及和网络传播范围的更加广泛，录制完个人原创单曲后利用Flash制作MTV迅速在网上蹿红，音画并茂的表现方式也更容易受到关注，如图1-7所示为"大学自习室"MTV的画面。

### 5．动画片

使用Flash制作动画片是目前最火爆的一个领域，包括多集动画系列片和原创动画短片。现在播出的二维动画片中相当一部分是用Flash完成的，同时也有许多Flash爱好者制作了很多经典的动画短片，上传到互联网上供大家欣赏，也成为自我水平和实力的展现平台。这些动画的亮点是人物表情丰富、情节搞笑，如图1-8所示。

图1-7　Flash音乐MTV

图1-8　Flash动画片

### 6．教学课件

对于教师们来说，Flash是一个完美的教学课件开发软件，它操作简单、输出文件体积很小，而且交互性很强，可以极大增强学生的主动性和积极发现的能力。如图1-9所示为Flash制作的教学课件。

图1-9　Flash教学课件

### 7．网站导航条

Flash的按钮功能非常强大，是制作网页导航条的首选，通过对鼠标的操作，可以实现动画、声音等各种效果，如图1-10所示为导航条。

图1-10　Flash制作导航条

### 8．站点建设

事实上，目前只有少数人掌握了完全使用Flash建立站点的技术。因为它意味着更高的界面维护能力和开发者的整站架构能力。但它带来的好处也异常明显：全面的控制、无缝的导向跳转、更丰富的媒体内容、更体贴用户的流畅交互、可以跨平台，以及与其他Flash应用方案无缝连接、集成等。

## ▌1.1.4　Flash CS6的新增功能

新移动内容模拟器允许模拟硬件按键、加速计、多点触控和地理定位。

### 1．Toolkit for CreateJS

Adobe Flash Professional Toolkit for CreateJS 是 Flash Professional CS6 的扩展，它允许设计人员和动画制作人员使用开放源 CreateJS JavaScript 库为 HTML5 项目创建资源。该扩展支持 Flash Professional 的大多数核心动画和插图功能，包括矢量、位图、传统补间、声音和 JavaScript 时间轴脚本。只需单击一下，Toolkit for CreateJS 即可将舞台上及库中的内容导出为可以在浏览器中预览的 JavaScript，这样有助于很快开始构建非常具有表现力的、基于 HTML5 的内容。

Toolkit for CreateJS 旨在帮助 Flash Pro 用户顺利过渡到 HTML5。它将库中的元件和舞台上的内容转变为格式清楚的 JavaScript。JavaScript 非常易于理解和编辑，方便开发人员重新使用，他们可以使用将为 ActionScript 3 用户所熟知的 JavaScript 和 CreateJS 增加互动性。Toolkit for CreateJS 还发布了简单的

HTML 页面，以提供预览资源的快捷方式。

### 2．导出Sprite表

现在通过选择库中或舞台上的元件，可以导出 Sprite 表。Sprite 表是一个图形图像文件，该文件包含选定元件中使用的所有图形元素。在文件中会以平铺方式安排这些元素。在库中选择元件时，还可以包含库中的位图。要创建 Sprite 表，可以执行以下步骤。

**01** 在库中或舞台上选择元件。

**02** 单击右键，在弹出的快捷菜单中执行"生成 Sprite 表"命令。

### 3．高效SWF压缩

对于面向 Flash Player 11 或更高版本的 SWF，可使用一种新的压缩算法，即 LZMA。此新压缩算法效率会提高多达 40%，特别是对于包含很多 ActionScript 或矢量图形的文件而言。

### 4．直接模式发布

可以使用一种名为"直接"的新窗口模式，它支持使用 Stage3D 的硬件加速内容（Stage3D 要求使用 Flash Player 11 或更高版本）。

使用直接模式发布的具体操作步骤如下。

执行"文件"|"发布设置"命令，在弹出的"发布设置"对话框中选择选择"HTNL包装器"选项，在"窗口模式"下拉列表中选择"直接"选项，如图1-11所示。

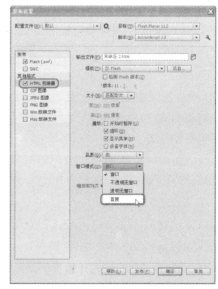

图1-11　执行"直接"选项

**5. 在AIR插件中支持直接渲染模式**

此功能为 AIR 应用程序提供对 Stage Video/Stage3D 的 Flash Player Direct 模式渲染支持。

**6. 从Flash Pro获取最新版Flash Player**

现在从 Flash Pro 的"帮助"菜单中即可直接跳转到 Adobe.com 上的 Flash Player 下载页。

**7. 导出PNG序列文件**

使用此功能可以生成图像文件，Flash Pro 或其他应用程序可使用这些图像文件生成内容。例如，PNG 序列文件会经常在游戏应用程序中用到。使用此功能，可以在库项目或舞台上的单独影片剪辑、图形元件和按钮中导出一系列 PNG 文件。

导出PNG序列文件的具体操作步骤如下。

**01** 在库面板中或舞台中选择单个影片剪辑、按钮或图形元件，单击右键，在弹出的快捷菜单中执行"导出PNG序列.."命令。

**02** 在打开的"导出PNG序列"对话框中设置一个正确的路径，单击"保存"按钮即可。

**03** 在弹出的"导出PNG序列"对话框中单击"导出"按钮，即可导出PNG序列，如图1-12所示。

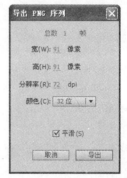

图1-12 "导出PNG序列"对话框

## 1.1.5 运行Flash的系统要求

随着版本的升级，Flash CS6对计算机硬件的要求也会有所改变，Windows系统运行Flash CS6的系统要求如下。

★ 1GHz或者更快的处理器

★ Microsoft Windows XP（带有Service Pack2，推荐Service Pack 3）或者 Windows Vista Home Premium、Business、Ultimate或Enterprise（带有 Service Pack 1，通过32位Windows XP和 Windows Vista认证）

★ 1G内存

★ 3.5GB可用硬盘空间用于安装，安装过程中需要额外的可用空间（无法安装在基于闪存的设备上）

★ 分辨率为1024×768像素的显示器（推荐用 1280×800像素的显示器），16位的显卡

★ DVD-ROM驱动器

★ 多媒体功能需要QuickTime7.1.2软件

★ 在线服务需要宽带Internet链接

**1. Flash CS6启动后的开始页**

启动Flash CS6软件之后，首先打开的是 Flash CS6的开始界面，如图1-13所示。

可以在开始页中选择任意一个项目来进行工作。开始界面分为4栏，分别为从模板创建、新建、学习和打开，它们的作用分别为：

★ 从模板创建：单击此栏中的任意一个选项，即可创建一个软件内自带的模板动画。

★ 新建：新建一个ActionScript 3.0或Action Script 2.0等其他Flash文档。

★ 学习：在连接互联网的情况下，可选择一个选项，便会出现相应这选项的介绍，便于学习。

★ 打开：单击"打开"按钮，在弹出的"打开"对话框中选择一个Flash项目文件，单击"打开"按钮，系统即可自动跳转到打开后的项目文档中。

**2. 中文版Flash CS6的操作界面**

在打开的开始页面中单击"创建"栏下的ActionScript 3.0按钮，即可创建一个空白文档，打开的界面如图1-13所示。

属性面板
菜单栏
库面板
工作区
浮动面板
舞台
工具箱
时间轴

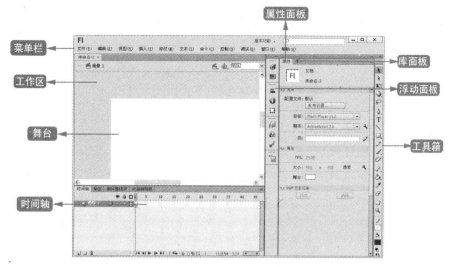

图1-13 Flash CS6的操作界面

**3．菜单栏**

与许多应用程序一样，Flash CS6的菜单栏包含了绝大多数通过窗口和面板可以实现的功能。尽管如此，某些功能还是只能通过菜单或相应的快捷键才可以实现。如图1-14所示为Flash CS6的菜单栏。

文件(F) 编辑(E) 视图(V) 插入(I) 修改(M) 文本(T) 命令(C) 控制(O) 调试(D) 窗口(W) 帮助(H)

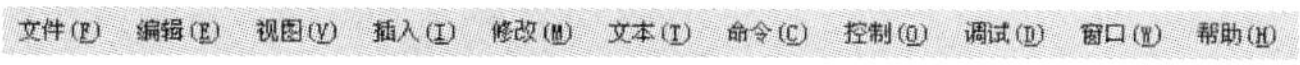

图1-14 菜单栏

★ 文件：该菜单主要用于一些基本的文件管理操作，如新建、保存、打印等，也是最常用和最基本的一些功能。

★ 编辑：该菜单主要用于进行一些基本的编辑操作，如复制、粘贴、选择及相关设置等，它们都是动画制作过程中很常用的命令。

★ 视图：该菜单中的命令主要用于屏幕显示的控制，如缩放、网格、各区域的显示与隐藏等。

★ 插入：该菜单提供的多为插入命令，例如，向库中添加元件、在动画中添加场景、在场景中添加层、在层中添加帧等操作，都是制作动画时所需的命令。

★ 修改：该菜单中的命令主要用于修改动画中各种对象的属性，如帧、层、场景，甚至动画本身等，这些命令都是进行动画编辑时必不可少的重要工具。

★ 文本：该菜单提供处理文本对象的命令，如字体、字号、段落等文本编辑命令。

★ 控制：该菜单相当于Flash CS6电影的播放控制器，通过其中的命令可以直接控制动画的播放进程和状态。

★ 调试：该菜单提供了影片脚本的调试命令，包括跳入、跳出、设置断点等。

★ 窗口：该菜单提供了Flash CS6所有的工具栏、编辑窗口和面板的选择方式，是当前界面形式和状态的总控制器。

★ 帮助：该菜单包括了丰富的帮助信息、教程和动画示例，是Flash CS6提供的帮助资源的集合。

**4．时间轴**

“时间轴”面板由显示影片播放状况的帧和表示阶层的图层组成，如图1-15所示。“时间轴”面板是Flash中最重要的部分，它控制着影片播放和停止等操作。Flash动画的制作方法与一般的动画相同，将每个帧画面按照一定的顺序和速度播放，反映这一过程的正是时间轴。图层可以理解为将各种类型的动画以层级结构重放的空间。如果要制作包括多种动作或特效、声音的影片，就要建立放置这些内容的图层。

图1-15 "时间轴"面板

### 5. 工具箱

工具箱包括一套完整的Flash图形创作工具，与Photoshop等其他图像处理软件的绘图工具非常类似，其中放置了编辑图形和文本的各种工具，利用这些工具可以进行绘图、选取、喷涂、修改及编排文字等操作，有些工具还可以改变查看工作区的方式。选择某一工具时，其对应的附加选项也会在工具箱下面的位置出现，附加选项的作用是改变相应工具对图形处理的效果。如图1-16所示为工具箱Flash CS6中的工具箱。

图1-16 工具箱

### 6. 舞台和工作区

舞台是用户在创作时观看自己作品的场所，也是用户行编辑、修改动画中对象的场所。对于没有特殊效果的动画，在舞台上也可以直接播放，而且最后生成的SWF格式的文件中播放的内容也只限于在舞台上出现的部分，其他区域的对象不会在播放时出现。

工作区是舞台周围所有的灰色区域，通

常用做动画的开始和结束点的设置，即动画过程中对象进入舞台和退出舞台时的位置设置。工作区中的对象除非在某个时刻进入舞台，否则不会在影片的播放中看到。

舞台和工作区的分布如图1-17所示，中间白色部分为舞台，周围灰色部分为工作区。

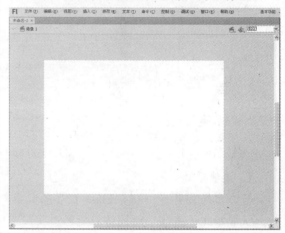

图1-17 舞台和工作区

舞台是Flash CS6中最主要的可编辑区域，在舞台中可以直接绘图或导入外部图形文件进行编辑，再把各个独立的帧合成在一起，以生成最终的动画作品。与电影胶片一样，Flash影片也按时间长度划分为帧。舞台是创作影片中各个帧的内容区域，可以在其中直接勾画插图，也可以在舞台中安排导入的插图。

### 7. 属性面板

"属性"面板中的内容不是固定的，它会随着选中对象的不同而显示不同的设置内容。因此用户可以在不打开面板的状态下，方便地设置或修改各属性值。灵活应用"属性"面板既可以节约时间，又可以减少面板数量，提供足够大的操作空间。

# 1.2 实例应用

## 1.2.1 工作区设置

本例主要通过"工作区"中的下拉列表进行工作界面布局的设置。还可以使用鼠标将部分面板进行拖曳缩略成按钮状态，使工作区扩展。

**01** 启用Flash CS6软件，即可打开"开始界面"，如图1-18所示。可在此界面中打开最近创建的项目文件或创建一个新的项目文件。

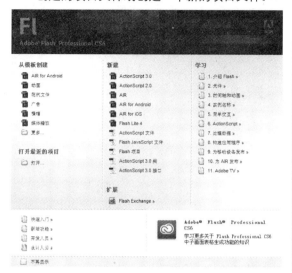

图1-18　开始界面

**02** 在开始界面中单击"新建"选项下的"ActionScript 3.0"按钮，即可创建一个空白的Flash界面，如图1-19所示。

图1-19　新建文件

**03** 想要改变Flash的工作界面布局，可以选择基本功能命令下的"设计人员"选项，如图1-20所示。

图1-20　选择"设计人员"选项

**04** 设置后的效果，如图1-21所示，用户还可以根据自己的需要进行其他设置。

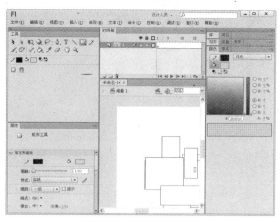

图1-21　完成后的效果

## 1.2.2　工作界面操作

本例主要是拓展自定义工作界面的操作训练，将一些不常用的功能面板关闭，使工作界面操作、使用更灵活。

**01** 要自定义常用功能面板的按钮组，首先要关闭一些不常用的面板。单击 🔲 "历史记录"按钮，弹出完整的面板，如图1-22所示。

图1-22　"历史记录"面板

**02** 在打开的面板中单击右上角的下拉按钮，在弹出的下拉列表中执行"关闭"命令，如图1-23所示。

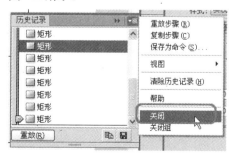

图1-23　执行"关闭"命令

**03** 使用同样的方法即可关闭一些不常用的面板。

# 1.3 课后练习

（1）Flash主要有什么特点？

（2）Flash的主要应用领域有哪些？

（3）启动Flash CS6的方法有几种？具体操作步骤是什么？

# 第2课
# Flash CS6的基本操作

本课主要讲解Flash CS6的基本操作，包括文件的新建、保存、关闭、打开等，还包括舞台工作区的参数设置，以及标尺网格等辅助线的使用方法，最后通过实例的学习对本课所学知识进行综合练习。通过上述学习，使我们完成对Flash CS6软件的的初级体验。

# 2.1 基础讲解

## 2.1.1 文档的基本操作

### 1. 新建文件

启动Flash CS6软件后，打开如图2-1所示的界面，在"新建"选项下单击ActionScript 3.0按钮，系统将自动创建一个fla文件。

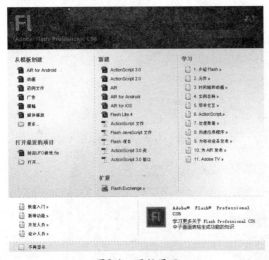

图2-1 开始界面

除此之外，也可以在菜单栏中执行"文件"|"新建"命令，打开"新建文档"对话框，如图2-2所示。在"新建文档"对话框中"常规"选项卡下的"类型"列表中共有12个新建项目，选择其中一项，即可在"描述"下查看该项的说明。

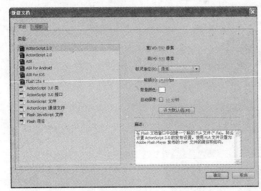

图2-2 "新建文档"对话框

各选项的说明如下：

★ Flash文件：选择ActionScript 3.0、

ActionScript 2.0、AIR、AIR for Android、AIR for ios、Flash Lite 4选项之一时，将会在Flash文档窗口中新建一个Flash文档，这时将进入动画编辑主界面。

★ ActionScript3.0类：创建新的AS文件（.as）来定义ActionScript 3.0类。如图2-3所示。

图2-3 ActionScript 3.0类

★ ActionScript3.0接口：创建新的AS文件（.as），从而定义ActionScript 3.0接口。

★ ActionScript文件：用来创建一个外部脚本文件（.as），并在"脚本"窗口中对其进行编辑。如图2-4所示。

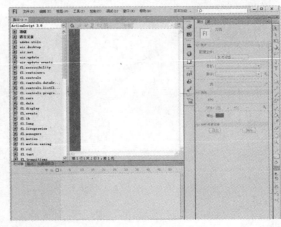

图2-4 ActionScript文件

★ ActionScript通信文件：创建一个新的外部脚本通信文件（.asc），并在脚本窗口对其进行编辑。

★ Flash JavaScript文件：创建一个新的外部JavaScript文件（.jsf），并在脚本窗口对其进行编辑。

★ Flash项目：创建一个新的Flash项目文件（.flp）。使用Flash项目文件组合相关文件（.fla、.as、.jsf及媒体文件），为这些文件建立发布设置，并实施版本控制选项。

我们还可以利用模板创建文件，在"开始界面"中单击"范例文件"按钮，弹出"新建文档"对话框，选择"模板"选项卡，此时对话框变为"从模板新建"对话框，然后单击"范例文件"按钮，如图2-5所示。

图2-5 "从模板新建"对话框

选择需要的模板后单击"确定"按钮即可创建模板，如图2-6所示。在模板中可以根据需要进行更改。

图2-6 创建模版文件

**2．保存文件**

动画完成后就需要将动画文件保存起来，文件的保存步骤如下。

**01** 如果文件是第一次保存，在菜单栏中执行"文件"|"保存"命令。

**02** 打开"另存为"对话框，在对话框中设置文件的保存位置，并在"文件名"文本框中输入文件名，单击"保存"按钮，即可将文件保存，如图2-7所示。如果文件之前已经保存，进行修改后不想对原文件进行覆盖，可以执行"文件"|"另存为"命令，对文件进行另存为操作。

图2-7 "另存为"对话框

**注意**

在使用Flash制作文件时，应注意随时对制作的文件进行保存，防止文件丢失或损坏而造成损失，保存快捷键为Ctrl+S。

**3．关闭文件**

如果工作已经完成，此时可以使用以下两种方法将文件关闭。

★ 在菜单栏中执行"文件"|"关闭"命令，即可将文件关闭。

★ 直接单击文件窗口左上角的×按钮，即可关闭文件。

**注意**

如果要关闭的文件没有保存，那么在关闭文件时，系统会提示是否保存文件。单击"是"按钮，则进行保存；单击"否"按钮，则直接关闭文件，不进行保存；单击"取消"按钮，则取消文件的关闭。

**4．打开文件**

启动Flash软件后，可以打开以前保存的文件。

01 在菜单栏中执行"文件"|"打开"命令。

02 打开"打开"对话框,在"打开"对话框中选择要打开的文件,单击"打开"按钮即可将其打开,如图2-8所示。

图2-8 "打开"对话框

**5. 测试文件**

打开一个Flash动画文件或制作完成动画后,可以马上预览并测试影片。按Enter键,或者从菜单栏中执行"控制"|"播放"命令可以播放该影片。

如果要测试整个影片,可以在菜单栏中执行"控制"|"测试影片"命令,或者按快捷键Ctrl+Enter,此时软件会自动打开播放器来测试整个影片,如图2-9所示。在测试过程中,工作区和"时间轴"面板处于不可用状态。

图2-9 测试影片

测试完成后,要返回源文件,只需将播放器关闭即可。

## 2.1.2 舞台和工作区设置

舞台是用户在创作时观看自己作品的场所,也是用户进行编辑、修改动画中对象的场所。对于没有特殊效果的动画,在舞台上也可以直接播放,文件中播放的内容只限于在舞台上出现的对象,其他区域的对象不会在播放时出现。

工作区是舞台周围的所有灰色区域,通常用做动画的开始和结束点的设置,即动画过程中对象进入舞台和退出舞台时的位置设置。工作区中的对象除非在某个时刻进入舞台,否则不会在影片的播放中看到。

舞台和工作区的分布如图2-10所示,中间白色部分为舞台,周围灰色部分为工作区。

图2-10 舞台和工作区

**1. 设置文档属性**

在创建Flash影片时,需要设置该影片的相关信息,即文档属性,如影片的尺寸、播放速率、背景色等。在如图2-4所示的"新建文档"对话框中可以对上述参数进行设置,当然也可以在文件中通过"属性"面板进行设置。

"属性"面板是专门用于查看文件属性的一个面板,在"属性"面板中,单击"属性"下的"编辑文档属性"按钮可以打开"文档设置"对话框,如图2-11所示。

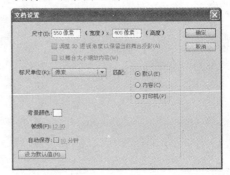

图2-11 "文档设置"对话框

"文档设置"对话框中的各项设置功能如下。

★ 调整3D透视角度以保留当前舞台投影:选择该复选框,则在调整图形的3D角度时，可在舞台上保留图形的投影。

★ 以舞台大小缩放内容：选择该复选框，则可以根据舞台的大小进行内容的调整。

★ 匹配：选择"打印机"选项后，会使影片尺寸与打印机的打印范围完全吻合；选择"内容"选项后，会使影片内的对象大小与屏幕完全吻合；选择"默认"选项，使用默认设置。

★ 背景颜色：文档的背景颜色。单击色块即可打开拾色器，在其中选择一种颜色作为背景颜色。

★ 帧频：影片播放速率，即每秒要显示帧的数目。对于网上播放的动画，设置为8～12帧/秒就足够了。

★ 标尺单位：选择标尺的单位。可用的单位有像素、英寸、点、厘米和毫米。

★ 设为默认值：单击此按钮可以将当前设置保存为默认值。

设置完文档属性后，单击"确定"按钮，即可应用该设置。

### 2. 浮动面板

Flash提供了根据用户的要求调整操作界面的各种方法和功能，利用浮动面板可以使操作更为简便。通过调整面板的大小或显示、隐藏的方法，可以有效地分配操作空间，通过群组化常用的面板或用户自定义调配面板位置等方法扩大操作空间。

单击拖曳面板标题栏，可以将其拖至任何位置，如图2-12所示。如果需要将其复位，可以单击拖曳至复位位置处，当出现蓝色线条时释放鼠标即可，如图2-13所示。

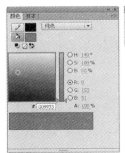

图2-12　浮动面板　　　图2-13　进行复位

大多数浮动面板含有附加选项的弹出式菜单，面板的右上角处若有一个小三角形，则表

明这是一个弹出式菜单，单击此三角形按钮可以选取弹出式菜单中的面板。如图2-14所示。除此之外，还可以通过用鼠标双击面板的标题栏，收回该面板的扩展部分。在收回状态下，面板缩为一个标题栏，仅显示该面板的名称，这样可以节省窗口的空间，扩大编辑视野。当面板处于收回状态时，直接双击此面板的标题栏可以将面板展开。

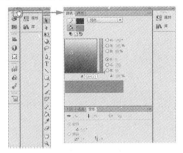

图2-14　弹出式面板

### 3. 快捷键的设置

使用快捷键可以大大提高工作效率，Flash本身就提供了包括菜单、命令、面板等许多快捷键，可以在Flash中使用这些快捷键，也可以自定义快捷键，使其与个人的习惯保持一致。例如，可以从某个比较流行的软件程序中选择一组内置快捷键，包括Fireworks、Illustrator和Photoshop等。Flash CS6同样提供了自定义快捷键的功能，用户可以根据自己的需要和习惯自由地设置各种操作的相应快捷键。

自定义快捷键的操作步骤如下。

**01** 在菜单栏中执行"编辑"|"快捷键"命令。

**提示**

在"快捷键"对话框中，Flash CS6为用户配置了Adobe标准、Fireworks 4、Flash 5、FreeHand 10、Illustrator 10、Photoshop 6等快捷方式，这样用户即可方便地使用Flash CS6了。通常来说，以上的这几种快捷方式对于普通用户就足够了，但是如果是特殊用户或普通用户在特殊情况下有更多的需要时，还可以进行其他选择。Flash CS6提供了自定义快捷方式的功能，可以方便、快捷地满足用户的需要，定义出称心如意的个性化快捷方式的操作方案。

**02** 打开"快捷键"对话框，如图2-15所示。在图中已配置的快捷方式中选中与要自定义的快捷方式最接近的那种，如选择Flash 5快捷方式配置方案，如图2-16所示。单击右侧的（直接复制设置）按钮，打开"直接复制"对话框。在"直接复制"对话框中设置副本名称，单击"确定"按钮，然后即可根据自己的习惯进行相应的自定义设置了。

图2-15　"快捷键"对话框　　图2-16　选择配置方案

**注意**

Flash CS6自带的内置快捷方式的标准配置——Adobe标准，是不能直接修改的。但可以创建一个"Adobe标准"的副本，然后修改副本即可。

如果想给一项操作设置多个快捷键，只需单击"快捷键"后面的＋按钮，并在"按键"栏中键入另外的快捷键并单击"更改"按钮即可。

如果想要删除不需要的快捷键设置，只需选定要删除的快捷键使其高亮显示，然后单击－按钮即可。

如果要删除不再需要的个性化快捷方式配置，则先单击"当前设置"下拉列表右侧的（删除设置）按钮，并在弹出的对话框中选择要删除的配置，使其高亮显示，单击"删除"按钮即可。

## 2.1.3　标尺的使用

画画时经常需要用铅笔或直尺比划一下图像的位置，看看构图是不是合理。Flash中的标尺就类似直尺，它可以用来精确测量图像的位置和大小。标尺被打开后，如果在工作区内移动一个元素，那么，元素的尺寸位置就会反映到标尺上。

### 1．打开/隐藏标尺

默认情况下，标尺是未显示的。在菜单栏中执行"视图"|"标尺"命令，即可打开标尺，打开后标尺出现在文档窗口的左侧和顶部，如图2-17所示。

图2-17　标尺效果

如果要隐藏标尺，则再次在菜单栏中执行"视图"|"标尺"命令即可。

### 2．修改标尺单位

默认情况下，标尺的单位是"像素"。如果要修改单位，可以在菜单栏中执行"修改"|"文档"命令，打开"文档属性"对话框，在"标尺单位"下拉列表中选择一种单位后，单击"确定"按钮即可。

## 2.1.4　使用辅助线

辅助线也可用于实例的定位。从标尺处向舞台中单击拖曳，会拖出一条默认颜色为绿色的直线，这条直线就是辅助线，如图2-18所示。不同的实例之间可以这条线作为对齐的标准。

图2-18　辅助线效果

**1．添加／删除辅助线**

下面来介绍辅助线的添加方法。

**01** 打开标尺后，将鼠标指针放在文档左侧的纵向标尺上，按住鼠标左键，此时光标变为如图2-19所示的状态。

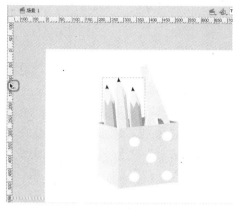

图2-19　按下鼠标左键

**02** 此时拖曳到舞台后释放，将在舞台上出现一条纵向的辅助线，如图2-20所示。

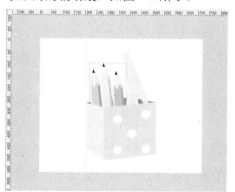

图2-20　纵向辅助线

**03** 使用相同的方法，可以在左侧的标尺上拖曳出横向的辅助线，如图2-21所示。

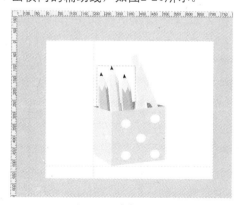

图2-21　横向辅助线

如果要删除辅助线，在菜单栏中执行"视图"｜"辅助线"｜"清除辅助线"命令，

即可将辅助线删除。

**2．移动／对齐辅助线**

如果需要移动辅助线的位置，可以使用选择工具，将鼠标指移到辅助线上，单击拖曳辅助线到合适的位置，如图2-22所示。然后释放鼠标即可移动辅助线位置，如图2-23所示。

图2-22　拖动辅助线

图2-23　移动辅助线后效果

可以使用标尺和辅助线来精确定位或对齐文档中的对象。即可在菜单栏中执行"视图"｜"贴紧"｜"贴紧至辅助线"命令，此时再进行操作时即可通过辅助线进行定位，如图2-24所示。

图2-24　利用辅助线绘制图形

### 3. 锁定/解锁辅助线

为了防止因不小心而移动辅助线，可以将辅助线锁定在某个位置。即在菜单栏中执行"视图"|"辅助线"|"锁定辅助线"命令，这样辅助线就不能再移动了。

如果要再次移动辅助线，可以将其解锁。方法很简单，即再次在菜单栏中执行"视图"|"辅助线"|"锁定辅助线"命令即可。

### 4. 显示/隐藏辅助线

如果文档中已经添加了辅助线，则在菜单栏中执行"视图"|"辅助线"|"显示辅助线"命令，即可将辅助线隐藏，再次执行该命令即可重新显示辅助线。

### 5. 设置辅助线参数

在菜单栏中执行"视图"|"辅助线"|"编辑辅助线"命令。打开"辅助线"对话框，如图2-25所示。其中各项说明如下。

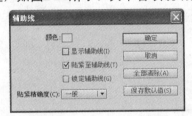

图2-25 "辅助线"对话框

★ 颜色：单击色块，可以在打开的拾色器中选择一种颜色，作为辅助线的颜色。

★ 显示辅助线：选择该项，则显示辅助线。

★ 贴紧至辅助线：选择该项，则图形吸附到辅助线。

★ 锁定辅助线：选择该项，则将辅助线锁定。

★ 贴紧精确度：用于设置图形贴紧辅助线时的精确度，有"必须接近"、"一般"和"可以远离"三个选项。

## ▌2.1.5 网格工具的使用

网格是显示或隐藏在所有场景中的绘图栅格，网格的存在可以方便用户绘图。

### 1. 显示/隐藏网格

默认情况下网格是不显示的，若在菜单栏中执行"视图"|"网格"|"显示网格"命令，则舞台上将出现灰色的小方格，默认大

小为18像素×18像素，如图2-26所示。

图2-26 网格效果

### 2. 对齐网格

要对齐网格线，可以在菜单栏中执行"视图"|"贴紧"|"贴紧至网格"命令，再次执行该命令，则可以取消对齐网格。执行该命令后可以精确绘制一些几何图形，例如立体三角形等如图2-27所示。

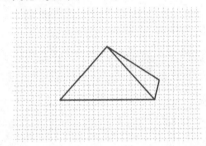

图2-27 利用网格绘制图形

**技巧**

也可以按快捷键Ctrl+Shift+'执行"贴紧至网格"命令。

### 3. 修改网格参数

网格的作用是辅助绘画，通过设置网格的参数，可以使网格更能符合用户的绘画需要。在菜单栏中执行"视图"|"网格"|"编辑网格"命令，打开"网格"对话框，如图2-28所示。

图2-28 "网格"对话框

"网格"对话框中的各项参数功能如下。

★ 颜色：单击色块可以打开拾色器，在其中选择一种颜色作为网格线的颜色。

★ 显示网格：选中该复选框，在文档中显示网格。

★ 在对象上方显示：选中该复选框，网格将显示在文档中的对象上方。如图2-29所示，左侧图为未选中该复选框的效果；右侧图为选中该复选框的效果。

★ 贴紧至网格：选中该复选框，在移动对象时，对象的中心或某条边会贴紧至附近的网格。

★ ↔ （宽度）、↕ （高度）：这两个参数分别用于设置网格的宽度和高度。

★ 贴紧精确度：用于设置对齐精确度，有"必须接近"、"一般"、"可以远离"和"总是贴紧"四个选项。

★ 保存默认值：单击该按钮，则可以将当前的设置保存为默认设置。

图2-29 网格效果

# 2.2 实例应用

## 2.2.1 课堂实例1：制作关键帧动画

通过本课内容的学习，我们对Flash CS6软件有了初步了解，下面以案例形式加深对软件的理解。

**01** 在菜单栏中执行"文件"|"新建"命令，打开"新建文档"对话框，选择"模版"选项卡，在"类别"下选择"媒体播放"选项，在"模版"下选择"简单相册"选项，如图2-30所示。

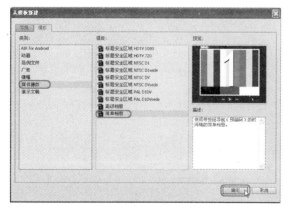

图2-30 选择模版文件

**02** 选择完成后单击"确定"按钮，此时即可利用模版创建文件，如图2-31所示。

**03** 为了不破坏内置的模版文件，先将模版另存一份。执行"文件"|"另存为"命令。

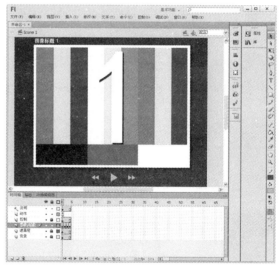

图2-31 创建模版文件

**04** 在弹出的"另存为"对话框中设置存储路径和文件名，并单击"保存"按钮。

**05** 接下来删除不需要的图层。选择"说明"图层，并单击右键，在弹出的快捷菜单中执行"删除图层"命令。

**06** 设置完成后即可将该图层删除。执行"文件"|"导入"|"导入到库"命令。

**07** 在弹出的"导入到库"对话框中选择素材文件，并单击"打开"按钮。

**08** 此时选中的素材文件即可导入到"库"面板中，如图2-32所示。

图2-32 "库"面板

**09** 选择模板中的原始图片文件，单击右键，在弹出的快捷菜单中执行"删除"命令。

**10** 选择"图像/标题"层中第一个关键帧，选择1.png文件，将其拖曳至舞台中，然后打开"变形"面板，将"缩放宽度"和"缩放高度"均设为80%，如图2-33所示。

图2-33 "变形"面板

**11** 设置完成后调整图片在舞台中的位置，如图2-34所示。

**12** 使用相同的方法选择第二个关键帧，然后导入2.png文件进行设置，如图2-35所示。设置完成后使用相同的方法设置剩余的两张图片。

图2-34 图片一效果    图2-35 图片二效果

**13** 调整完成后选择工具箱中的 **T** "文本工具"，单击"图像标题1"，进入编辑状

态，如图2-36所示。

**14** 设置完成后输入并选择新的文本，在"属性"面板中将"字母间距"设为10，颜色设为#00FF00，如图2-37所示。

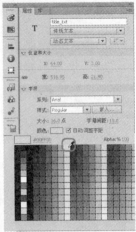

图2-36 编辑文本    图2-37 设置文本属性

**15** 文本输入并设置完成后的效果，如图2-38所示。

**16** 使用相同的方法继续输入其他文本标题，并设置不同的颜色，如图2-39所示为第二张图片的文本标题效果。

图2-38 图片一效果    图2-39 图片二效果

**技 巧**

由于之前已经对文件进行了保存，此时利用快捷键Ctrl+S进行保存即可。

**17** 设置完成后按快捷键Ctrl+Enter测试影片，单击相应按钮即可切换图片显示，如图2-40、图2-41所示。

图2-40 预览效果一    图2-41 预览效果二

**18** 下面导出影片。执行"文件"|"导出"|"导出影片"命令。

**19** 弹出"导出影片"对话框，选择存储路径后设置文件名。然后单击"保存"按钮即可将动画效果导出。

## 2.2.2 课堂实例2：网格定位绘制立方体

几何图形绘制时往往需要比较精确的比例，通过使用网格定位可以方便地绘制立方体等几何图形。

**01** 执行"文件"|"新建"命令，打开"新建文档"对话框，将"背景颜色"设为#FFFF33，单击"确定"按钮，如图2-42所示。

图2-42 "新建文档"对话框

**02** 此时即可创建背景颜色为黄色的文档，执行"视图"|"网格"|"显示网格"命令。

**03** 此时网格即可显示到新建的文档中，如图2-43所示。

**04** 执行"视图"|"网格"|"编辑网格"命令，在弹出的"网格"对话框中将↔"宽度"、↕"高度"均设为20像素，如图2-44所示。

图2-43 显示网格　　　图2-44 "网格"对话框

**05** 设置完宽度和高度后的网格，如图2-45所示。

**06** 选择工具箱中的□"矩形工具"，将"笔触颜色"设为黑色，"填充颜色"设为#FF9900，如图2-46所示。

图2-45 更改网格大小　图2-46 设置矩形工具属性

**07** 设置完成后在舞台中以网格为参照单击拖曳绘制矩形，此时绘制的矩形将自动吸附到网格点中，如图2-47所示。

**08** 选择工具箱中的↘"线条工具"，将"笔触颜色"设为黑色，"填充颜色"设为无，如图2-48所示。

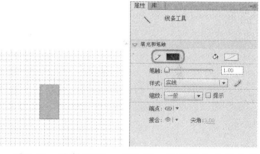

图2-47 绘制矩形　　图2-48 设置线条工具属性

**09** 单击拖曳绘制线条，线条的端点会吸附到网格中，根据相应比例进行绘制，如图2-49所示。

**10** 绘制完成后选择工具箱中↘"颜料桶工具"，将填充颜色设为#FF9900，然后对绘制的图形区域进行填充，如图2-50所示。

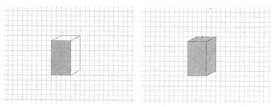

图2-49 绘制矩形　　　图2-50 填充颜色

**11** 颜色填充完成后，执行"文件"|"保存"命令。

**12** 在弹出的"另存为"对话框中设置存储路径和文件名，单击"保存"按钮。

# 2.3 课后练习

（1）新建Flash文件有几种方法？

（2）标尺、网格等辅助线的设置，在制作动画过程中有什么作用。

# 第3课
# 绘制矢量图形

本课将主要介绍Flash CS6中绘图工具、图形编辑工具和文本工具的使用方法，只有熟练掌握这些工具的使用方法，才能很方便地绘制出栩栩如生的矢量图形、创建出形象生动的文字效果。使我们的作品更加具有观赏力。

# 3.1 基础讲解

## 3.1.1 使用绘图工具

在Flash CS6中提供了多种绘制基本矢量图形的工具，如 🖋 "钢笔工具"、✏ "刷子工具"、▢ "矩形工具" 和 ◯ "多角星形工具" 等。熟练掌握基本绘图方式和工具是制作Flash动画的基础。

**1. 线条工具**

使用 ▧ "线条工具"可以绘制出平滑的直线。在绘制之前需要设置直线的属性，如设置直线的颜色、粗细、样式等，如图3-1所示。

图3-1 "属性"面板

"属性"面板中的各选项功能说明如下。

★ 笔触颜色：单击"笔触颜色"色块可以打开如图3-2所示的调色板，在调色板中可以直接选取线条颜色，也可以在上面的文本框中输入线条颜色的十六进制RGB值。如果预设颜色不能满足用户需要，还可以通过单击右上角的 ◉ 按钮，在打开的"颜色"对话框中根据需要自定义设置颜色的值，如图3-3所示。

★ 笔触：用来设置所绘线条的粗细，可以直接在文本框中输入数值，范围为0.10～200，也可以通过调节滑块来改变笔触的大小。

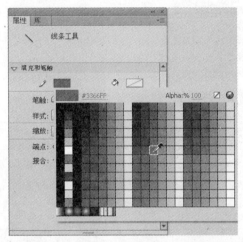

图3-2 调色板

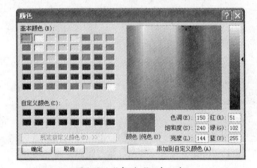

图3-3 "颜色"对话框

★ 样式：在该下拉列表中选择线条的类型，包括极细线、实线、虚线、点状线、锯齿线、点刻线和斑马线。通过单击右侧的 ✏ "编辑笔触样式"按钮，可以打开"笔触样式"对话框，在该对话框中可以对笔触样式进行设置，如图3-4所示。

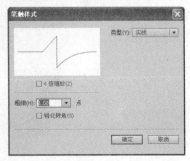

图3-4 "笔触样式"对话框

★ 缩放：可以选择"一般"、"水平"、"垂直"或"无"选项。

★ 端点：用于设置直线端点的3种状态：无、圆角或方形。

★ 接合：用于设置两个线段的相接方式，包括尖角、圆角和斜角。如果选择"尖角"选项，可以在右侧的"尖角"文本框中输入尖角的大小。

**提示**

在使用 \ "线条工具"绘制直线的过程中，如果在按住Shift键的同时单击拖曳，可以绘制出垂直或水平的直线，或者45°斜线。如图3-5和图3-6所示为使用直线绘制的直角三角形。如果按住Ctrl键可以暂时切换到 ▶ "选择工具"，对工作区中的对象进行选取，当释放Ctrl键时，又会自动换回到 \ "线条工具"。

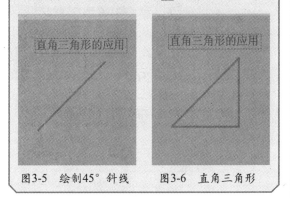

图3-5 绘制45°斜线　　图3-6 直角三角形

**2. 铅笔工具**

使用 ✎ "铅笔工具"可以在舞台中绘制任意线条或不规则的形状。它的使用方法和真实铅笔的使用方法大致相同。✎ "铅笔工具"和 \ "线条工具"在使用方法上也有许多相同点，但是也存在一定的区别，最明显的区别就是 ✎ "铅笔工具"可以绘制出比较柔和的曲线，这种曲线通常用做路径的绘制，如图3-7所示。

图3-7 使用"铅笔工具"绘制路径

在工具箱中选择 ✎ "铅笔工具"，在"属性"面板中显示"铅笔工具"属性，如图3-8所示。单击工具箱中的 ↳ "铅笔模式"按钮，在弹出的下拉列表中可以设置铅笔的模式，包括伸直、平滑和墨水3个选项，如图3-9所示为不同铅笔模式的绘制效果。

图3-8 "铅笔工具"属性面板

图3-9 不同铅笔模式的绘制效果

★ "伸直"模式：该模式是 ✎ "铅笔工具"中功能最强的一种模式，它具有很强的线条形状识别能力，可以对所绘线条进行自动校正，将画出的近似直线取直、平滑曲线、简化波浪线等。

★ "平滑"模式：使用此模式绘制线条，可以自动平滑曲线，减少抖动造成的误差，达到一种平滑线条的效果，选择"平滑"模式时可以在"属性"面板中对平滑参数进行设置。

★ "墨水"模式：使用此模式绘制的线条就是绘制过程中鼠标所经过的实际轨迹，此模式可以在最大程度上保持实际绘出的线条形状，而只做轻微地平滑处理。

**3. 钢笔工具**

使用 ♦ "钢笔工具"可以绘制形状复杂的矢量对象，通过对节点的调整，完成对象的绘制。用户可以创建直线或曲线段，并调整直线段的角度和长度及曲线段的斜率。♦ "钢笔工具"和 \ "线条工具"在使用方法上也有许多相同点，如图3-10所示为"钢笔工具"属性面板。

图3-10 "钢笔工具"属性面板

使用 "钢笔工具"绘制直线的方法为：选择 "钢笔工具"，在属性面板中设置钢笔属性，在舞台中确定直线开始位置后单击，然后在直线结束位置再次单击，即可完成直线的绘制，如图3-11所示。

图3-11 绘制直线

**提示**

按住Shift键可以绘制倾斜45°倍数角的直线。

使用 "钢笔工具"绘制曲线的方法如下：选择 "钢笔工具"，在属性面板中设置钢笔属性，在舞台中确定直线开始位置后单击，将鼠标指针移动至下一个点的位置后单击拖曳，此时会出现曲线控制手柄，调整曲线形状，如图3-12所示。

图3-12 绘制曲线

使用绘制曲线的方法进行多次绘制，即可绘制流畅的曲线，如图3-13所示。

图3-13 绘制流畅曲线

**提示**

在使用 "钢笔工具"绘制曲线时，会出现许多控制点和曲率调节杆，通过它们可以方便地进行曲率调整，画出各种形状的曲线。

### 4. 刷子工具

"刷子工具"主要用于为图形对象的大面积着色，可以绘制出像毛笔做画的效果。需要注意的是， "刷子工具"绘制出的是填充区域，它不具有边线，可以通过工具箱中的填充颜色来改变刷子的颜色。 "刷子工具"属性面板，如图3-14所示。

图3-14 "刷子工具"属性面板

选择工具箱中的 "刷子工具"后，单击工具箱中的 "刷子模式"按钮，在弹出的下拉列表中可以设置刷子的模式，包括标准绘画、颜料填充、后面绘画、颜料选择和内部绘画5个选项，如图3-15所示。在工具箱中单击 "刷子大小"按钮，在弹出的下拉列表中共有8种不同的刷子尺寸可供选择，如图3-16所示；单击 "刷子形状"按钮，在弹出的下拉列表中共有9种笔头形状可供选择，如图3-17所示。

 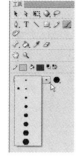

图3-15 刷子模式　　图3-16 刷子大小下拉列表

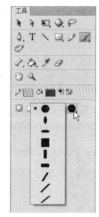

图3-17 刷子形状下拉列表

★ "标准绘画"模式：这是默认的绘制模式，可对同一层的线条和填充涂色。选择了此模式后，绘制后的颜色会覆盖在原有的图形上，如图3-18所示。

图3-18 标准绘画

★ "颜料填充"模式：该模式只对填充区域和空白区域涂色，而线条则不受到任何影响，如图3-19所示。

图3-19 颜料填充

★ "后面绘画"模式：涂改时不会涂改对象本身，只涂改对象的背景，即对同层舞台的空白区域涂色，不影响线条和填充，如图3-20所示。

图3-20 后面绘画

★ "颜料选择"模式：该模式只对选区内的图形产生作用，而选区之外的图形不会受到影响，如图3-21所示。

图3-21 颜料选择

★ "内部绘画"模式：使用该模式绘制的区域限制在落笔时所在位置的填充区域中，但不对线条涂色。如果在空白区域中开始涂色，则该填充不会影响任何现有填充区域，如图3-22所示。

图3-22 内部绘画

### 5．矩形工具和基本矩形工具

▢ "矩形工具"是用来绘制矩形图形的，它是从椭圆工具扩展而来的一种绘图工具，使用它也可以绘制出带有一定圆角的矩形。

在工具箱中选择▢ "矩形工具"后，可以在"属性"面板中设置▢ "矩形工具"的绘制参数，包括所绘制矩形的轮廓色、填充色、轮廓线的粗细和轮廓样式等，如图3-23所示。

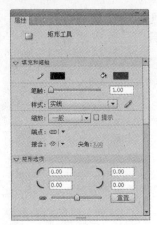

图3-23 "矩形工具"属性面板

通过在"矩形选项"选项组中的4个"矩形边角半径"文本框中输入数值，可以设置圆角矩形4个角的角度值。设置完圆角后绘制的图形，如图3-24所示。

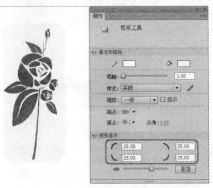

图3-24 绘制圆角矩形

提示

"角度"参数的范围为−100～100，数字越小，绘制矩形的4个角上的圆角弧度就越小，默认值为 0，即没有弧度，表示4个角为直角。也可以通过拖曳下方的滑块，来调整角度的大小。通过单击 "将边角半径控件锁定为一个控件"按钮，将其变为 状态，这样用户便可为4个角设置不同的值。单击"重置"按钮，可以恢复到矩形角度的初始值。

"基本矩形工具"使用方法与 "矩形工具"相同，但绘制出的图形具有更加灵活的调整方式。使用 "基本矩形工具"绘制的图形上面有节点，通过使用 "选择工具"单击拖曳图形上的节点，从而改变矩形对角外观使其形成为不同形状的圆角矩形，

如图3-25所示为使用 "基本矩形工具"绘制的不同图形。

图3-25 使用基本矩形工具绘制的图形

提示

在使用 "矩形工具"绘制形状时，在单击拖曳的过程中按键盘上的上、下方向键可以调整圆角的半径。

提示

使用 "基本矩形工具"绘制图形并使用 "选择工具"进行调整图形时，也可以通过基本矩形工具属性面板中矩形选项下的参数进行调整，从而改变图形的形状。

### 6. 椭圆工具和基本椭圆工具

使用 "椭圆工具"可以绘制椭圆形和正圆形。

在工具箱中选择 "椭圆工具"后，可以在"属性"面板中设置 "椭圆工具"的绘制参数，包括所绘制椭圆的轮廓色、填充色、笔触大小和轮廓样式等，如图3-26所示。

图3-26 "椭圆工具"属性面板

"属性"面板中的"椭圆选项"选项组中的各选项参数功能如下。

★ 开始角度：设置扇形的起始角度。
★ 结束角度：设置扇形的结束角度。
★ 内径：设置扇形内角的半径。
★ 闭合路径：勾选该复选框，可以使绘制出的扇形为闭合扇形。
★ 重置：单击该按钮后，将恢复到角度、半径的初始值。

**提 示**

如果在绘制椭圆形的同时按住Shift键，可以绘制一个正圆，如图3-27所示。按下Ctrl键可以暂时切换到 "选择工具"，对工作区中的对象进行选取。

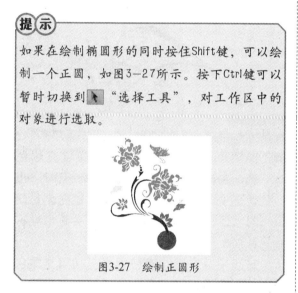

图3-27 绘制正圆形

相对于椭圆工具来讲，基本椭圆工具绘制的是更加易于控制的扇形对象。

使用 "基本椭圆工具"绘制图形的方法与使用 "椭圆工具"相同，但绘制出的图形有区别。使用 "基本椭圆工具"绘制出的图形具有节点，通过使用 "选择工具"单击拖曳图形上的节点，可以调出多种形状，如图3-28所示。

图3-28 使用基本椭圆工具绘制的图形

### 7. 多角星形工具

工具箱中的 "多角星形工具"用来绘制三角形、多边形和星形图形，根据选项设置中样式的不同，可以选择要绘制的是多边形还是星形。

在工具箱中选择 "多角星形工具"后，可以在"属性"面板中设置 "多角星形工具."的绘制参数，如图3-29所示。

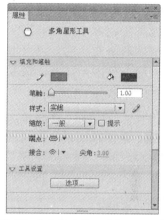

图3-29 "多角星形工具"属性面板

在"工具设置"下拉列表中单击"选项"按钮，可以打开"工具设置"对话框，如图3-30所示。

图3-30 "工具设置"对话框

★ 样式：在该下拉列表中可以选择"多边形"或"星形"样式。
★ 边数：用于设置多边形或星形的边数。
★ 星形顶点大小：用于设置星形顶点的大小。

设置好所绘多角星形的属性后，即可开始绘制多角星形了。如图3-31所示为绘制多角星形的效果。

图3-31 多角星形的效果

## 3.1.2 使用色彩工具

绘制图形完成后，经常要使用一些工具对图形进行笔触描边和填充，这些常用的工具包括 "颜料桶工具"、 "墨水瓶工具"、 "滴管工具"和 "橡皮擦工具"，下面将对这些工具进行详细的介绍。

**1. 颜料桶工具**

使用 "颜料桶工具"不仅可以为封闭的图形填充颜色、为一些没有完全封闭但接近于封闭的图形填充颜色，还可以更改已填充的颜色区域，可以用纯色、渐变，以及位图进行填充。

在工具箱中选择 "颜料桶工具"后，即可打开 "颜料桶工具"的属性面板，如图3-32所示。

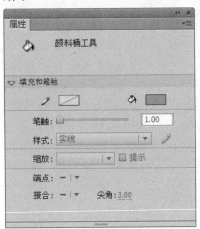

图3-32 "颜料桶工具"属性面板

在工具箱中选择 "颜料桶工具"后，单击工具箱中的 "空隙大小"按钮，在弹出的下拉列表中包括不封闭空隙、封闭小空隙、封闭中等空隙和封闭大空隙4个选项，如图3-33所示。

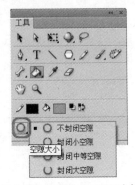

图3-33 空隙大小下拉列表

★ 不封闭空隙：在使用颜料桶填充颜色前，Flash将不会自行封闭所选区域的任何空隙。也就是说，所选区域的所有未封闭的曲线内将不会被填充颜色，如图3-34所示为选择"不封闭空隙"选项后填充的效果。

图3-34 选择"不封闭空隙"选项后填充的效果

★ 封闭小空隙：在使用颜料桶填充颜色前，会自行封闭所选区域的小空隙。也就是说，如果所填充区域不是完全封闭的，但是空隙很小，Flash则会近似地将其判断为完全封闭而进行填充。

★ 封闭中等空隙：在使用颜料桶填充颜色前，会自行封闭所选区域的中等空隙。也就是说，如果所填充区域不是完全封闭的，但是空隙大小中等，Flash则会近似地将其判断为完全封闭而进行填充。

★ 封闭大空隙：在使用颜料桶填充颜色前，自行封闭所选区域的大空隙。也就是说，如果所填充区域不是完全封闭的，而且空隙尺寸比较大，Flash则会近似地将其判断为完全封闭而进行填充。

如果要填充的形状没有空隙，可以选择"不封闭空隙"选项；否则可以根据空隙的大小选择"封闭小空隙"、"封闭中等空隙"或"封闭大空隙"选项。如果空隙太大，可能需要手动封闭它们。

如图3-35所示的星形有两个并不大的缺口，如果想要在星形内填充颜色，此时在选项区内选择"空隙大小"中的"封闭大空隙"选项，并对该图形使用"颜料桶工具"在星形区域内进行填充，填充后的效果如图3-36所示。

图3-35 需要填充颜色的图形

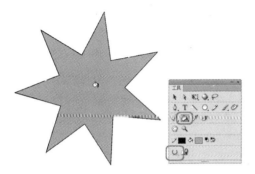

图3-36 选择"封闭大空隙"选项后填充的效果

当使用渐变色作为填充色时，单击 "锁定填充"按钮，可将上一次填充颜色的变化规律锁定，作为本次填充区域周围的色彩变化规范。

### 2. 墨水瓶工具

"墨水瓶工具"用来在绘图中修改线条和轮廓线的颜色和样式。它不仅能够在选定图形的轮廓线上加上规定的线条，还可以改变一条线条的粗细、颜色、线型等，并且可以给打散后的文字和图形加上轮廓线。 "墨水瓶工具"本身不能在工作区中绘制线条，只能对已有线条进行修改。选择 "墨水瓶工具"，即可打开 "墨水瓶工具"的属性面板，如图3-37所示。

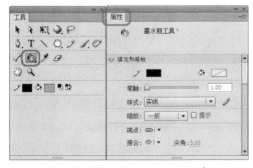

图3-37 "墨水瓶工具"属性面板

提 示

如果 "墨水瓶工具"的作用对象是矢量图形，则可以直接为其添加轮廓。如图3-38所示。如果将要作用的对象是文本或位图，则需要先将其分离，然后才可以使用 "墨水瓶工具"添加轮廓。

图3-38 为圆角矩形添加轮廓

### 3. 滴管工具

"滴管工具"是吸取某种对象颜色的管状工具。在Flash中， "滴管工具"的作用是采集某一对象的色彩特征，以便应用到其他对象上。下面将如图3-39所示中圆角矩形中的颜色拾取到星形中。

图3-39 拾取颜色前的效果

单击工具箱中的 "滴管工具"，一旦它被选中，鼠标指针就会变成滴管状，表明此时已经选中了"滴管工具"，在圆角矩形中的红色上单击，即可拾取红色，如图3-40所示。

图3-40 使用 "滴管工具"拾取红色

将鼠标移动到星形区域上单击，即可将采集的颜色填充到星形图形上，如图3-41所示。

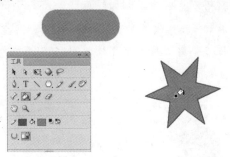

图3-41 将采集的颜色填充到星形区域中

如果该区域是采集对象的轮廓线，滴管的光标附近就会出现"铅笔"标志，此时单击即可采集，如图3-42所示。

图3-42 采集轮廓颜色

移动鼠标到需要修改轮廓颜色的图形上单击，即可将轮廓颜色进行修改，如图3-43所示。

图3-43 更改轮廓颜色

### 4. 橡皮擦工具

工具箱中的 ![橡皮擦] "橡皮擦工具"可以用来擦除图形的外轮廓和内部颜色，还可以被设置为只擦除图形的外轮廓线和内部颜色，也可以定义只擦除某一部分内容。

当选择 ![橡皮擦] "橡皮擦工具"时，在工具箱的选项设置区中，有一些相应的附加选项，如图3-44所示。

图3-44 "橡皮擦工具"的附加选项

![橡皮擦] "橡皮擦工具"的各附加选项的功能说明如下。

★ ![模式] "橡皮擦模式"按钮：单击该按钮，在弹出的下拉列表中共有5种擦除方式可供选择，包括标准擦除、擦除填色、擦除线条、擦除所选填充和内部擦除，如图3-45所示。

图3-45 "橡皮擦模式"下拉列表

◆ 标准擦除：擦除同一层上的笔触和填充区域。此模式是Flash的默认工作模式，擦除效果如图3-46所示。

图3-46 标准擦除

◆ 擦除填色：只擦除填充区域，不影响笔触。擦除效果如图3-47所示。

图3-47 擦除填色

◆ 擦除线条：只擦除笔触，不影响填充区域。擦除效果如图3-48所示。

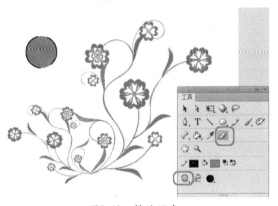

图3-48 擦除线条

◆ 擦除所选填充：只擦除当前选择的填充区域，而不影响笔触。擦除效果如图3-49所示。

图3-49 擦除所选填充

◆ 内部擦除：只有从填充色内部作为擦除的起点才有效，如果擦除的起点是图形外部，则不会起任何作用。在这种模式下使用橡皮擦并不影响笔触。擦除效果如图3-50所示。

★ ▨ "水龙头"按钮：单击该按钮后，只

需在笔触或填充区域上单击，即可擦除笔触或填充区域，如图3-51所示。

图3-50 内部擦除

图3-51 使用"水龙头"按钮擦除的效果

★ ● "橡皮擦形状"按钮：单击该按钮后，即可弹出如图3-52所示的下拉列表，在该菜单中可以选择橡皮擦的形状，以进行精确的擦除。

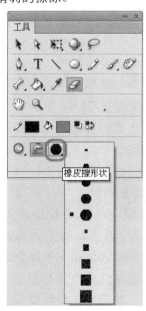

图3-52 "橡皮擦形状"下拉列表

### 3.1.3 文本工具的使用

文字是影片中非常重要的组成部分，利用 T "文本工具"可以在Flash影片中创建各种文字，并根据需要可以对创建的文字进行分离和添加滤镜等操作。

**1. 文本工具**

在Flash中 T "文本工具"是用来输入和编辑文本的。

在"属性"面板中可以对文本的属性进行设置，包括设置文字的大小、间距和颜色等如图3-53所示。

图3-53 "文本工具"属性面板

"属性"面板中的主要选项功能说明如下。

★ 文本引擎：在该下拉列表中选择需要使用的文本引擎。传统文本是 Flash 中早期文本引擎的名称。传统文本引擎在 Flash CS5 和更高版本中仍可用。传统文本对于某类内容而言可能更好一些，例如用于移动设备的内容，其中 SWF 文件大小必须保持在最小限度。不过，在某些情况下，例如需要对文本布局进行精细控制，则需要使用新的 TLF 文本。TLF 支持更多丰富的文本布局功能和对文本属性的精细控制。与以前的文本引擎（现在称为传统文本）相比，TLF 文本可加强对文本的控制。

★ 文本类型：用来设置所绘文本框的类型，有3个选项，分别为静态文本、动态文本和输入文本。在默认情况下，使用 T "文本工具"创建的文本框为静态文本框，静态文本框创建的文本在影片播放过程中是不会改变的；使用动态文

本框创建的文本是可以变化的，动态文本框中的内容可以在影片制作过程中输入，也可以在影片播放过程中设置动态变化，通常的做法是使用ActionScript对动态文本框中的文本进行控制，这样就大大增加了影片的灵活性；输入文本也是应用比较广泛的一种文本类型，可以在影片播放过程中即时输入文本，一些用Flash制作的留言簿和邮件收发程序都大量使用了输入文本。

◆ 在默认情况下，使用 T "文本工具"创建的文本框为静态文本框，静态文本框创建的文本在影片播放过程中是不会改变的。要创建静态文本框，首先在选取文本工具，然后在舞台上拉出一个固定大小的文本框，或者在舞台上单击进行文本的输入。绘制好的静态文本框没有边框。不同类型的文本框的"属性"面板不太相同，这些属性的异同也体现了不同类型文本框之间的区别。"静态文本"框的"属性"面板,如图3-54所示。

图3-54 静态文本框的"属性"面板

◆ 使用动态文本框创建的文本是可以变化的。动态文本框中的内容可以在影片制作过程中输入，也可以在影片播放过程中设置动态变化，通常的做法是使用ActionScript对动态文本框中的文本进行控制，这样就大大增加了影片的灵活性。要创建动态文本框，首先要在舞台上拉出一个固定大小的文本框，或者在舞台上单击进行文本输入，接着从动态文本框的"属性"面板中的"文本类型"下拉列表中选择"动态文本"选项。绘制好的动态文本框会有一个黑色的边界。动态文本框的"属性"面板,如图3-55所示。

图3-55 动态文本框的"属性"面板

◆ "输入文本"也是应用比较广泛的一种文本类型，可以在影片播放过程中即时地输入文本，一些用Flash制作的留言簿和邮件收发程序都大量使用了输入文本。要创建输入文本框，首先在舞台上拉出一个固定大小的文本框，或者在舞台上单击进行文本的输入。接着，从输入文本框的"属性"面板中的"文本类型"下拉列表中选

择"输入文本"选项。输入文本框的"属性"面板，如图3-56所示。

图3-56 输入文本框的"属性"面板

★ "改变文本方向"按钮：单击该按钮，通过在弹出的下拉列表中选择水平、垂直或垂直，从左向右选项，可以改变当前文本的方向。

◆ 字符：设置字体属性。

◆ 系列：在其中可以选择字体。

◆ 样式：从中可以选择Regular（正常）、Italic（斜体）选项，设置文本样式。

◆ 大小：设置文字的大小。

◆ 字母间距：用于调整选定字符或整个文本框的间距。可以在其文本框中输入-60～+60的数值，单位为"磅"，也可以通过单击拖曳进行设置。

◆ 颜色：单击右侧的色块，在弹出的调色板中可以设置字体的颜色。

◆ 自动调整字距：勾选该复选框后，可以使用字体的内置字距微调信息来调整字符间距。

◆ 消除锯齿：在该下拉列表中提供了5种不同选项，用来设置文本边缘的锯

35

齿，以便更清楚地显示较小的文本。
其中，"使用设备字体"选项生成
一个较小的 SWF 文件；"位图文本
[无消除锯齿]"选项生成明显的文本
边缘，没有消除锯齿；"动画消除锯
齿"选项生成可顺畅进行动画播放的
消除锯齿文本；"可读性消除锯齿"
选项使用高级消除锯齿引擎，提供了
品质最高、最易读的文本；"自定义
消除锯齿"选项与"可读性消除锯
齿"选项相同，但是可以直观地操作
消除锯齿参数，以生成特定外观。

◆ 🔲 "可选"：单击此按钮后能够在
影片播放的时候选择动态文本或静
态文本。

◆ 🔲 "切换上标"：将文字切换为上标
显示。

◆ 🔲 "切换下标"：将文字切换为下标
显示。

★ "段落"选项组中包括以下几种选项：

◆ 格式：设置文字的对齐方式，包括🔲
左对齐、🔲居中对齐、🔲右对齐和
🔲两端对齐4种方式。

◆ 间距：缩进选项用于设置段落边界和
首行开头之间的距离；行距选项用于
设置段落中相邻行之间的距离。

◆ 边距：用于设置文本框的边框和文本
段落之间的间隔量。

★ "选项"包括两个选项。

◆ 链接：将动态文本框和静态文本框中
的文本设置为超链接，只需要在URL
文本框中输入要链接到的URL地址即
可，还可以在"目标"下拉列表中对
超链接属性进行设置。

◆ 使用 🔲 "文本工具"的操作步骤
如下。

**01** 新建一个空白文档，导入一张素材图片，如
图3-57所示。

**02** 在工具箱中选择 🔲 "文本工具"，并在舞
台中单击并输入文字"蝴蝶"，如图3-58
所示。

图3-57 导入的素材图片

图3-58 输入文字

**03** 使用 🔲 "选择工具"选择文本框，并在
"属性"面板中将"系列"设置为"华文
行楷"，将"大小"设置为55点，并将字
体颜色设置为紫色，如图3-59所示。

图3-59 设置文字的属性

**04** 使用 🔲 "选择工具"调整文本框的位置，
完成后的效果，如图3-60所示。

图3-60 完成后的效果

**2．文字的分离**

在Flash中，可以分离传统文本以将每个字符置于单独的文本框中，还可以将文字分散到各个图层中。

（1）分离文本

01 继续上面的操作，确定文本处于选中状态，在菜单栏中执行"修改"|"分离"命令。

02 将文本框中的每个文字分别位于一个单独的文本框中，效果如图3-61所示。

图3-61 分离文本

（2）分散到图层

01 继续上面的操作，在菜单栏中执行"修改"|"时间轴"|"分散到图层"命令。

02 将文字分散到各个图层中，效果如图3-62所示。

图3-62 将文字分散到各个图层中

（3）转换为图形

用户还可以将文本转换为图形，以便可以对其进行改变形状、擦除等操作。

选中需要转换为图形的文本，并执行"修改"|"分离"命令，即可将舞台上的文本转换为图形，如图3-63所示。

图3-63 将文本转换为图形

**3．应用文本滤镜**

使用Flash中提供的"滤镜"功能可以为文本添加投影、模糊、发光、斜角、渐变发光、渐变斜角和调整颜色等多种效果。

选择文本后，在"属性"面板中打开"滤镜"选项组，在该选项组中可以为选中的文本应用一个或多个滤镜，如图3-64所示。每添加一个新的滤镜，都会显示在该文本所应用滤镜的列表中。

图3-64 "滤镜"选项组

在"滤镜"选项组中可以启用、禁用或删除滤镜。删除滤镜时，文本对象恢复原来的外观。通过选择文本对象，可以查看应用于该文本对象的滤镜。

（1）投影滤镜

使用"投影"滤镜可以模拟对象向一个表面投影的效果。在舞台中创建文本，在"属性"面板中单击"滤镜"选项组中左下角的 "添加滤镜"按钮，在弹出的下拉列表中选择"投影"选项，即可在列表中显示出"投影"滤镜的参数，如图3-65所示。

★ 模糊X、模糊Y：设置投影的宽度和高度。

★ 强度：设置阴影暗度。数值越大，阴影就越暗。

★ 品质：设置投影的质量级别。如果把质量级别设置为"高"，就近似于高斯模糊。建议把质量级别设置为"低"，以实现最佳的回放性能。

图3-65 "投影"滤镜参数

★ 角度：输入一个值来设置阴影的角度。

★ 距离：设置阴影与对象之间的距离。

★ 挖空：勾选该复选框后，即可挖空（即从视觉上隐藏）原对象，并在挖空图像上只显示投影。

★ 内阴影：勾选该复选框后，在对象边界内应用阴影。

★ 隐藏对象：勾选该复选框后，隐藏对象，并只显示其阴影。

★ 颜色：单击右侧的色块，在弹出的调色板中选择阴影颜色。

为文本对象添加"投影"滤镜后的效果，如图3-66所示。

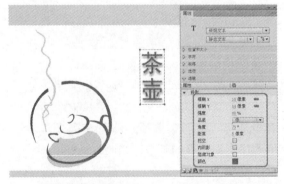

图3-66 更改"投影"滤镜后的效果

（2）模糊滤镜

使用"模糊"滤镜可以柔化对象的边缘和细节。在"滤镜"选项组中单击左下角的"添加滤镜"按钮，在弹出的下拉列表中选择"模糊"选项，即可在列表中显示出"模糊"滤镜的参数。

★ 模糊X、模糊Y：设置模糊的宽度和高度。

★ 品质：设置模糊的质量级别。如果把质量级别设置为"高"就近似于高斯模糊。建议把质量级别设置为"低"，以实现最佳的回放性能。

为文本对象添加"模糊"滤镜后的效果，如图3-67所示。

图3-67 添加"模糊"滤镜后的效果

（3）发光滤镜

使用"发光"滤镜可以为对象的整个边缘应用颜色。在"滤镜"选项组中单击左下角的"添加滤镜"按钮，在弹出的下拉列表中选择"发光"选项，即可在列表中显示出"发光"滤镜的参数。

★ 模糊X、模糊Y：设置发光的宽度和高度。

★ 强度：设置发光的清晰度。

★ 品质：设置发光的质量级别。如果把质量级别设置为"高"就近似于高斯模糊。建议把质量级别设置为"低"，以实现最佳的回放性能。

★ 颜色：单击右侧的色块，在弹出的调色板中设置发光颜色。

★ 挖空：勾选该复选框后，即可挖空（即从视觉上隐藏）原对象，并在挖空图像上只显示发光。

★ 内发光：勾选该复选框后，在对象边界内应用发光。

为文本对象添加"发光"滤镜后的效果，如图3-68所示。

（4）斜角滤镜

应用"斜角"滤镜就是为对象应用加亮效果，使其看起来像凸出于背景表面。在

"滤镜"选项组中单击左下角的 🔲 "添加滤镜"按钮，在弹出的下拉列表中选择"斜角"选项，即可在列表中显示出"斜角"滤镜的参数。

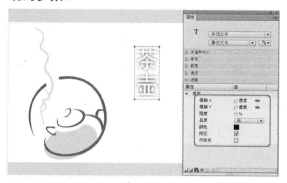

图3-68 添加"发光"滤镜后的效果

★ 模糊X、模糊Y：设置斜角的宽度和高度。

★ 强度：设置斜角的不透明度，而不影响其宽度。

★ 品质：设置斜角的质量级别。如果把质量级别设置为"高"就近似于高斯模糊。建议把质量级别设置为"低"，以实现最佳的回放性能。

★ 阴影、加亮显示：单击右侧的色块，在弹出的调色板中可以设置斜角的阴影和加亮颜色。

★ 角度：输入数值可以更改斜边投下的阴影角度。

★ 距离：设置斜角与对象之间的距离。

★ 挖空：勾选该复选框后，即可挖空（即从视觉上隐藏）原对象，并在挖空图像上只显示斜角。

★ 类型：选择要应用到对象的斜角类型。可以选择内侧、外侧或者全部选项。

为文本对象添加"斜角"滤镜后的效果，如图3-69所示。

（5）渐变发光滤镜

应用"渐变发光"滤镜可以在发光表面产生带渐变颜色的发光效果。在"滤镜"选项组中单击左下角的 🔲 "添加滤镜"按钮，在弹出的下拉列表中选择"渐变发光"选项，即可在列表中显示出"渐变发光"滤镜

的参数。

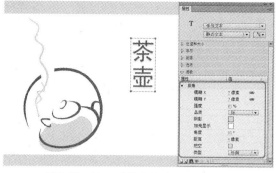

图3-69 添加"斜角"滤镜后的效果

★ 模糊X、模糊Y：设置发光的宽度和高度。

★ 强度：设置发光的不透明度，而不影响其宽度。

★ 品质：设置渐变发光的质量级别。如果把质量级别设置为"高"就近似于高斯模糊。建议把质量级别设置为"低"，以实现最佳的回放性能。

★ 角度：通过输入数值可以更改发光投下的阴影角度。

★ 距离：设置阴影与对象之间的距离。

★ 挖空：勾选该复选框后，即可挖空（即从视觉上隐藏）原对象，并在挖空图像上只显示渐变发光。

★ 类型：在该下拉列表中选择要为对象应用的发光类型。可以选择内侧、外侧或者全部选项。

★ 渐变：渐变包含两种或多种可相互淡入或混合的颜色。单击右侧的渐变色块，可以在弹出的渐变条上设置渐变颜色。

为文本对象添加"渐变发光"滤镜后的效果，如图3-70所示。

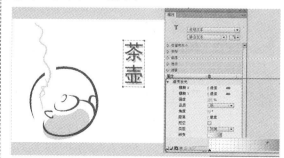

图3-70 添加"渐变发光"滤镜后的效果

（6）渐变斜角滤镜

应用"渐变斜角"滤镜后可以产生一种凸起效果，且斜角表面有渐变颜色。在"滤镜"选项组中单击左下角的 **⬚** "添加滤镜"按钮，在弹出的下拉列表中选择"渐变斜角"选项，即可在列表中显示出"渐变斜角"滤镜的参数。

★ 模糊 X、模糊 Y：设置斜角的宽度和高度。

★ 强度：输入数值可以影响其平滑度，但不影响斜角宽度。

★ 品质：设置渐变斜角的质量级别。如果把质量级别设置为"高"就近似于高斯模糊。建议把质量级别设置为"低"，以实现最佳的回放性能。

★ 角度：通过输入数值来设置光源的角度。

★ 距离：设置斜角与对象之间的距离。

★ 挖空：勾选该复选框后，即可挖空（即从视觉上隐藏）原对象，并在挖空图像上只显示渐变斜角。

★ 类型：在该下拉列表中选择要应用到对象的斜角类型。可以选择内侧、外侧或者全部选项。

★ 渐变：渐变包含两种或多种可相互淡入或混合的颜色。单击右侧的渐变色块，可以在弹出的渐变条上设置渐变颜色。

为文本对象添加"渐变斜角"滤镜后的效果，如图3-71所示。

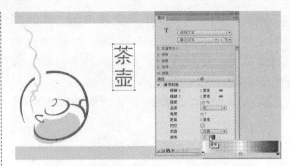

图3-71　添加"渐变斜角"滤镜后的效果

（7）调整颜色

使用"调整颜色"滤镜可以调整对象的亮度、对比度、饱和度和色相。在"滤镜"选项组中单击左下角的 **⬚** "添加滤镜"按钮，在弹出的下拉列表中选择"调整颜色"选项，即可在列表中显示出"调整颜色"滤镜的参数。

★ 亮度：调整对象的亮度。

★ 对比度：调整对象的对比度。

★ 饱和度：调整对象的饱和度。

★ 色相：调整对象的色相。

为文本对象添加"调整颜色"滤镜后的效果，如图3-72所示。

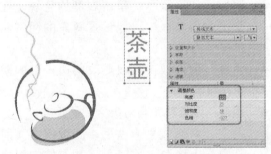

图3-72　添加"调整颜色"滤镜后的效果

# 3.2　实例应用

## 3.2.1　课堂实例1：绘制风景图

通过本课内容的学习，对Flash CS6软件中的基本工具有了初步了解，下面以绘制风景图的实例加深对工具的认识。

本案例主要使用了 **⬚** "矩形工具"和 **◯** "椭圆工具"绘制背景和太阳，使用"钢笔工具"绘制放射状图形、草地及云彩，并对绘制的图形进行渐变颜色的填充，还介绍了 **✐** "刷子工具"的使用。

**01** 运行Flash软件，单击"新建"选项下方的ActionScript 3.0按钮，新建一个空白文档。

**02** 在"时间轴"面板中将"图层1"定义为"背景"图层，如图3-73所示。

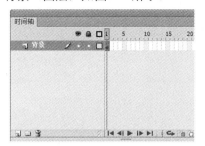

图3-73　定义背景图层

**03** 单击工作区右侧的  "颜色"按钮，在弹出的"颜色"面板中将颜色类型定义为"线性渐变"，在下面的颜色块中设置从#33A0D9到#FFFFFF的颜色，如图3-74所示。

图3-74　设置渐变颜色

**04** 在工具箱中选择 "矩形工具"，将"笔触颜色"设置为无，在舞台中单击拖曳绘制一个矩形，得到渐变色的矩形将它作为场景的背景，如图3-75所示。

图3-75　绘制矩形

**05** 下面对渐变颜色进行调整，选择工具箱中的 "渐变变形工具"，选择舞台上的矩形，出现渐变变形控制框，如图3-76所示。

图3-76　选择 "渐变变形工具"

**06** 将鼠标移到旋转标记♀处，出现旋转箭头时，单击拖曳将渐变颜色进行90°旋转，如图3-77所示。

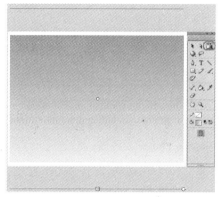

图3-77　旋转渐变颜色

**07** 单击拖曳⊟按钮，在舞台中调整好渐变变形框的位置，如图3-78所示。

图3-78　调整渐变颜色

**08** 将背景调整完成后，在"时间轴"面板中单击"背景"图层后的锁定处，将"背景"图层锁定。单击 "新建图层"按钮，新建一个图层，并将其命名为"草地1"，如图3-79所示。

图3-79　锁定"背景"图层并新建"草地1"图层

**09** 在"颜色"面板中将颜色类型定义为"线性渐变",在下面的颜色块中设置从#419969到#FFFF66的颜色,如图3-80所示。

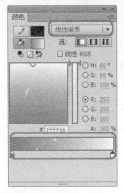

图3-80　设置渐变颜色

**10** 在工具箱中选择 "钢笔工具",在舞台上绘制三边为直边,顶边为起伏的曲线图形,如图3-81所示。

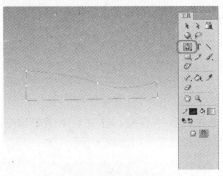

图3-81　绘制图形

**11** 选择工具箱中的 "颜料桶工具",在绘制的图形区域内单击,将渐变颜色填充到该区域内,如图3-82所示。

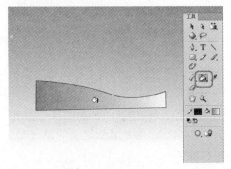

图3-82　填充渐变颜色

**12** 选择工具箱中的 "渐变变形工具",选择舞台上的矩形,出现渐变变形控制框,将鼠标移到旋转标记 处,出现旋转箭头时,单击拖曳将渐变颜色进行90°旋转,并对渐变颜色进行调整,如图3-83所示。

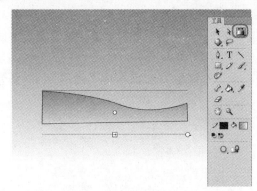

图3-83　选择并调整渐变颜色

**13** 选择工具箱中的 "任意变形工具",将渐变图形进行缩放处理,并将其移动到舞台的底部,选择工具箱中的 "选择工具",双击黑色轮廓线将其选中,按Delete键将其删除,如图3-84所示。

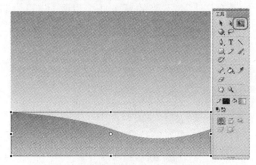

图3-84　调整渐变图形并删除轮廓线

**14** 在"时间轴"面板中单击"草地1"图层后的锁定处,将"草地1"图层锁定。单击 "新建图层"按钮,新建一个图层,并将其命名为"草地2",如图3-85所示。

图3-85　锁定"草地1"新建"草地2"

**15** 同样使用 "钢笔工具",在舞台中绘制如图3-86所示的图形作为"草地2",并对绘制的图形进行渐变颜色的填充。

**16** 在"时间轴"面板中锁定"草地2",解除"背景"图层的锁定,选择背景并对其进行调整。完成后的效果,如图3-87所示。

图3-86 绘制并调整图形

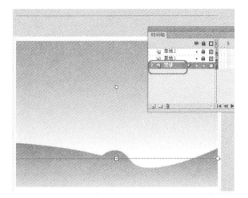

图3-87 调整背景图层的位置

**17** 锁定"背景"图层，单击 "新建图层"按钮，新建一个图层，并将其命名为"太阳"，如图3-88所示。

图3-88 创建"太阳"图层

**18** 选择工具箱中的 "椭圆工具"，将"填充颜色"设置为"黄色"，将"笔触颜色"设置为"无"，在舞台中按Shift键绘制正圆，如图3-89所示。

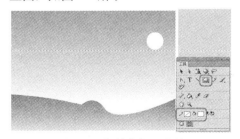

图3-89 绘制黄色正圆形

**19** 在"时间轴"面板中单击 "新建图层"按钮，新建一个图层，并将其命名为"太

阳前"，如图3-90所示。

图3-90 创建新图层

**20** 选择工具箱中的 "椭圆工具"，将"填充颜色"设置为"土黄色"，将"笔触颜色"设置为"无"，在舞台中绘制一个椭圆，并对其进行调整，如图3-91所示。

图3-91 绘制并调整椭圆

**21** 在"时间轴"面板中单击 "新建图层"按钮，新建一个图层，并将其命名为"放射状"，如图3-92所示。

图3-92 创建新图层

**22** 选择工具箱中的 "钢笔工具"，在舞台中绘制图形，如图3-93所示。

图3-93 绘制图形

23 选择工具箱中的 "颜料桶工具"，将填充颜色设置为白色，在区域内单击为其填充颜色，并选择工具箱中的 "选择工具" 双击轮廓线按Delete键将其删除，如图3-94所示。

图3-94 填充颜色并删除轮廓线

24 在"时间轴"面板中确定"放射状"图层处于选中状态，将该图层调整至"背景"图层的上方，如图3-95所示。

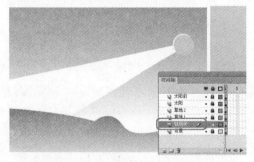

图3-95 调整"放射状"图层的位置

25 确定白色图形处于选中状态，在"属性"面板中将填充颜色的不透明度更改为30%，如图3-96所示。

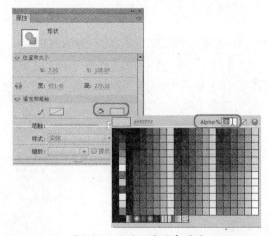

图3-96 设置不透明度的值

26 调整完不透明度后的效果，如图3-97所示。

27 使用同样的方法绘制其他图形，并调整图形

的位置。完成后的效果，如图3-98所示。

图3-97 调整后的效果

图3-98 绘制其他形状

28 在"时间轴"面板中单击 "新建图层"按钮，新建一个图层，并将其命名为"云彩"，如图3-99所示。

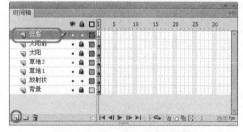

图3-99 创建"云彩"图层

29 选择工具箱中的 "钢笔工具"，在舞台中绘制并调整图形，如图3-100所示。

图3-100 绘制并调整云彩

**30** 选择工具箱中的 "颜料桶工具"，并将填充色定义为白色，在云彩区域内单击为其填充颜色，如图3-101所示。

图3-101 为云彩填充颜色

**31** 选择工具箱中的 "选择工具"，双击云彩外面的轮廓线将其选中，按Delete键删除轮廓线，如图3-102所示。

图3-102 删除轮廓线

**32** 确定云彩处于选中状态，按快捷键Ctrl+C复制云彩，在"时间轴"面板中新建"云彩上"图层，按快捷键Ctrl+V粘贴，选择工具箱中的 "任意变形工具"，对复制的图形进行调整，如图3-103所示。

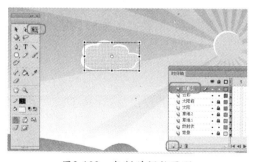

图3-103 复制并调整图形

**33** 在舞台中选中作为云彩的形状，对该图形进行复制调整，并对复制的图形进行水平翻转。完成后的效果，如图3-104所示。

图3-104 复制并调整图形

**34** 选择工具箱中的 "钢笔工具"，在舞台中绘制并调整图形，如图3-105所示。

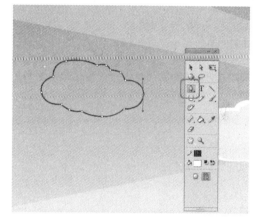

图3-105 绘制图形

**35** 选择工具箱中的 "颜料桶工具"，并将填充色定义为白色，在云彩区域内单击为其填充颜色，选择工具箱中的 "选择工具"，双击云彩外面的轮廓线将其选中，按Delete键删除轮廓线，如图3-106所示。

图3-106 填充图形并删除轮廓线

**36** 将舞台中的白色图形进行复制，并使用工

45

具箱中的 ■ "任意变形工具" 对其进行调整，如图3-107所示。

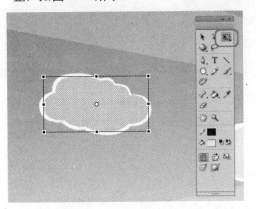

图3-107　复制并调整图形

**37** 使用同样的方法绘制其他云彩图形。完成后的效果，如图3-108所示。

图3-108　绘制云彩效果

**38** 在"时间轴"面板中单击 ■ "新建图层"按钮，新建一个图层，并将其命名为"点

缀"，如图3-109所示。

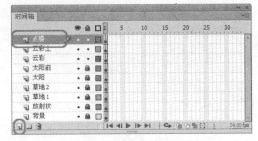

图3-109　创建"点缀"图层

**39** 在工具箱中选择 ■ "刷子工具"，将填充颜色的值设置为#FFFF00，将不透明度设置为35%。

**40** 选择合适的刷子形状在舞台中多次绘制，作为草地上的点缀。完成后的效果，如图3-110所示。

图3-110　完成后的效果

**41** 至此，风景图的效果制作完成了，将完成后的场景文件进行保存。

## 3.2.2　课堂实例2：为风景图添加文字效果

本节将为上节制作的风景图添加文字效果，进一步对文本滤镜认识。

**01** 打开上节保存的场景文件继续操作。

**02** 在"时间轴"面板中单击 ■ "新建图层"按钮，新建一个图层，并将其命名为"文字"，如图3-111所示。

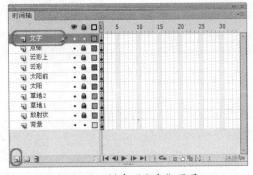

图3-111　创建"文字"图层

**03** 选择工具箱中的 **T** "文本工具"，在舞台中创建"风和日丽"文本，如图3-112所示。

图3-112　创建文本

**04** 在"属性"面板中展开"字符"选项，将"字体"设置为"汉仪行楷简"，将"大小"设置为55点，将颜色值设置为#CC3300，如图3-113所示。

图3-113　设置文本

**05** 在"属性"面板中展开"滤镜"选项，单击左下角的 **⬛** "添加滤镜"按钮，在弹出的下拉列表中选择"渐变发光"选项，将"模糊X"的值设置为8像素，将"强度"设置为90%，将"距离"值设置为8像素，将渐变颜色的值定义为从#FFFFFF到#FFFF00，如图3-114所示。

图3-114　添加"渐变发光"滤镜

**06** 添加"渐变发光"滤镜后的效果如图3-115

所示。

图3-115　添加完"渐变发光"滤镜后的效果

**07** 继续单击"滤镜"选项下的 **⬛** "添加滤镜"按钮，在弹出的下拉列表中选择"调整颜色"选项，将"亮度"值设置为50，将"对比度"设置为30，将"色相"值设置为-30，如图3-116所示。

图3-116　添加"调整颜色"滤镜

**08** 添加完"调整颜色"滤镜后的效果如图3-117所示。

图3-117　完成后的效果

**09** 至此，文本效果添加完成了，将完成后的场景文件进行保存。

# 3.3 课后练习

（1）使用"矩形工具"，按下＿＿＿＿＿键可以绘制正方形，按住＿＿＿＿＿键可以暂时切换到"选择工具"，对工作区中的对象进行选取。

（2）如果想拾取某种颜色，可以使用工具箱中的＿＿＿＿＿工具。

（3）为文本添加滤镜效果，有＿＿＿＿＿、＿＿＿＿＿、＿＿＿＿＿、＿＿＿＿＿、＿＿＿＿＿、＿＿＿＿＿、＿＿＿＿＿类型。

（4）绘制一幅矢量图，并为其添加文本效果。

# 第4课
# 图形的编辑

在Flash中图形或图像是舞台中主要编辑的对象。进行动画的编辑之前，要根据想要构造的动画场景绘制或引入相应的对象，并且用Flash CS6中的一些工具和相关命令对这些对象进行编辑，包括位置形状等各个方面，然后反复修改对象的应用属性。接下来将介绍Flash CS6中编辑与修改对象的相关知识。本课介绍了编辑图形的常用方法，包括 "选择工具" 和 "任意变形工具" 的使用、图形的组合和分离、图形对象的对齐与修饰等操作，以及 "缩放工具" 和 "手形工具" 等辅助工具的使用。

# 4.1 基础讲解

## 4.1.1 选择工具的使用

要对图形进行修改时，首先需要选中对象。一般可以使用工具箱中的 ![图标] "选择工具"、![图标] "部分选取工具"和 ![图标] "套索工具"来选中对象，下面分别对 ![图标] "选择工具"、![图标] "部分选取工具"和 ![图标] "套索工具"进行介绍。

### 1. 使用选择工具

选取对象是进行对象编辑和修改的前提条件。Flash提供了丰富的对象选取方法，理解对象的概念及清楚各种对象在选中状态下的表现形式是很必要的。

（1）选择对象

使用工具箱中的 ![图标] "选择工具"可以很轻松地选取线条，填充区域和文本等对象。具体的操作方法如下。

**01** 使用工具箱中的 ![图标] "选择工具"，在舞台中星形图形的边缘上单击，即可选中星形对象的一条边，如图4-1所示。双击星形对象的边缘部位，即可选中星形的所有边，如图4-2所示。

图4-1　选择一条边缘

图4-2　选择整个边缘

**02** 单击星形对象的面，则会选中星形的面，如图4-3所示。双击星形对象的面，则会同时选中星形的面和边，如图4-4所示。

图4-3　选择星形的面

图4-4　选择星形的面和边

**03** 在舞台中通过单击拖曳框选舞台中的所有对象，如图4-5所示，即可将舞台中的对象全部选中，如图4-6所示。

图4-5　框选舞台中的所有对象

图4-6　将舞台中的对象全部选择

使用鼠标进行框选对象时，一定要框选住完整的对象，否则Flash将否认已被选取。

选取对象时，执行"编辑"|"全选"命令或按快捷键Ctrl+A选取场景中的所有对象。

在使用工具箱中的其他工具时，如果要切换到 "选择工具"，可以按下V键。如果只是暂时切换到 "选择工具"，按住Ctrl键选取对象后释放即可。按住Shift键依次单击要选取的对象，可以同时选择多个对象；如果再次单击已被选中的对象，则可以取消对该对象的选取。

（2）移动对象

使用 "选择工具"也可以对图形对象进行移动操作，Flash中有3种移动对象的方法：鼠标移动、方向键移动和通过"属性"面板进行移动。

★ 通过鼠标移动对象

这是最简单、直接的方法，它移动对象时较随意。选中一个或多个对象，并将光标移动到被选中的对象上，单击拖曳即可移动对象了，如图4-7所示。

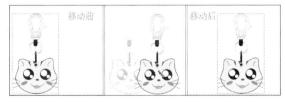

图4-7 通过鼠标移动对象

移动时按住Shift键，只能水平、垂直或45°方向的移动，若按住Alt键，将复制出一个新的对象，如图4-8所示。如果移动对象时，选中对象同时按住Shift+Alt，复制出来的新对象将只进行水平、垂直或45°方向的移动。

图4-8 复制对象

★ 使用方向键移动对象

选中对象后，在键盘上按上、下、左、右方向键，可以以每次1像素的距离移动对象。如果按住Shift键的同时，再按上、下、左、右方向键，可以以每次8像素的距离移动对象。

★ 使用"信息"面板设置精确移动对象

这是最精确的定位移动对象的方法。选择对象，单击工作区右侧的 "信息"按钮，或执行"窗口"|"信息"命令，打开的"信息"面板中显示了被选中对象的宽度与高度，以及在舞台上当前的位置，如图4-9所示，在X、Y文本框中输入对象将要移至的位置，并按Enter键，即可将对象移动到新指定的位置，如图4-10所示。

图4-9 选中对象并打开"信息"面板

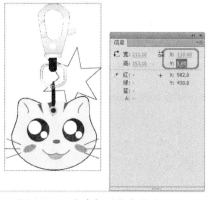

图4-10 移动对象到指定位置

移动对象时根据对象的不同属性，会出现不同的情况，如图4-11所示两个图形重叠在一起，双击红色圆形进行单击拖曳，会发现圆形对象覆盖的区域被删除了，如图4-12所示。如果将两个重叠的图形进行组合，移走覆盖的对象后，会发现下面对象被覆盖的部分不会被删除，如图4-13所示。

图4-11　两个重叠的图形　图4-12　移动后的效果

图4-13　移动组合图形的效果

（3）变形对象

使用 "选择工具"除了可以选取对象外，还可以对图形对象进行变形操作。当鼠标处于 "选择工具"的状态时，指针放在对象的不同位置，会有不同的变形操作方式。

01 当鼠标指针放在对象的边角上时，指针会变成 形状，单击拖曳，如图4-14所示。可以实现对象的边角变形操作，释放鼠标完成边角的移动。完成后的效果，如图4-15所示。

图4-14　单击拖曳移动边角　图4-15　移动后的效果

02 当鼠标指针放在对象的边线上时，指针会变成 形状，如图4-16所示。此时单击拖曳，可以实现对象的边线变形操作，如图4-17所示。

图4-16　单击拖曳移动边线　图4-17　移动边线后的效果

### 2. 使用部分选取工具

 "部分选取工具"除了可以像 "选择工具"那样选取并移动对象外，还可以对图形进行变形等处理。当某一对象被"部分选取工具"选中后，它的图像轮廓线上会出现很多控制点，表示该对象已被选中，如图4-18所示。

选择图形后，其周围会出现一些控制点，将鼠标指针移动到控制点旁，此时鼠标指针变成 形状，单击拖曳即可改变图形的形状，如图4-19所示。

图4-18　选择图形　　图4-19　移动控制点

当选择图形控制点移动控制点时，在该点附近出现调节图形曲度的控制手柄，此时空心的控制点变成实心，单击拖曳两个控制手柄，可以改变图形的曲度，如图4-20所示。

图4-20　调整控制点的曲度

### 3. 使用套索工具

工具箱中的 "套索工具" 用于选择对象的不规则区域，该工具适合选中一些对选取范围精度要求不高的区域。它虽然与选择工具一样是选择一定的对象，但与选择工具相比，它的选择方式有所不同。使用 "套索工具" 可以徒手在某一对象上划定区域。

具体操作是将鼠标指针移动到要选定对象的区域，单击拖曳出一个封闭选区，释放鼠标即可，如图4-21所示。选择 "套索工具" 时，没有相应的属性设置面板，但在工具箱的选项区中包括 "魔术棒"、 "魔术棒设置" 和 "多边形模式" 3个按钮，如图4-22所示。下面介绍这3个选项按钮的功能。

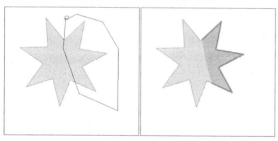

图4-21　套索工具的操作

图4-22　套索工具的选项按钮

★ "魔术棒"：它是在位图中快速选择颜色近似区域的一种选择工具，它只对位图起作用，其使用效果如图4-23所示。

**提示**

打开的位图格式应该为GIF、JPEG和PNG中的一种。在对位图进行魔术棒操作前，必须将位图进行分离操作，选择位图后，按快捷键Ctrl+B即可，此时使用 "魔术棒" 才起作用。

★ "魔术棒设置"：单击此按钮会弹出 "魔术棒设置" 对话框，如图4-24所示。该功能用于设置魔术棒在选择时，对颜色差异的敏感度和边界的形状。

图4-23　魔术棒的快速选择

图4-24　"魔术棒设置" 对话框

★ "多边形模式"：当套索工具切换成多边形模式时，沿千纸鹤的边缘进行选取，如图4-25所示。勾画完毕后的效果，如图4-26所示。

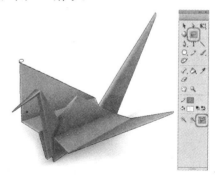

图4-25　多边形选择

图4-26　选择后的效果

## 4.1.2 使用任意变形工具

使用  "任意变形工具"可以对图形对象进行旋转、封套、扭曲、缩放等操作，通过选择选项设置区中的选项，可以对图形对象进行不同的变形操作。

使用 "任意变形工具"的具体操作如下。

选择工具箱中的 "任意变形工具"，光标将变成一个箭头形状，在舞台中选择要变形处理的图形，选择后被选中图形的边框将增加可变形的控制框，如图4-27所示。

图4-27 变形控制框

"任意变形工具"没有"属性"面板设置，对现在的对象进行各种变形处理，可以使用工具箱选区中的设置选项进行变形处理，具体的选项如图4-28所示。下面介绍各选项的功能。

图4-28 选项按钮

### 1．旋转和倾斜对象

下面对 "任意变形工具"下的 "旋转与倾斜"按钮进行简单介绍。

**01** 在舞台中选择星形的面，选择工具箱中的 "任意变形工具"，单击 "旋转与倾斜"按钮，将鼠标指向对象的边角部位，发现鼠标指针的形态发生了变化，如图4-29所示。

图4-29 移动鼠标到边角处

**02** 向下单击拖曳进行旋转，如图4-30所示。

图4-30 旋转选择的对象

**03** 释放鼠标即可将选中的对象进行旋转，旋转后的效果，如图4-31所示。

图4-31 旋转后的效果

**04** 将鼠标指向对象的边线部位，当鼠标指针变成如图4-32所示的形态时，向下单击拖曳，如图4-33所示。便可实现对象的倾斜操作，如图4-34所示。

图4-32 移动鼠标到边线处

图4-33 向下拖曳鼠标

图4-34 倾斜后的效果

### 2．缩放对象

下面对 "任意变形工具"下的 "缩放"按钮进行简单介绍。

**01** 在舞台中选中需要缩放的对象，选择工具箱中的 "任意变形工具"，单击 "缩放"按钮，将鼠标指向对象的锚点时，鼠标指针的形态会发生变化，如图4-35所示。

图4-35 移动鼠标到边角处

**02** 此时单击拖曳将选中的对象进行缩放，如图4-36所示。释放鼠标即可实现对象的缩放操作。完成后的效果，如图4-37所示。

图4-36 单击拖曳缩放对象

图4-37 缩放后的效果

**提示**

如果是在矩形对象的4个顶点位置对其进行缩放操作，则可以通过按住Shift键后再单击拖曳的方式实现对矩形的等比例缩放。如图4-38所示为等比例缩放后的效果。

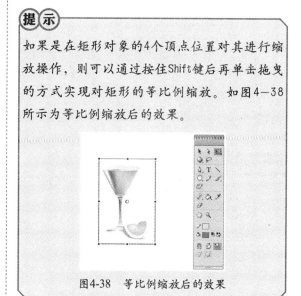

图4-38 等比例缩放后的效果

### 3．扭曲对象

下面对 "任意变形工具"下的 "扭曲"按钮进行简单介绍。

在舞台中选中需要缩放的对象，选择工具箱中的 "任意变形工具"，单击 "扭曲变形"按钮，将鼠标指向对象的边角锚点，单击拖曳将选中的对象扭曲，如图4-39所示。

图4-39 单击拖曳边角进行变形

单击拖曳图形对象的中间锚点。变形后的效果，如图4-40所示。

图4-40 单击拖曳中间锚点进行变形

### 4. 封套对象

"封套"选项的功能允许弯曲或扭曲

对象。封套是一个边框，其中包含一个或多个对象。更改封套的形状会影响该封套内对象的形状。可以通过调整封套的点和控制手柄来编辑封套形状。

> **提示**
>
> "封套"功能不能修改元件、位图、视频对象、声音、渐变、对象组或文本，如果所选的多种内容包含以上任意内容，则只能扭曲形状对象。要修改文本，首先要将文字转换成形状对象，然后才能使用封套扭曲文字。

## 4.1.3 图形的其他操作

除了对象的选择、变形操作之外，图形的其他操作还包括组合对象、对齐对象、修饰图形等。

### 1. 组合对象和分离对象

组合操作会涉及对象的并组与解组两部分操作。并组后的各对象可以被一起移动、复制缩放和旋转等这样会节约编辑时间。当需要对组合对象中的某个对象进行编辑时，可以解组后再进行编辑。并组不仅发生在对象与对象之间，还可以发生在组与组之间。并组的操作步骤如下。

**01** 在舞台中选择需要组合的对象，按住Shift键可以进行多个对象的选择，如图4-41所示。

图4-42 执行"组合"命令

图4-43 组合后的对象

> **提示**
>
> 组合对象还可以按快捷键Ctrl+G来实现。

图4-41 选择需要组合的对象

**02** 执行"修改"|"组合"命令，如图4-42所示。将选中对象进行组合，组合后的效果，如图4-43所示。

如果此时需要变成原来的样子，除了撤销刚才的操作外，还可以采用解组的方法。

首先选中组合过的对象，并执行"修

改"|"取消组合"命令来解组，解组之后的
图形就又可以单独移动了。

但有时并不想解组，只是需要调整一下
组合图形内的子对象，可以双击组合对象，
使文档编辑窗口进入组对象编辑状态，如图
4-44所示。完成对单个对象的编辑后，只要单
击 "场景1"按钮，即可退出对象的编
辑状态。

图4-44 单个对象编辑前后的对比

### 2. 对齐对象

在动画制作的过程中，同一舞台中将出
现多个对象。在Flash中可以利用自动对齐
功能，对多个对象进行排列的调整。单击工
作区右侧的"对齐"面板按钮．或执行"窗
口"|"对齐"命令，打开"对齐"面板，如
图4-45所示。

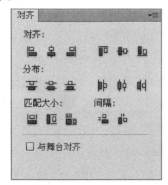

图4-45 "对齐"面板

下面对"对齐"命令进行简单介绍。

01 在舞台中选中要对齐的对象，如图4-46
所示。

02 执行"窗口"|"对齐"命令，在"对齐"面
板的"对齐"选项中单击 ▦ （顶对齐）按
钮，即可将选中的对象进行顶对齐，完成后
的效果如图4-47所示。

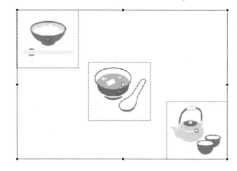

图4-46 选择需要对齐的对象

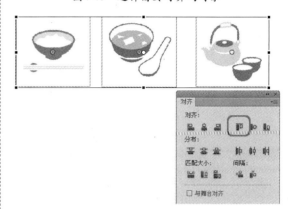

图4-47 顶对齐对象

有时需要将图形放到整个舞台的边缘或
中央，此时就需要用到"对齐"面板上的 ☑
"对齐/相对舞台分布"选项，如图4-48所
示。单击该按钮后，再次单击对齐按钮时，
选中的对象不再是相互之间对齐排列，而是
分别相对舞台对齐。

图4-48 "对齐/相对舞台分布"选项

01 在舞台中选择如图4-49所示的图形，勾选 ☑
"对齐/相对舞台分布"选项，单击 ▥ "底
对齐"按钮，则选中的对象将紧靠舞台的

底侧边缘，如图4-50所示。

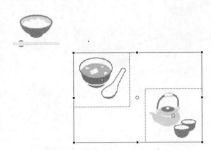

图4-49　选择对象

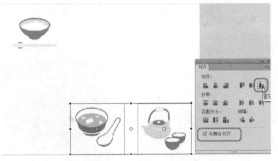

图4-50　对齐后的效果

**02** 如果选中3个对象，单击"对齐"面板中"分布"选项区里的 ▮▮ "水平居中分布"按钮，3个对象将按照各自水平中心线所处位置在水平方向上平均分布，效果如图4-51所示。

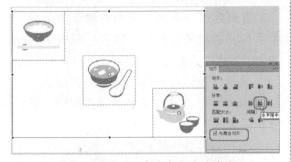

图4-51　"水平居中分布"后的效果

以上对"对齐"面板的部分用法进行了举例说明，可以用同样的方法自己体会"对齐"面板中其他按钮的功能和用法。熟练掌握和使用"对齐"面板，可以更快捷地使用对象编辑动画。

**提示**

使用"对齐"面板时应注意"相对于舞台"按钮的状态，在选择和取消选中时，它的执行效果是不同的。

**3. 修饰图形**

使用基本工具创建图形后，接下来对图形进行修饰。Flash提供了几种修饰图形的方法，包括将线条转换成填充、扩展填充、优化曲线及柔化填充边缘等。

（1）将线条转化为填充

在工作区中选中一条线段，并执行"修改"|"形状"|"将线条转换为填充"命令，即可把该线段转化为填充区域。执行该命令可以产生一些特殊的效果，下面对其进行简单介绍。

**01** 在舞台中双击图形的边缘将其选中，如图4-52所示。

图4-52　选中边缘线

**02** 执行"修改"|"形状"|"将线条转换为填充"命令。

**03** 选择工具箱中的 ▱ "颜料桶工具"，并将"填充颜色"定义为渐变色，并将渐变色填充到直线区域内，即可得到一条五彩缤纷的线段，如图4-53所示。

图4-53　填充渐变色到直线区域内

（2）扩展填充

通过扩展填充，可以扩展填充形状。具体的操作步骤如下。

**01** 在舞台中双击图形的边缘将其选中，执行"修改"|"形状"|"将线条转换为填充"命令。

**02** 确定轮廓线处于选中状态，执行"修改"|"形状"|"扩展填充"命令，弹出的

"扩展填充"对话框，将"距离"设置为5像素，如图4-54所示。

图4-54 设置"距离"参数

设置的参数如下。

★ 距离：用于指定扩充、插入的尺寸。

★ 方向：如果希望扩充一个形状，可以选择"扩展"单选按钮；如果希望缩小形状，可以选择"插入"单选按钮。

**03** 设置完参数后单击"确定"按钮，完成后的效果，如图4-55所示。

图4-55 扩展后的效果

（3）柔化填充边缘

"扩展填充"和"柔化填充边缘"允许扩展并模糊形状边缘。如果图形边缘太过于尖锐，则可以"柔化填充边缘"命令。

**01** 在舞台中双击图形的边缘将其选中，执行"修改"|"形状"|"将线条转换为填充"命令。

**02** 确定轮廓线处于选中状态，执行"修改"|"形状"|"柔化填充边缘"命令，弹出"柔化填充边缘"对话框，将"距离"设置为10像素，将"步长数"设置为10，如图4-56所示。

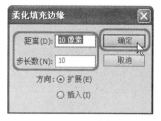

图4-56 设置参数

对话框中的参数如下。

★ 距离：用于指定扩充、插入的尺寸。

★ 步长数：步长数越大，形状边界的过渡越平滑，柔化效果越好。但是，这样会导致文件过大及减慢绘图速度。

★ 方向：如果希望向外柔化形状，选择"扩展"单选按钮；如果希望向内柔化形状，选择"插入"单选按钮。

**03** 设置完参数后单击"确定"按钮，完成后的效果如图4-57所示。

图4-57 完成后的效果

## ▌4.1.4 查看图形的辅助工具

Flash绘图时，除了使用上述的一些工具外，还常常要用到一些辅助绘图的工具，如 🔍 "缩放工具"和 ✋ "手形工具"。

**1. 缩放工具**

工具箱中的 🔍 "缩放工具"主要用来放大或缩小视图，以便于编辑。它是辅助绘图使用的工具，它的主要作用是在绘图过程中，若需要浏览大图形的整体外观时，缩小视图或在需要编辑小图形对象时放大视图。该工具没有自己的属性面板，但在工具箱的选项区有两个按钮，分别为 🔍 "放大"和 🔍 "缩小"按钮。

★ 🔍 "放大"：单击此按钮，放大镜上会出现+号，当用户在工作区中单击时，会使舞台放大为原来的2倍。

★ 🔍 "缩小"：单击此按钮，放大镜上会出现-号，当用户在工作区中单击时，会使舞台缩小为原来的1/2。

下面介绍 🔍 "缩放工具"的使用。

**01** 在舞台中选择需要缩放的对象，如图4-58所示。

图4-58 打开需要缩放的对象

**02** 选择工具箱中的 🔍 "缩放工具"并单击 🔍 "缩小"按钮，选择此工具后光标变为"放大镜"形状。在舞台内需要缩小的地方单击即可看到舞台中该位置的图形被缩小，如图4-59所示。

图4-59 缩放对象

**2．手形工具**

🖐 "手形工具"是在工作区移动对象的工具。使用 🖐 "手形工具"移动对象时，表面上看到的是对象的位置发生了改变，但实际移动的却是工作区的显示空间，而工作区上所有对象的实际坐标相对于其他对象的坐标并没有改变，即手形移动工具移动的实际上是整个工作区。🖐 "手形工具"的主要任务是在一些比较大的舞台内快速移动到目标区域，显然，使用此工具比拖曳滚动条要方便许多。

使用手形工具的操作步骤如下。

**01** 单击工具箱中的 🖐 "手形工具"，一旦它被选中，光标将变为一只手的形状，如图4-60所示。

图4-60 手形工具的使用

**02** 在工作区的任意位置往任意方向单击拖曳，即可看到整个工作区的内容跟随鼠标的动作而移动，其实不管目前正在使用的是什么工具，只要按住空格键，都可以方便地实现"手形工具"和当前工具的切换。

**提示**

双击工具箱中的 🔍 "缩放工具"，舞台将成为100%显示状态，而双击工具箱中的 🖐 "手形工具"，可将舞台实现充满窗口显示状态。

# 4.2 实例应用

## 4.2.1 课堂实例1：绘制按钮图形

通过本课内容的学习我们对软件中的工具有了进一步的认识，下面通过绘制按钮图形加深对工具的理解。

**01** 运行Flash软件，新建一个空白文档，选择工具箱中的 ✎ "钢笔工具"，在舞台中绘制图形并配合工具箱中的 ➤ "部分选取工具"和 ↖ "转换锚点工具"调整图形的形状，如图4-61所示。

图4-61　绘制并调整图形

**02** 在工具箱中将"填充颜色"定义为渐变色，单击工作区右侧的 ◉ "颜色"按钮，在弹出的"颜色"面板中将渐变颜色设置为如图4-62所示的渐变色。

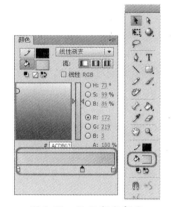

图4-62　设置渐变颜色

**03** 选择工具箱中的 ◔ "颜料桶工具"，在绘制的图形区域内单击，将渐变颜色填充到该区域内，如图4-63所示。

图4-63　填充渐变颜色

**04** 双击图形的轮廓线将其选中，按Delete键将轮廓线删除，选择工具箱中的 ▣ "渐变变形工具"，选择舞台上的图形，出现渐变变形控制框，将鼠标移到旋转标记 ♀ 处，出现旋转箭头时，单击拖曳将渐变颜色旋转45°，如图4-64所示。

图4-64　调整填充色

**05** 调整完填充色后，按快捷键Ctrl+G将图形组合，如图4-65所示。

图4-65　删除轮廓线并组合图形

**06** 选择工具箱中的 ✎ "钢笔工具"，在舞台中绘制图形并配合工具箱中的 ➤ "部分选取工具"和 ↖ "转换锚点工具"调整图形的形状，如图4-66所示。

图4-66　绘制并调整图形

**07** 在工具箱中将"填充颜色"定义为渐变色，单击工作区右侧的 ◉ "颜色"按钮，在弹

61

出的"颜色"面板中，将渐变颜色设置为如图4-67所示的渐变色。

图4-67　调整渐变颜色

**08** 选择工具箱中的 "颜料桶工具"，在绘制的图形区域内单击，将渐变颜色填充到该区域内，如图4-68所示。

图4-68　填充渐变颜色

**09** 双击图形的轮廓线将其选中，按Delete键将轮廓线删除，选择工具箱中的 "渐变变形工具"，选中新绘制的图形，出现渐变变形控制框，将鼠标移到旋转标记 处，出现旋转箭头时，单击拖曳将渐变颜色旋转45°，如图4-69所示。

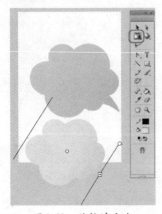

图4-69　旋转填充色

**10** 选择新绘制的图形按快捷键Ctrl+G将其组合，并使用 "选择工具"将新图形调整至如图4-70所示的位置。

图4-70　调整图形位置并组合图形

**11** 继续使用 "钢笔工具"绘制图形，并配合 "部分选取工具"和 "转换锚点工具"调整图形的形状，如图4-71所示。

图4-71　绘制并调整图形

**12** 在工具箱中将"填充颜色"设置为浅绿色，并将其填充到新绘制的区域内，如图4-72所示。

图4-72　填充颜色

**13** 将新绘制的图形轮廓线删除，并将该图形组合调整至如图4-73所示的位置。

图4-73 调整图形位置并组合图形

14 使用同样的方法继续绘制浅绿色图形，删除其轮廓线并将其组合，如图4-74所示。

图4-74 绘制并调整图形

15 在工具箱中将"笔触颜色"设置为"无"，将"填充颜色"设置为绿色，选择工具箱中的 "椭圆工具"，在舞台中绘制绿色椭圆形，如图4-75所示。

图4-75 设置颜色并绘制椭圆

16 选择工具箱中的 "任意变形工具"，将新绘制的图形进行旋转，如图4-76所示。

17 确定新绘制的椭圆形仍处于选中状态，按快捷键Ctrl+G将其组合，如图4-77所示。

图4-76 旋转图形

图4-77 组合图形

18 在工具箱中将"填充颜色"定义为渐变色，单击工作区右侧的 "颜色"按钮，在弹出的"颜色"面板中，将渐变颜色设置为如图4-78所示的渐变色。

图4-78 设置渐变颜色

19 选择工具箱中的 "椭圆工具"，在舞台中绘制无轮廓线的渐变椭圆形，如图4-79所示。

图4-79 绘制椭圆

**20** 确定新绘制的椭圆形处于选中状态，选择工具箱中的 "渐变变形工具"，在新绘制的图形上出现渐变变形控制框，将鼠标移到旋转标记♀处，出现旋转箭头时，单击拖曳将渐变颜色旋转45°，调整填充色的方向，如图4-80所示。

图4-80 调整填充色

**21** 按快捷键Ctrl+G将新图形组合，选择工具箱中的 "任意变形工具"，将组合的图形进行旋转，并将其调整至如图4-81所示的位置。

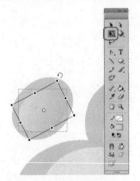

图4-81 调整图形位置

**22** 在舞台中选择两个椭圆形，将两个图形进行组合，按快捷键Ctrl+C复制组合后的图形，按快捷键Ctrl+V进行粘贴，并选择 "任意变形工具"调整粘贴后图形的大小，如图4-82所示。

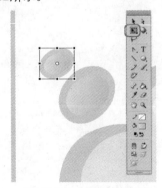

图4-82 复制并调整图形

**23** 使用前面绘制调整图形的方法，继续在舞台中绘制图形作为按钮的阴影，并为其填充渐变颜色，对渐变颜色进行调整，如图4-83所示。

图4-83 绘制阴影图形

**24** 双击阴影图形外面的轮廓线，按Delete键将其删除，完成后的效果如图4-84所示。

图4-84 删除轮廓线

**25** 继续使用绘图工具，在舞台中绘制灰色图形作为按钮的阴影，如图4-85所示。

图4-85 绘制并调整图形

**26** 在舞台中选择作为阴影的两个图形，按快捷键Ctrl+G将选中的图形进行组合，如图4-86所示。

图4-86 组合图形

**27** 在工具箱中将"填充颜色"设置为灰色，使用  "椭圆工具"绘制灰色椭圆，将其轮廓线删除，并使用工具箱中的 "任意变形工具"对图形进行旋转，并调整它们的位置，如图4-87所示。

图4-87 绘制其他阴影图形

**28** 选择工具箱中的 "文本工具"，将"填充颜色"定义为红色，在舞台中创建flower文本，在"属性"面板中展开"字符"选项，将"字体"设置为"华文隶书"，将"大小"设置为55点，如图4-88所示。

图4-88 创建文本

**29** 确定新创建的文本处于选中状态，在"属性"面板中展开"滤镜"选项，单击左下角

的 "添加滤镜"按钮，在弹出的下拉列表中选择"发光"选项，将"模糊X"的值设置为15像素，将"强度"设置为90%，选择"挖空"选项后的复选框，为文本添加"发光"滤镜，如图4-89所示。

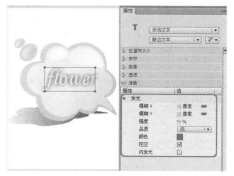

图4-89 添加"发光"滤镜

**30** 按快捷键Ctrl+A选择场景中的所有对象，按快捷键Ctrl+G将选中的对象组合，如图4-90所示。

图4-90 组合图形

**31** 至此，按钮效果制作完成了，执行"文件"|"保存"命令，在弹出的"另存为"对话框中设置存储路径，将其命名为"绘制按钮"，然后单击"保存"按钮，将完成后的场景文件进行存储。

## 4.2.2 课堂实例2：调整按钮

本例是将第2节的按钮进行调整，为原有的图形添加"柔化填充边缘"效果，并为其添加背景素材。

**01** 打开上节保存的文件，执行"文件"|"另存为"命令，将该场景文件重新保存，并将其命名为"为按钮添加背景.fla"文件，单击"保存"按钮将其保存。

**02** 展开"属性"面板，在"属性"选项下将"大小"设置为285像素×400像素，更改舞台的尺寸。

**03** 选择场景中的按钮对象，打开"对齐"面板，勾选 "与舞台对齐"复选框，单击 "水平中齐"按钮和 "垂直中齐"按钮，将按钮居中对齐到舞台，如图4-91所示。

图4-91　居中到舞台

**04** 选择场景中的按钮图形，将除文本以外的所有图形都按快捷键Ctrl+B将其取消组合，如图4-92所示。

图4-92　将舞台中的对象取消组合

**05** 在工具箱中将"填充颜色"定义为渐变色，单击工作区右侧的 "颜色"按钮，在弹出的"颜色"面板中将渐变颜色设置为如图4-93所示的渐变色。

图4-93　设置渐变颜色

**06** 选择工具箱中的 "颜料桶工具"，在场景中不规则的图形上单击，将渐变颜色填充到该区域内，如图4-94所示。

图4-94　填充渐变颜色

**07** 选择工具箱中的 "渐变变形工具"，选择刚填充渐变色的图形，出现渐变变形控制框，将鼠标移到旋转标记 处，出现旋转箭头时，单击拖曳将渐变颜色旋转90°，如图4-95所示。

图4-95　调整渐变色

**08** 同样将渐变颜色填充到另一个不规则的图形中，并使用 "渐变变形工具"调整填充色的形状，如图4-96所示。

图4-96　填充并调整渐变色

**09** 使用工具箱中的 "选择工具"，在舞台中选择如图4-97所示的图形。

图4-97　选择图形

**10** 执行"修改"|"形状"|"柔化填充边缘"命令，弹出"柔化填充边缘"对话框，将"距离"和"步长数"都设置为8像素，设置完成后单击"确定"按钮。

**11** 为选中的图形添加"柔化填充边缘"效果，完成后的效果如图4-98所示。

图4-98 添加"柔化填充边缘"后的效果

**12** 继续在舞台中选择如图4-99所示的图形，执行"修改"|"形状"|"柔化填充边缘"命令，弹出"柔化填充边缘"对话框，将"距离"和"步长数"都设置为6像素，设置完成后单击"确定"按钮，如图4-99所示。

图4-99 选中图形并设置参数

**13** 为选中的图形添加"柔化填充边缘"效果，完成后的效果如图4-100所示。

图4-100 添加后的效果

**14** 使用工具箱中的 "选择工具"，并配合Shift键在舞台中选中图形，如图4-101所示。

图4-101 选择图形

**15** 执行"修改"|"形状"|"柔化填充边缘"命令，弹出"柔化填充边缘"对话框，将"距

离"和"步长数"都设置为3像素，设置完成后单击"确定"按钮。即可为选中的图形添加"柔化填充边缘"效果，如图4-102所示。

图4-102 添加"柔化填充边缘"后的效果

**16** 使用工具箱中的 "选择工具"并配合Shift键在舞台中选中图形，执行"修改"|"形状"|"柔化填充边缘"命令，弹出"柔化填充边缘"对话框，将"距离"和"步长数"都设置为5像素，设置完成后单击"确定"按钮，如图4-103所示。

图4-103 选择图形并设置参数

**17** 为选中的图形添加"柔化填充边缘"效果，如图4-104所示。

图4-104 添加"柔化填充边缘"后的效果

**18** 按快捷键Ctrl+A选择场景中的所有对象，按快捷键Ctrl+G将选中的对象组合，如图4-105所示。

图4-105 组合图形

**19** 执行"文件"|"导入"|"导入到舞台"命令，打开"导入"对话框，选中素材文件

夹中的"荷花背景.jpg"文件，单击"打开"按钮。

**20** 选择工具箱中的 "任意变形工具"对素材图形进行缩放，打开"对齐"面板，勾选 "与舞台对齐"复选框，单击 "水平中齐"按钮和 "垂直中齐"按钮，将素材居中对齐到舞台，如图4-106所示。

图4-106 调整素材大小并居中到舞台

**21** 确定导入的素材处于选中状态，执行"修改"|"排列"|"移至底层"命令。

**22** 将素材移至最下方，如图4-107所示。

图4-107 调整后的效果

**23** 确定素材处于选中状态，执行"修改"|"变形"|"水平翻转"命令。

**24** 将素材进行水平翻转，完成后的效果如图4-108所示。

图4-108 "水平翻转"后的效果

**25** 在舞台中选中按钮对象，选择 "任意变形工具"将按钮缩放，并调整至如图4-109所示的位置。

图4-109 调整按钮大小

**26** 至此，背景素材添加完成了，按快捷键Ctrl+S将场景文件进行存储。

# 4.3 课后练习

（1）执行"缩放变形"命令时，如果是在图形对象的4个点位置对其进行缩放操作，则可以通过按住_____键后再单击拖曳的方式实现对图形的等比例缩放。

（2）使用扭曲变形功能时，配合_____键单击拖曳对象的边角锚点，即可指向对称变形操作。

（3）组合对象可以使用快捷键_____来实现，取消组合对象的快捷键是_____。

（4）绘制一个水晶按钮。

# 第5课
# 素材的使用

Flash CS6软件的各项功能都很完善，但是本身无法产生一些素材文件，本课就介绍了导入图像文件的方法，并对导入的位图进行压缩和转换，并包含导入AI文件、PSD文件等各种格式文件的导入方法及导出图像的方式。

# 5.1 基础讲解

处理好静态图形是进行图形创作的基础。任何美观的图形和活泼的动画，其根本还是由一幅静态的图像所构成的。虽然Flash不是很优秀的图像创作软件，但是它能对其他优秀图像处理软件处理过的成品进行加工，本课将对素材的应用进行讲解。

## 5.1.1 导入位图

在Flash中可以导入位图图像，操作步骤如下。

**01** 执行"文件"|"导入"|"导入到舞台"命令。或者按快捷键Ctrl+R，即可打开"导入"对话框，如图5-1所示。

图5-1 "导入"对话框

**02** 在打开的"导入"对话框中，选择第5课的"花纹.jpg"文件。单击"打开"按钮，即可将选择图像导入到舞台中，如图5-2所示。

图5-2 导入到舞台中的素材

如果导入的是图像序列中的某一个文件，则Flash会自动将其识别为图像序列，并弹出如图5-3所示的对话框进行询问，是否导入序列中的图像，如果导入则单击"是"按钮；如果不导入则单击"否"按钮即可。

图5-3 打开的序列图像对话框

如果将一个图像序列导入Flash中，那么在场景中显示的只是选中的图像，其他图像则不会显示，如图5-4所示。如果要使用序列中的其他图像，可以执行"窗口"|"库"命令。或者按快捷键Ctrl+L，打开"库"面板，在其中选择需要的图像，如图5-5所示。

图5-6 显示的单个图像

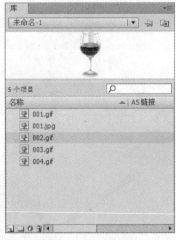

图5-8 "库"面板

## 5.1.2 编辑位图

Flash虽然可以很方便地导入图像素材，但是有一个重要的问题经常会被使用者忽略，就是导入图像的容量大小。下面介绍几种位图的编辑方法。

### 1．压缩位图

往往大多数人认为导入的图像容量会随着图片在舞台中缩小尺寸而减少，其实这是错误的想法，导入图像的容量和缩放的比例毫无关系。如果要减少导入图像的容量就必须对图像进行压缩，操作如下。

**01** 执行"文件"|"导入"|"导入到舞台"命令，打开"导入"对话框，选择导入文件的路径，选择"花纹.jpg"文件，单击"打开"按钮。即可将图像导入到场景中。

**02** 在"库"面板中找到导入的图像素材，在该图像上单击右键，在弹出的快捷菜单中执行"属性"命令。

**03** 打开"位图属性"对话框，选中"允许平滑"复选框，可以消除图像的锯齿，从而平滑位图的边缘，其他参数保持不变，如图5-6所示。

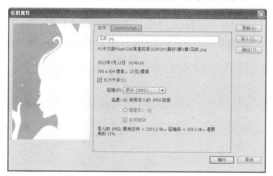

图5-6 "位图属性"面板

**提示**

用户可以在"品质"选项组中选择"自定义"单选按钮，并在文本框中输入品质数值，最大可设置为100。设置的数值越大得到的图形的显示效果就越好，而文件占用的空间也会相应增大。

**04** 设置完成后单击"测试"按钮，可查看当前设置的JPEG品质、原始文件及压缩后文件的大小、图像的压缩比率。

**提示**

对于具有复杂颜色或色调变化的图像，如具有渐变填充的照片或图像，建议使用"照片（JPEG）"压缩方式。对于具有简单形状和颜色较少的图像，建议使用"无损（PNG/GIF）"压缩方式。

**05** 设置完成后单击"确定"按钮，即可完成素材的编辑。

### 2．转换位图

在Flash中可以将位图转换为矢量图，Flash矢量化位图的方法是首先预审组成位图的像素，将近似的颜色划在一个区域，然后在这些颜色区域的基础上建立矢量图形，但是用户只能对没有分离的位图进行转换。尤其对色彩少、没有色彩层次感的位图，即非照片的图像运用转换功能，会收到最好的效果。如果对照片进行转换，不但会增加计算机的负担，而且得到的矢量图比原图还大，结果会得不偿失。

将位图转换为矢量图的操作如下。

**01** 执行"文件"|"导入"|"导入到舞台"命令，打开"导入"对话框，选择一幅位图图像，将其导入场景中，如图5-7所示。

图5-7 导入的素材图像

**02** 选中新导入的素材文件，执行"修改"|"位图"|"转换位图为矢量图"命令，打开"转换位图为矢量图"对话框，在打开的对话框中将"颜色阈值"设置为50，如图5-8所示。

图5-8 设置参数

**03** 设置完成后单击"确定"按钮，即可将位图转换为矢量图，完成后的效果，如图5-9所示。

图5-14　将位图转换为矢量图

"转换位图为矢量图"对话框中的各项参数功能如下。

★　颜色阈值：设置位图中每个像素的颜色与其他像素的颜色在多大程度上的不同，可以被当做是不同颜色。范围是1～500的整数，数值越大，创建的矢量图就越小，但与原图的差别也越大；数值越小，颜色转换越多，与原图的差别越小。

★　最小区域：设定以多少像素为单位来转换成一种色彩。数值越低，转换后的色彩与原图越接近，但是会使用较多的时间，其范围为1～1000。

★　角阈值：设定转换成矢量图后，曲线的弯度要达到多大的范围才能转化为拐点。

★　曲线拟合：设定转换成矢量图后曲线的平滑程度，包括像素、非常紧密、紧密、一般、平滑和非常平滑等选项。

**提示**

并不是所有的位图转换成矢量图后都能减小文件的大小。将图像转换成矢量图后，有时会发现转换后的文件比原文件还要大，这是由于在转换过程中，要产生较多的矢量图来匹配它。

**3．分离位图**

　　分离位图会将图像中的像素分散到离散的区域中，可以分别选中这些区域并进行修改。当分离位图时，可以使用Flash绘画和涂色工具进行修改。通过使用 "套索工具"中的 "魔术棒"功能按钮，可以选择已经分离的位图区域。其实分离位图就是前面讲

到的将位图转换为矢量图的特例。

　　将位图导入到Flash后，可以将不必要的背景色去掉。给位图去掉背景的步骤如下。

**01**　按快捷键Ctrl+R在打开的"导入"对话框中选择一张位图文件，将其导入到舞台中，如图5-10所示。

图5-10　将素材导入到舞台中

**02**　在舞台中选中刚导入的位图文件，执行"修改"|"分离"命令，或按快捷键Ctrl+B，将选择的位图进行分离，如图5-11所示。

图5-11　将素材分离

**03**　选择工具箱中的 "套索工具"，在选项工具栏中单击 "魔术棒设置"按钮，打开"魔术棒设置"对话框，将"阈值"设置为40，设置完成后单击"确定"按钮，如图5-12所示。

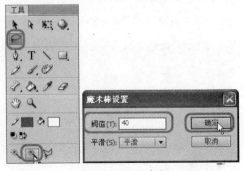

图5-12　设置参数

**04** 在工具箱中单击 ✎ "魔术棒"按钮，在舞台中白色背景处多次单击，选择舞台中的白色背景，如图5-13所示。

图5-13　选择白色背景

**05** 将背景全部选择完成后按Delete键删除背景，完成后的效果如图5-14所示。

图5-14　分离后的效果

## 5.1.3　导入其他格式的图像素材

Flash可以按如下方式导入更多的矢量图形和图像序列。

★ 当从Illustrator中将矢量图导入Flash时，可以选择保留Illustrator层。

★ 在保留图层和结构的同时，导入和集成Photoshop（PSD）文件，然后在 Flash中编辑它们，使用高级选项在导入过程中优化和自定义文件。

★ 当从Fireworks中导入PNG图像时，可以将文件作为能够在Flash中修改的可编辑对象来导入，或作为可以在Fireworks中编辑和更新的平面化文件来导入。可以选择保留图像、文本和辅助线。如果通过剪切和粘贴操作从Fireworks中导入PNG文件，该文件会被转换为位图。

**1．导入AI文件**

Flash可以导入和导出Illustrator软件生成的AI格式文件。当AI格式的文件导入Flash中后，可以像其他Flash对象一样进行处理。

导入AI格式文件的操作方法如下。

**01** 新建一个空白文档，按快捷键Ctrl+R打开"导入"对话框，选择一个AI格式的素材文件，单击"打开"按钮。

**02** 打开"将……导入到舞台"对话框，如图5-15所示。"将……导入到舞台"对话框中的各项设置如下。

★ 将图层转换为：选择"Flash图层"选项会将Illustrator文件中的每个层都转换为Flash文件中的一个层；选择"关键帧"选项会将Illustrator文件中的每个层都转换为Flash文件中的一个关键帧；选择"单一Flash图层"选项会将Illustrator文件中的所有层都转换为Flash文件中的单个平面化层。

图5-15　打开"将"0069.ai"导入到舞台"对话框

★ 将对象置于原始位置：在Photoshop或Illustrator文件中的原始位置放置导入的对象。

★ 将舞台大小设置为与Illustrator画板相同：导入后，将舞台尺寸和Illustrator的画板设置成相同的大小。

★ 导入未使用的元件：导入时将未使用的元件一并导入。

★ 导入为单个位图图像：导入为单一的位图图像。

**03** 在打开的对话框中选择"将舞台大小设置为与Illustrator画板相同"复选框，设置完后，单击"确定"按钮，即可将AI格式文件导入Flash中，如图5-16所示。

图5-16 导入素材后的效果

### 2．导入PSD文件

Photoshop产生的PSD文件，也可以导入Flash中，并可以像其他Flash对象一样进行处理。

导入PSD格式文件的操作方法如下。

**01** 新建一个空白文档，按快捷键Ctrl+R打开"导入"对话框，选择一个PSD格式的素材文件"树.psd"，单击"打开"按钮。

**02** 该对话框中的一些参数选项，与导入AI格式文件时打开的对话框是相同的，下面介绍一下几个不同的参数选项，如图5-17所示。

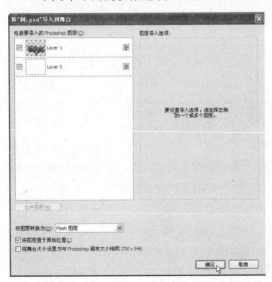

图5-17 "将"树.psd"导入到舞台"对话框

★ 将图层转换为：选择"Flash图层"选项会将Photoshop文件中的每个层都转换为Flash文件中的一个层；选择"关键帧"选项会将Photoshop文件中的每个层都转换为Flash文件中的一个关键帧。

★ 将图层置于原始位置：在Photoshop文件中的原始位置放置导入的对象。

★ 将舞台大小设置为与Photoshop画布大小相同：导入后，将舞台尺寸和Photoshop的画布设置成相同的大小。

**03** 设置完成后，单击"确定"按钮，即可将PSD文件导入到Flash中。并使用 "任意变形工具"调整素材的大小，如图5-18所示。

图5-18 导入的psd文件

### 3．导入PNG文件

Fireworks软件生成的PNG格式文件可以作为平面化图像或可编辑对象导入Flash。将PNG文件作为平面化图像导入时，整个文件（包括所有矢量图）会进行栅格化，或转换为位图图像，该文件中的矢量图会保留为矢量格式，将PNG文件作为可编辑对象导入时，可以选择保留PNG文件中存在的位图、文本和辅助线。

如果将PNG文件作为平面化图像导入，则可以从Flash中启动Fireworks，并编辑原始的PNG文件（具有矢量数据）。当成批量导入多个PNG文件时，只需选择一次导入设置，Flash对于一批中的所有文件使用同样的设置。可以在Flash中编辑位图图像，方法是将位图图像转换为矢量图或将位图图像分离。

导入Fireworks PNG文件的操作步骤如下。

新建一个空白文档，按快捷键Ctrl+R打开"导入"对话框，选择一个PNG格式的素材文件，单击"打开"按钮。即可将Fireworks PNG文件导入Flash中，如图5-19所示。

图5-19　导入的PNG文件

### 5.1.4　导出文件

下面介绍如何在Flash CS6中导出图形文件。

Flash文件可以导出为其他图像格式的文件，其操作步骤如下。

**01** 选择工具箱中的 "多角星形工具"，将"笔触颜色"定义为无，将"填充颜色"设置为红色，并在舞台中绘制一个红色五角星，如图5-20所示。

图5-20　创建五角星

**02** 执行"文件"|"导出"|"导出图像"命令。

**03** 弹出"导出图像"对话框，在"文件名"文本框中输入要保存的文件名，在"保存类型"下拉列表中选择要保存的格式，设置完成后单击"保存"按钮。

**04** 弹出"导出GIF"对话框，使用默认参数，单击"确定"按钮。

**05** 保存类型的格式包括：SWF 影片、Adobe FXG、位图、JPEG图像、GIF图像和PNG六种格式，如图5-21所示。存储时选择不同的格式，弹出的对话框也不同。可根据自己的需要进行选择。

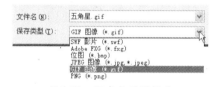

图5-21　保存类型的格式

# 5.2 实例应用

## 5.2.1　课堂实例1：转换为矢量图

通过前面对素材的学习，用户对位图有了简单的认识，下面将导入一张图像，并将其转换为矢量图，并介绍图像的输出。

**01** 新一个空白文档，按快捷键Ctrl+R打开"导入"对话框，选择"音乐背景.jpg"文件，单击"打开"按钮。

**02** 将素材导入到舞台中，打开"对齐"面板，勾选 "对齐/相对舞台分布"复选框，单击 "水平中齐"按钮和 "垂直中齐"按钮，将新导入的素材居中对齐到舞台，然后使用工具箱中的 "任意变形工具"对素材图形进行缩放，如图5-22所示。

图5-22　将背景居中对齐到舞台

图5-24　转换矢量图后的效果

**03** 确定新导入的素材文件处于选中状态，执行"修改"|"位图"|"转换位图为矢量图"命令。

**04** 在弹出的"转换位图为矢量图"对话框中使用默认参数，如图5-23所示，单击"确定"按钮。

图5-23　"转换位图为矢量图"对话框

**05** 将位图转换为矢量图后的效果，如图5-24所示。

**06** 执行"文件"|"导出"|"导出图像"命令。

**07** 在弹出的对话框中将文件名命名为"音乐矢量图"，将"保存类型"定义为GIF图像，设置完成后单击"保存"按钮。

**08** 系统会自动弹出"导出 GIF"对话框，在弹出的对话框中使用默认参数，单击"确定"按钮，如图5-25所示。

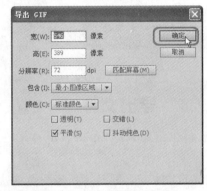

图5-25　"导出GIF"对话框

**09** 至此转换位图为矢量图就制作完成了，执行"文件"|"保存"命令，在弹出的"另存为"对话框中设置存储路径，将其命名为"音乐矢量图"，然后单击"保存"按钮，将完成后的场景文件存储。

## 5.2.2　课堂实例2：更改位图背景颜色

下面通过"分离位图"命令来更改位图的背景颜色，并介绍图像的输出。

**01** 执行"文件"|"导入"|"导入到舞台"命令。

**02** 在打开的"导入"对话框中选择第5课的"花.jpg"素材，单击"打开"按钮。

**03** 将素材导入到舞台中，选择工具箱中的"任意变形工具"，在舞台中调整素材的大小，并将素材在舞台中居中对齐，如图5-26所示。

**04** 执行"修改"|"分离"命令。

**05** 将素材分离后的效果，如图5-27所示。

图5-26　调整素材大小

**06** 选择工具箱中的"套索工具"，在选项工具栏中单击"魔术棒设置"按钮，打开"魔术棒设置"对话框，将"阈值"设置为20，设置完成后单击"确定"按钮，如图5-28所示。

图5-27　分离位图后的效果

图5-28　设置"阈值"参数

**07** 在工具箱中选择 "魔术棒"按钮，在舞台中白色背景处多次单击，选择舞台中的白色背景，如图5-29所示。

图5-29　选择白色背景

**08** 确定白色背景处于选中状态，在工具箱中将"填充颜色"设置为渐变色，舞台中的白色背景将被渐变背景覆盖，如图5-30所示。

图5-30　设置填充颜色为渐变色

**09** 执行"文件"|"导出"|"导出图像"命令。

**10** 在弹出的对话框中将文件名命名为"更改背景颜色"，将"保存类型"定义为"GIF图像"，设置完成后单击"保存"按钮。

**11** 系统会自动弹出"导出 GIF"对话框，在弹出的对话框中使用默认参数，单击"确定"按钮，如图5-31所示。

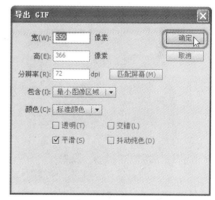

图5-31　"导出 GIF"对话框

**12** 至此转换位图为矢量图就制作完成了，执行"文件"|"保存"命令，在弹出的"另存为"对话框中设置存储路径，将其命名为"转换矢量图"，然后单击"保存"按钮，将完成后的场景文件存储。

# 5.3 课后练习

（1）将一个图像序列导入到Flash中时，在场景中显示的只是选中的图像，其他图像无法显示出来，这时如果要使用其他图像，可以在_____面板中对其进行选择。

（2）在Flash中导入PSD文件时，系统会自动弹出一个对话框，在该对话框中选择_____选项会将PSD文件中的每个层都转换为Flash中的一个层。选择_____选项会将 PSD文件中的每个层都转换为Flash文件中的一个关键帧。

（3）导入并编辑位图，然后为图片输出。

# 第6课
# 帧的使用

前面讲解了绘制素材的方法，本课开始学习如何制作简单的动画，动画中最基本的单位是"帧"，由于帧都是和时间轴及层联系在一起，因此本课主要介绍时间轴和图层的应用。包括对关键帧、空白关键帧、普通帧及多个帧的编辑和图层的管理、属性、混合模式。

# 6.1 基础讲解

## 6.1.1 认识时间轴

时间轴是由显示影片播放状况的帧和表示阶层的图层组成，它是Flash的核心，使用它可以组织和控制动画中的内容。Flash的制作方法是将每个帧画面以一定的速度表现出来。

新建文档时，在工作窗口上方会自动出现"时间轴"面板，自动添加一个图层，用户还可以添加更多的图层。如图6-1所示，整个面板分为左右两个部分，左侧是"图层"面板，右侧是"帧"面板。左侧图层中包含的帧显示在"帧"面板中，正是这种结构使Flash能巧妙地将时间和对象联系在一起。在默认情况下，时间轴位于工作窗口的顶部，可以根据自己的习惯调整到不同的位置，同时也可以将其隐藏起来。

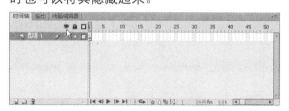

图6-1 "时间轴"面板

如果图层很多，无法在时间轴中全部显示出来，则可以通过使用时间轴右侧的滚动条来查看其他的层。

如果时间轴位于应用程序窗口中，拖曳时间轴和应用程序窗口之间的边框，可以调整时间轴的大小。

如果时间轴处于浮动状态，单击拖曳右下角的边框，可以调整时间轴窗口的大小。

### 1. 播放头

播放头用来指示当前所在帧。播放头在时间轴上移动时，可以指示当前显示在舞台中的帧。在舞台上按下Enter键，即可在编辑状态下运行影片了，而且播放头也会随着影片的播放而移动，指示播放到的帧的位置。

如果正在处理大量的帧，无法一次全部显示在时间轴上，则可以拖曳播放头沿着时间轴移动，从而轻易地定位到目标帧，如图6-2所示。

图6-2 拖曳播放头

注意

播放头的移动是有一定范围的，最远只能移动到时间轴中定义过的最后一帧，不能将播放头移动到未定义过的帧的时间轴范围。

### 2. 图层

在处理较复杂的动画制作时，特别是制作拥有较多的对象的动画效果，同时对多个对象进行编辑就会造成混乱，带来很多麻烦。针对这个问题，Flash系列软件提供了图层操作模式，每个图层都有自己一系列的帧，各图层可以独立地编辑操作。这样可以在不同的图层上设置不同对象的动画效果。另外，由于每个图层的帧在时间上也是互相对应的，所以在播放过程中，同时显示的各个图层是互相融合地协调播放，Flash还提供了专门的图层管理器，使用户在使用图层工具时有充分的自主性。

### 3. 帧

帧就像电影中的底片，基本上制作动画的大部分操作都是对帧的操作，不同帧的前后顺序将关系到这些帧中的内容在影片播放中的出现顺序。帧操作的好坏与否会直接影响影片的视觉效果和影片内容的流畅性。帧是一个广义概念，它包含了3种类型，分别是普通帧（也可称为"过渡帧"）、关键帧和空白关键帧。

## 6.1.2  处理关键帧

在绘制动画时，只需将很多张图片按照一定的顺序排列起来，并按照一定的速率显示就形成了动画。在Flash中，动画中需要的每一张图片就相当于其中的一个帧，因此帧是构成动画的核心元素。

Flash摆脱了传统动画制作的模式。在很多时候不需要将动画的每一帧都绘制出来，而只需绘制动画中起关键作用的帧，这样的帧称为"关键帧"。

**1. 插入帧**

如果需要将某些图像的显示时间延长，以满足Flash影片的需要，就要插入一些帧，使显示时间延长到需要的长度。要插入一个新的帧，在时间轴上要插入帧的地方单击右键，执行"插入帧"命令，也可以按F5键；

或者执行"插入"|"时间轴"|"帧"命令，完成插入帧的操作。

**2. 插入关键帧**

要插入关键帧，在时间轴上单击右键，执行"插入关键帧"命令，也可以按F6键；或者执行"插入"|"时间轴"|"关键帧"命令，完成插入关键帧的操作。

**3. 插入空白关键帧**

如果不想让新层中的关键帧中出现前面的内容，就要需要插入空白关键帧来解决这一问题。要插入空白关键帧，在时间轴上单击右键，执行"插入空白关键帧"命令，可以直接按F7键，或者执行"插入"|"时间轴"|"空白关键帧"命令，完成插入空白关键帧的操作。

## 6.1.3  帧的删除、移动、复制、转换与清除

**1. 帧的删除**

选取多余的帧，单击右键，执行"删除帧"命令，或者执行"编辑"|"时间轴"|"删除帧"命令，都可以删除多余的帧。

**2. 帧的移动**

单击指定的帧或关键帧，拖曳到目标位置即可。如图6-3和图6-4所示。

图6-3  移动关键帧

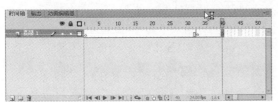

图6-4  移动后的效果

**3. 帧的复制**

单击要复制的关键帧，在按住Alt键的同时，将关键帧拖曳到目标位置即可。如图6-5所示。

图6-5  拖动关键帧

此时就复制出了一个新的关键帧，如图6-6所示。

图6-6  新的关键帧

**01** 选中要复制的一帧或多个帧，单击右键，在弹出的快捷菜单中执行"复制帧"命令，或者执行"编辑"|"时间轴"|"复制帧"命令。

**02** 选中目标位置，单击右键，在弹出的快捷菜单中执行"粘贴帧"命令；或者执行"编辑"|"时间轴"|"粘贴帧"命令，也可以实现帧的复制。

**4. 关键帧的转换**

如果要将帧转换为关键帧，可先选择

需要转换的帧，单击右键，执行"转换为
关键帧"命令；或者执行"修改"|"时间
轴"|"转换为关键帧"命令，都可以将帧转
换为关键帧。

**5．帧的清除**

单击选中一个帧后，再执行"编
辑"|"时间轴"|"清除帧"命令进行清除操
作。它的作用是清除帧内部的所有对象，这
与"删除帧"命令有本质区别，如图6-7所示
为清除帧的过程和效果，如图6-8所示为删除
帧的过程和效果。可以对它们进行对比。

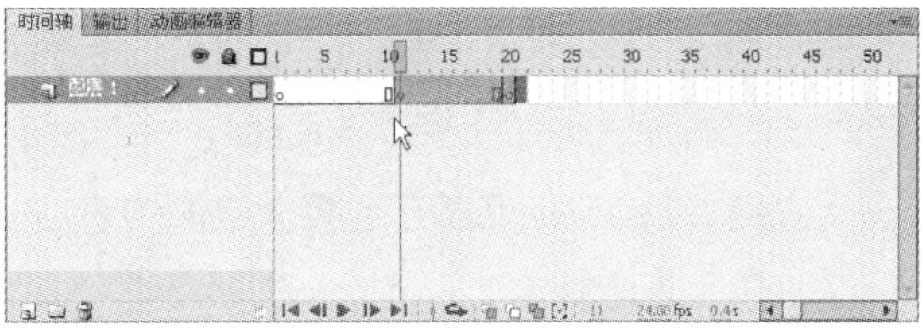

图6-7　清除帧

图6-8　删除帧

## 6.1.4　调整空白关键帧

下面具体介绍如何移动和删除空白关键帧。

**1．移动空白关键帧**

移动空白关键帧的方法和移动关键帧完
全一致，首先选中要移动的帧或者帧序列，
然后将其拖曳所需的目标位置上即可。

**2．删除空白关键帧**

要删除空白帧，首先选中要删除的帧或
帧序列，然后右击并从快捷菜单中执行"清

除关键帧"命令。

此时选中的空白关键帧就被清除了，如
图6-9所示。

图6-9　空白关键帧被清除

## 6.1.5　帧标签、注释和锚记

帧标签有助于在时间轴上确认关键帧。
当在动作脚本中指定目标帧时，帧标签可用
来取代帧号码。当添加或移除帧时，帧标签
也随着移动，而不管帧号码是否改变，这样
即使修改了帧，也不用再修改动作脚本了。
帧标签同电影数据同时输出，所以要避免长
名称，以获得较小的文件体积。

帧注释有助于用户对影片的后期操作，
还有助于在同一个电影中的团体合作。同帧
标签不同，帧注释不随电影一起输出，所以
可以尽可能地详细写入注解，以方便制作者
以后的阅读或其他合作伙伴的阅读。

命名锚记可以使影片观看者使用浏览器中
的"前进"和"后退"按钮从一个帧跳到另一
个帧，或是从一个场景跳到另一个场景，从而
使Flash影片的导航变得简单。命名锚记关键帧
在时间轴中用锚记图标表示，如果希望Flash自
动将每个场景的第1个关键帧作为命名锚记，

可以通过对首选参数的设置来实现。

当要创建帧标签、帧注释或命名锚记，
其操作步骤如下。

**01** 选择一个要加标签、注释或命名锚记的帧。

**02** 在如图6-10所示的"属性"面板中的"标
签"|"名称"文本框里输入名称，并在
标签"类型"下拉列表中选择"名称"、
"注释"或"锚记"选项。

图6-10　属性面板

## 6.1.6 处理普通帧

针对普通帧，有下面几个要学习的内容。

### 1．插入普通帧

将光标放在要插入普通帧的位置上，单击右键，并在弹出的快捷菜单中执行"插入帧"命令。

此时将在目标位置上增加一个普通帧，整个普通帧段的长度将会增加一格，如图6-11所示。

图6-11　增加一格普通帧

### 2．延长普通帧

如果要在整个动画的末尾延长一帧或几帧，首先选中要延长到的目标位置，并按F5键，如图6-12所示。

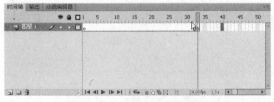

图6-12　选中要延长到的位置

这是将前面关键帧的内容延长到目标位置上，如图6-13所示。

### 3．删除普通帧

将光标移到要删除的普通帧上，然后单击右键，从快捷菜单中执行"删除帧"命令，删除普通帧。

图6-13　延长后的普通帧

此时将删除选中的普通帧，删除后整个普通帧段的长度减少一格，如图6-14所示。

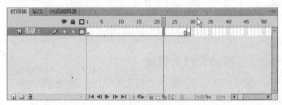

图6-14　删除后的时间轴

### 4．关键帧和普通帧的转换

当要将关键帧转换为普通帧，首先选中要转换的关键帧，然后单击右键，在弹出的快捷菜单中执行"清除关键帧"命令，这一点和清除关键帧的操作是一致的。

另外，还有一个比较常用的方法实现这种转换：首先在时间轴上选中要转换的关键帧，并按快捷键Shift+F6即可。

要将普通帧转换为关键帧，实际上就是要插入关键帧。因此选中要转换的普通帧后，按F6键即可。

## 6.1.7 编辑多个帧

在"时间轴"面板中，可以同时选中多个帧，对多个帧进行编辑，下面就来具体学习一下相关内容。

### 1．选择多个帧

下面对如何选择多个帧进行详细介绍。

首先先选中一个帧，然后按住Shift键同时单击最后一个要选中的帧，这样就能把多个帧连续选中，如图6-15所示。

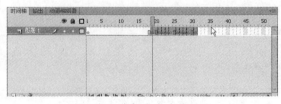

图6-15　选择多个连续的帧

### 2．选择多个不连续的帧

按住Ctrl键的同时，单击要选中的各个帧，即可将这些帧选中，如图6-16所示。

图6-16 选择多个不连续的帧

### 3. 选择所有的帧

选中时间轴上的任意一帧，然后执行"编辑"|"时间轴"|"选择所有帧"命令，即可选择时间轴中的所有帧，如图6-17所示。

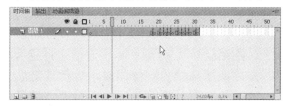

图6-17 选择所有的帧

提 示

"选择所有帧"的快捷键是Ctrl+Alt+A。

### 4. 启用"基于整体范围的选择"

01 执行"编辑"|"首选参数"命令，此时将弹出"首选参数"对话框。

02 在"常规"选项卡中找到"时间轴"选项组，然后选中"基于整体范围的选择"复选框，如图6-18所示。

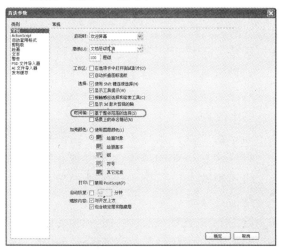

图6-18 "基于整体范围的选择"选项

03 单击"确定"按钮后，在时间轴上单击两个关键帧之间的区域，如图6-19所示，则两个关键帧之间的所有帧都被选中，如图6-20所示。

图6-19 单击两个关键帧之间的区域

图6-20 两个关键帧之间的所有帧都选中

提 示

一般情况下，这一项保持默认即可，因为"基于整体范围的选择"选项并没有让操作简化多少，但却给复杂的帧操作造成了很多不便。

### 5. 多帧的移动

移动多帧的方法和移动关键帧的方法类似，不同的是：

01 首先选中多个帧，如图6-21所示。

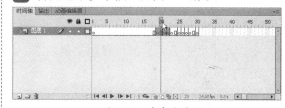

图6-21 选中多个帧

02 单击鼠标向左或向右拖曳到目标位置，如图6-22所示。

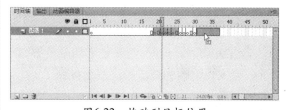

图6-22 拖动到目标位置

03 释放鼠标，此时关键帧移动到目标位置，同时原来的位置上用普通帧补足，如图6-23所示。

图6-23 关键帧移动到目标位置

**6．帧的翻转**

正常情况下，整个动画是正着播放的，但如果想将动画的播放顺序全部或部分反过来，则可以使用帧的翻转。要查看整个动画的播放情况，可以拖曳时间轴标尺上的洋红色滑块（时间头），如图6-24所示。

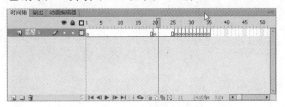

图6-24 拖曳时间头查看动画

**01** 选中任意一帧，然后执行"编辑"|"时间轴"|"选中所有帧"命令，选中动画中的所有帧，如图6-25所示。

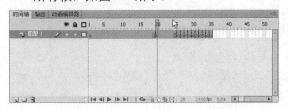

图6-25 选中所有帧

**02** 执行"修改"|"时间轴"|"翻转帧"命令，此时时间轴上所有帧的位置发生了改变，原来位于最左端的帧移到了最右端，如图6-26所示。

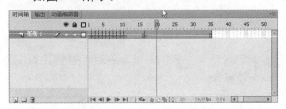

图6-26 翻转后的时间轴

按快捷键Ctrl+Enter查看整个动画的播放情况，会发现动画的播放顺序完全颠倒了。

**提示**

如果只是希望让一部分帧翻转，那么在选择时只选中一部分帧即可。

## 6.1.8 使用绘图纸

在制作连续性的动画时，如果前后两帧的画面内容没有完全对齐，就会影响画面的品质。"绘图纸"工具不但可以用半透明方式显示指定序列画面的内容，还可以提供同时编辑多个画面的功能，它是制作准确动画的必需手段。如图6-27所示的是绘图纸工具。

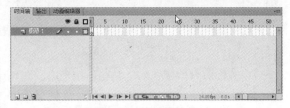

图6-27 绘图纸工具

绘图纸工具有如下几种。

★ （帧居中） ：单击该工具能使播放头所在帧在时间轴中间显示。

★ （绘图纸外观） ：单击该按钮将显示播放头所在帧内容的同时，显示其前后数帧的内容。播放头周围会出现方括号形状的标记，其中所包含的帧都会显示出来，这将有利于观察不同帧之间的图形变化过程。

★ （绘图纸外观轮廓） ：绘图纸轮廓线。如果只希望显示各帧图形的轮廓线，则单击该按钮。

★ （编辑多个帧） ：要想使绘图纸标志之间的所有帧都可以编辑，则单击该按钮，编辑多帧按钮只对帧动画有效，而对渐变动画无效，因为过渡帧是无法编辑的。

★ （修改绘图纸标记） ：用于改变绘图纸的状态和设置。

★ 总是显示标记：不论绘图纸是否开启，都显示其标记。当绘图纸未开启时，虽然显示范围，但是在画面上不会显示绘图纸效果。

★ 锚记绘图纸：选择该选项，绘图纸标记将标定在当前的位置，其位置和范围都将不再改变。否则，绘图纸的范围会跟着指针移动。

★ 绘图纸2：显示当前帧两侧各2帧的内容。

★ 绘图纸5：显示当前帧两侧各5帧的内容。

★ 所有绘图纸：显示当前帧两边所有的内容。

**提示**

要更改绘图纸的范围，可以将绘图纸两端的标记直接拖曳到新的位置。

实例应用

## 6.2.1 课堂实例1：插入关键帧

**01** 启动Flash CS6软件后，在开始界面中选择ActionScript3.0选项，新建一个空白文档。

**02** 新建文件后，打开"属性"面板，在"属性"项下单击"编辑"按钮，如图6-28所示。

图6-28 "属性"面板

**03** 在打开的"文档设置"对话框中，将"尺寸"的"宽"设置为600像素，"高"设置为480像素，将"帧频"设置为1fps，按Enter键确认。完成文档属性的修改，如图6-29所示。

图6-29 设置文档属性

**04** 执行"文件"｜"导入"｜"导入到舞台"命令，打开"导入"对话框，选择"背景1.jpg"素材文件。

**05** 单击"打开"按钮，将素材文件导入舞台中，并使用 "选择工具"调整素材的位置，如图6-30所示。

图6-30 调整素材位置

**06** 在"时间轴"面板中，选择"图层1"的第5帧，单击右键，在弹出的菜单中执行"插入帧"命令。

**07** 单击"时间轴"面板下方的 "新建图层"按钮，新建"图层2"，如图6-31所示。

图6-31 新建图层

**08** 选择"图层2"的第1个关键帧，然后在工具箱中选择 T （文本工具），在"属性"面板中将"系列"设置为Digiface Wide，"大小"设置为180点，颜色设置为#FF00FF，如图6-32所示。

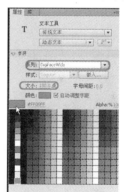

图6-32 设置属性

**09** 在舞台中单击插入光标，然后输入数字5，使用 "选择工具"调整数字5，使其处于居中位置，如图6-33所示。

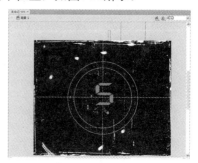

图6-33 调整数字位置

**10** 使用 "选择工具"选择数字5，在"属性"面板中打开"滤镜"，然后单击下方的 "添加滤镜"按钮，在弹出的菜单中选择"渐变发光"选项。

**11** 添加的"渐变发光"滤镜使用默认设置，添加滤镜后的效果，如图6-34所示。

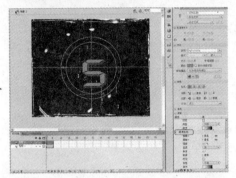

图6-34 添加"渐变发光"滤镜后的效果

**12** 再次单击 "添加滤镜"按钮，在弹出的菜单中选择"投影"选项。

**13** 设置"投影"滤镜的"颜色"为#FFFF00，其他参数使用默认值，添加"投影"滤镜后，舞台中的效果如图6-35所示。

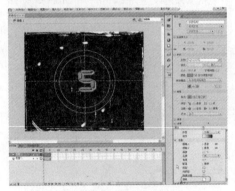

图6-35 设置"投影"滤镜后的效果

**14** 在"时间轴"面板中，选择"图层2"的第2个关键帧，单击右键，在弹出的快捷菜单中执行"插入关键帧"命令。

**15** 使用 "选择工具"在舞台中双击数字5，使其处于编辑状态，并将5改为4，如图6-36所示。

图6-36 更改数字

**16** 在"时间轴"面板中，选择"图层2"的第3个关键帧，单击右键，在弹出的快捷菜单中执行"插入关键帧"命令。

**17** 使用 "选择工具"在舞台中双击数字4，使其处于编辑状态，并将4改为3，如图6-37所示。

图6-37 更改数字

**18** 在"时间轴"面板中，选择"图层2"的第4个关键帧，单击右键，在弹出的快捷菜单中执行"插入关键帧"命令。

**19** 使用 "选择工具"在舞台中双击数字3，使其处于编辑状态，并将3改为2，如图6-38所示。

图6-38 更改数字

**20** 在"时间轴"面板中，选择"图层2"的第5个关键帧，单击右键，在弹出的快捷菜单中执行"插入关键帧"命令。

**21** 使用 "选择工具"在舞台中双击数字2，使其处于编辑状态，并将2改为1，如图6-39所示。

图6-39 更改数字

**22** 背景效果制作完成，按快捷键Ctrl+Enter测试影片，如图6-40所示，最后按快捷键Ctrl+S保存场景文件。

图6-40 效果图

## 6.2.2 课堂实例2：黄昏时刻效果

**01** 启动Flash CS6软件后，在开始界面中选择ActionScript 3.0选项，新建一个文件。

**02** 新建文件后，打开"属性"面板，在"属性"项下单击"编辑"按钮，如图6-41所示。

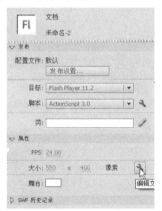

图6-41 "属性"面板

**03** 在打开的"文档设置"对话框中，将"尺寸"的"宽"设为600，"高"设为480，将"帧频"设为1fps，然后按Enter键确认，完成文档属性的修改，如图6-42所示。

图6-42 设置文档属性

**04** 执行"文件"|"导入"|"导入到舞台"命令，打开"导入"对话框，选择"夕阳.jpg"素材文件。

**05** 单击"打开"按钮，将"夕阳.jpg"素材文件导入舞台中，使用 "选择工具"调整素材的位置，如图6-43所示。

图6-43 调整素材位置

**06** 在"时间轴"面板中，选择"图层1"的第10帧，单击右键，在弹出的菜单中执行"插入帧"命令，如图6-44所示。

图6-44 插入帧

**07** 单击"时间轴"面板中的 "新建图层"按钮，新建图层"图层2"，如图6-45所示。

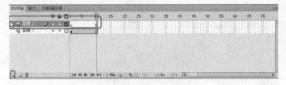

图6-45 新建图层

**08** 选择"图层2"的第1个关键帧，在工具箱中单击 **T** "文本工具"按钮，在"属性"面板中将"系列"设为"华文琥珀"，"大小"设为30点，"颜色"设为#FF9900。

**09** 在舞台中单击插入光标，输入汉字"夕"，调整汉字"夕"，将其放入适当的位置，使用 "选择工具"选择汉字"夕"，在"属性"面板中打开"滤镜"，单击下方的 "添加滤镜"按钮，在弹出的菜单中执行"渐变发光"命令。

**10** 将添加的"渐变发光"滤镜中的像素"模糊X"改为8，"模糊Y"改为8，其他使用默认设置，如图6-46所示。

图6-46 更改"渐变发光"滤镜

**11** 再次单击 "添加滤镜"按钮，在弹出的菜单中执行"投影"命令。

**12** 设置"投影"滤镜的"颜色"为#FFFF00，其他参数使用默认值，如图6-47所示。

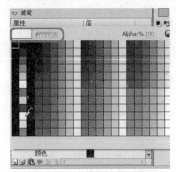

图6-47 设置颜色

**13** 在"时间轴"面板中，选择"图层2"的第2个关键帧，单击右键，在弹出的快捷菜单

中执行"插入关键帧"命令。

**14** 使用 "选择工具"在舞台中双击汉字"夕"，使其处于编辑状态，并将其改成汉字"阳"，如图6-48所示。

图6-48 更改汉字

**15** 在"时间轴"面板中，选择"图层2"的第3个关键帧，单击右键，在弹出的快捷菜单中执行"插入关键帧"命令。

**16** 使用 "选择工具"在舞台中双击汉字"阳"，将其改为汉字"无"，如图6-49所示。

图6-49 更改汉字

**17** 在"时间轴"面板中，选择"图层2"的第4个关键帧，单击右键，在弹出的快捷菜单中执行"插入关键帧"命令。

**18** 使用 "选择工具"在舞台中双击汉字"无"，将其改为汉字"限"，如图6-50所示。

图6-50 更改汉字

**19** 在"时间轴"面板中，选择"图层2"的第5个关键帧，单击右键，在弹出的快捷菜单中执行"插入关键帧"命令。

**20** 使用 "选择工具"在舞台中双击汉字"限"，将其改为汉字"好"，如图6-51所示。

图6-51 更改汉字

**21** 在"时间轴"面板中，选择"图层2"的第6个关键帧，单击右键，在弹出的快捷菜单中执行"插入关键帧"命令。

**22** 使用 "选择工具"在舞台中双击汉字"好"，将其改为汉字"只"，如图6-52所示。

图6-52 更改汉字

**23** 在"时间轴"面板中，选择"图层2"的第7个关键帧，单击右键，在弹出的快捷菜单中执行"插入关键帧"命令。

**24** 使用 "选择工具"在舞台中双击汉字"只"，将其改为汉字"是"，如图6-53所示。

图6-53 更改汉字

**25** 在"时间轴"面板中，选择"图层2"的第8个关键帧，单击右键，在弹出的快捷菜单中执行"插入关键帧"命令。

**26** 使用 "选择工具"在舞台中双击汉字"是"，将其改为汉字"近"，如图6-54所示。

图6-54 更改汉字

**27** 在"时间轴"面板中，选择"图层2"的第9个关键帧，单击右键，在弹出的快捷菜单中执行"插入关键帧"命令。

**28** 使用 "选择工具"在舞台中双击汉字"近"，将其改为汉字"黄"，如图6-55所示。

图6-55 更改汉字

**29** 在"时间轴"面板中，选择"图层2"的第10个关键帧，单击右键，在弹出的快捷菜单中执行"插入关键帧"命令。

**30** 使用 "选择工具"在舞台中双击汉字"黄"，将其改为汉字"昏"，如图6-56所示。

图6-56 更改汉字

**31** 黄昏时刻效果制作完成，按快捷键Ctrl+Enter测试影片，如图6-57所示，最后，按快捷键Ctrl+S保存场景文件。

图6-57　黄昏时刻的效果图

# 6.3 课后练习

（1）什么是"时间轴"？

（2）插入"帧"、"关键帧"、"空白关键帧"的快捷方式？

（3）怎样删除、移动、复制关键帧？

（4）怎样将"关键帧"转换为"普通帧"？

（5）选中多个连续帧和多个不连续帧的方法？

# 第7课
# 图层的使用

本课将主要介绍Flash CS6中图层的使用，图层是图形图像处理上的一个非常重要的手段，在Flash中每个层上都可以绘制图像，所有图层重叠在一起就组成了完整的图像。另外，由于Flash中所需要的层非常多，因此Flash还提供了层文件夹，用来整理数量众多的层。

# 7.1 基础讲解

## 7.1.1 图层的管理

可以在"时间轴"面板中对图层进行下面的操作。

### 1. 图层的使用

假如要绘制这样一个场景：一个女孩在广场上放风筝，同时天空飘着朵朵白云，即可将女孩、风筝、白云分别绘制在3张纸上，绘制完后将3张纸重叠在一起，就组成了一幅完整的图像了。如果要修改图像的某一部分，只需要修改某个图层就可以了。

### 2. 新建图层

为了方便动画的制作，往往需要添加新的层。新建图层时，首先选中一个图层，并单击"时间轴"面板底部的 新建图层"按钮，如图7-1所示。

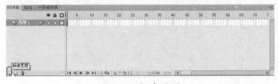

图7-1 新建图层

此时将在当前选中图层上创建出一个新的图层，如图7-2所示。

图7-2 新建后的效果

创建图层还可以通过以下两种方式。

★ 选中一个层，执行"插入"|"时间轴"|"图层"命令。

★ 选中一个层，单击右键，在弹出的快捷菜单中执行"插入图层"命令。

> **提示**
>
> Flash文件中的层数只受计算机内存的限制，它不会影响SWF文件的大小。

### 3. 重命名图层

默认情况下，新层是按照创建它们的顺序命名的：图层1、图层2……依此类推。为层重命名，可以更好地反映每层中的内容。在层名称上双击，将出现一个文本框，如图7-3所示。在此文本框中输入新的图层名称，即可改变图层的名称。

图7-3 重命名

或者右键单击图层名称，从快捷菜单中执行"属性"命令，此时将打开"图层属性"对话框，在"名称"文本框中输入新名称，然后单击"确定"按钮，关闭对话框，如图7-4所示。

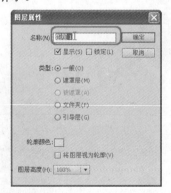

图7-4 在"图层属性"中重命名

> **提示**
>
> 选中图层名称，按F2键，也可以为图层重命名。

#### 4．指定图层

当一个文件具有多个图层时，往往需要在不同的图层之间来回选取，只有图层成为当前层才能进行编辑。当当前层的名称旁有一个铅笔的图标时，表示该层是当前工作层。每次只能编辑一个工作层。

选择图层的方法有如下3种。

★ 单击"时间轴"面板中该层的任意一帧。如图7-5所示。

图7-5 单击任意一帧

★ 单击"时间轴"面板中层的名称，如图7-6所示。

图7-6 单击图层名称

★ 选取工作区中的对象，则对象所在的图层被选中。

#### 5．改变图层顺序

在编辑时，往往要改变图层之间的顺序，其具体的操作步骤操作如下。

01 在时间轴中选中要移动的图层，如图7-7所示。

02 向下或向上单击拖曳，当亮高线出现在想要的位置，释放鼠标。调整后的效果，如图7-8所示。

图7-7 选中图层

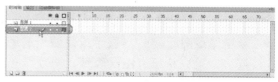

图7-8 调整后的效果

#### 6．复制图层

可以将图层中的所有对象复制下来，粘贴到不同的图层中，其具体操作步骤如下。

01 单击要复制的图层，选取整个图层。

02 执行"编辑"|"复制"命令；也可以在时间轴上选择需要复制图层的帧，单击右键，并在弹出的快捷菜单中执行"复制帧"命令。

03 选择需要粘贴的新图层的第1帧，单击右键，在弹出的快捷菜单中执行"编辑"|"粘贴"命令。

#### 7．删除图层

删除图层的方法有以下三种。

★ 选择该图层，单击"时间轴"面板上右下角的 🗑 "删除"按钮。

★ 在时间轴面板上单击要删除的图层，并将其拖到 🗑 "删除"按钮中。

★ 在时间轴面板上右击要删除的图层，然后在弹出的快捷菜单中执行"删除图层"命令。

## 7.1.2 设置图层状态

在时间轴的图层编辑区中有代表图层状态的3个图标：它们可以隐藏某层以保持工作区域的整洁；可以将某层锁定以防止被意外修改；可以在任何层查看对象的轮廓线，如图7-9所示。

图7-9 设置图层状态

#### 1．隐藏图层

隐藏图层可以使一些图像隐藏起来，从而减少不同图层之间的图像干扰，使整个工作区保持整洁。在图层隐藏以后，就暂时不能对该层进行编辑了，如图7-10所示。

图7-10 隐藏图层

隐藏图层的方法有以下3种。

★ 单图层名称右边的隐藏栏即可隐藏图层，再次单击隐藏栏则可以取消隐藏该层。

★ 在图层的隐藏栏中上下单击拖曳，即可隐藏多个图层或者取消隐藏多个图层。

★ 单击隐藏图标 👁 （显示或隐藏所有图层），可以将所有图层隐藏，再次单击"隐藏"图标则会取消隐藏图层。

**2．锁定图层**

锁定图层可以将某些图层锁定，这样便可以防止一些已编辑好的图层被意外修改。与隐藏图层不同的是，锁定图层上的图像仍然可以显示，如图7-11所示。

图7-11　锁定图层图

**3．线框模式**

在编辑中，可能需要查看对象的轮廓线，此时可以通过线框显示模式去除填充区，从而方便地查看对象。在线框模式下，该层的所有对象都以同一种颜色显示，如图7-12所示。

图7-12　线框模式

要调出线框模式显示的方法有以下3种。

★ 单击"将所有图层显示为轮廓"图标 □，可以使所有图层用线框模式显示，再次单击线框模式图标则取消线框模式。

★ 单击图层名称右侧的显示模式栏的□ "不同图层显示栏的颜色不同"按钮，之后，当显示模式栏变成空心的正方形 ▫ 时，即可将图层转换为线框模式，再次单击显示模式栏则可取消线框模式。

★ 在图层的显示模式栏中上下单击拖曳，可以使多个图层以线框模式显示或者取消线框模式。

## 7.1.3　图层属性

Flash中的图层具有多种不同的属性，可以通过如图7-13所示的"图层属性"对话框对图层的属性进行设置。

图7-13　"图层属性"对话框

★ 名称：在此文本框中设置图层的名称。

★ 显示：设置图层的内容是否显示在场景中。

★ 锁定：图层是否处于锁定状态。

★ 类型：设置图层的种类。

　◆ 一般：设置该图层为标准图层，这是Flash默认的图层类型。

　◆ 遮罩层：允许把当前层的类型设置成遮罩层，这种类型的层将遮掩与其相连接的任何层上的对象。

　◆ 被遮罩层：设置当前层为被遮罩层，这意味着它必须连接到一个遮罩层上。

　◆ 文件夹：设置当前图层为图层文件夹形式，将消除该层包含的全部内容。

　◆ 引导层：设置该层为引导图层，这种类型的层可以引导与其相连的被引导层中的过渡动画。

★ 轮廓颜色：用于设置该图层上对象的轮廓颜色。为了帮助区分对象所属的图层，可以用彩色轮廓显示图层上的所有对象，也可以更改每个图层使用的轮廓颜色。

★ 图层高度：可设置图层的高度，这在层中处理波形（如声波）时很实用，有100%、200%和300%三种高度。

## 7.1.4　混合模式

使用图层混合模式，可以创建复合图像。复合是改变两个或两个以上重叠对象的透明度或颜色相互关系的过程。使用混合，可以混合重叠影片剪辑中的颜色，从而创造独特的效果。

混合模式包含这些元素：混合颜色是应用于混合模式的颜色；不透明度是应用于混合模式的透明度；基准颜色是混合颜色下的像素颜色；结果颜色是基准颜色的混合效果。

由于混合模式取决于将混合应用于对象的颜色和基础颜色，因此必须实验不同的颜色，以查看结果。步骤如下。

`01` 选择要应用混合模式的图层。

`02` 在"属性"面板的"显示"选项卡中的"混合"下拉列表中选择对象的混合模式，如图7-14所示。

图7-14　设置混合模式

混合模式包括以下几项。

★ 一般：不与其他图层发生任何混合，使用时用当前图层像素的颜色覆盖下层颜色，如图7-15所示。

图7-15　一般模式

★ 图层：可以层叠各个影片剪辑，而不影响其颜色，如图7-16所示。

图7-16　图层模式

★ 变暗：只替换比混合颜色亮的区域，比混合颜色暗的区域不变，如图7-17所示。

图7-17　变暗模式

★ 正片叠底：查看每个通道中的颜色信息，并将基本色与混合色复合。从而产生较暗的颜色，如图7-18所示。

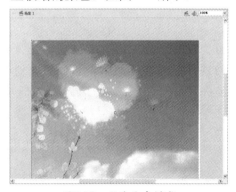

图7-18　正片叠底模式

★ 变亮：只替换比混合颜色暗的像素，比混合颜色亮的区域不变，如图7-19所示。

★ 滤色：将混合颜色的反色与基准颜色复合，从而产生漂白效果，如图7-20所示。

图7-19　变亮模式

图7-20　滤色模式

★ 叠加：进行色彩增加或滤色，具体情况取决于基准颜色，如图7-21所示。

图7-21　叠加模式

★ 强光：进行色彩增加或滤色，具体情况取决于混合模式颜色，该效果类似于用点光源照射对象，如图7-22所示。

图7-22　强光模式

★ 增加：从基准颜色增加混合颜色，如图7-23所示。

图7-23　增加模式

★ 减去：从基准颜色减去混合颜色，如图7-24所示。

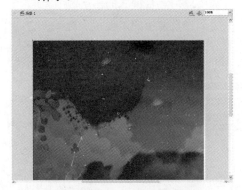

图7-24　减去模式

★ 差值：从基准颜色减去混合颜色，或者从混合颜色减去基准颜色，具体情况取决于谁的亮度值较大。该效果类似于彩色底片，如图7-25所示。

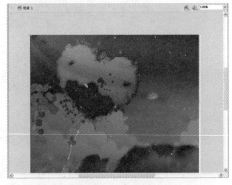

图7-25　差值模式

★ 反相：取基准颜色的反色，如图7-26所示。

图7-26 反相模式

图7-27 Alpha模式

★ Alpha：应用Alpha遮罩层，如图7-27
所示。

★ 擦除：删除所有基准颜色像素，包括
背景图像中的基准颜色像素，如图7-28
所示。

图7-28 擦除模式

# 7.2 实例应用

## 7.2.1 课堂实例1：设置显示模式

**01** 启动Flash CS6软件，在打开的界面中选择
ActionScript 3.0选项，新建一个文件。

**02** 新建文件后，打开"属性"面板，在"属
性"里单击"编辑"按钮。

**03** 在打开的"文档属性"对话框中，将"尺
寸"的"宽"和"高"分别设为600像素和
500像素，其他使用默认值，按Enter键确
认，完成文档属性的更改，如图7-29所示。

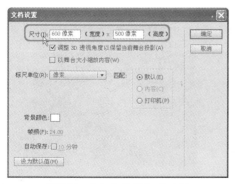

图7-31 "文档属性"对话框

**04** 执行"文件"|"导入"|"导入到库"命
令，打开"导入到库"对话框，选择"最
美季节.jpg"素材。

**05** 单击"打开"按钮，将素材"最美好的季
节.jpg"导入到库中，使用 "选择工具"
将素材放置在舞台中，如图7-30所示。

图7-30 将素材放入舞台

**06** 打开"属性"面板，将素材文件的"尺寸"
的"高"和"宽"分别设为600像素和500

像素，其他使用默认值，按Enter键确认，如图7-31所示。

图7-31　更改素材数据

**07** 选择素材文件，使用 "选择工具"调整素材的位置，按F8键，打开"转换为元件"对话框，将"元件1"改为"收获的季节"，"类型"改为"影片剪辑"，然后按Enter键确认。如图7-32所示。

图7-32　"转换为元件"对话框

**08** 选择"元件"，使用 "选择工具"将"收获的季节"放在舞台中，调整它的位置，如图7-33所示。

图7-33　将元件放入舞台

**09** 在"属性"面板中，选择"显示"区域中的"混合"模式。

**10** 在"属性"面板中，选择"显示"区域中"混合"模式下的"一般"模式，舞台中的效果图，如图7-34所示。

**11** 在"属性"面板中，选择"显示"区域中"混合"模式下的"图层"模式，舞台中的效果图，如图7-35所示。

图7-34　"一般"模式

图7-35　"图层"模式

**12** 在"属性"面板中，选择"显示"区域中"混合"模式下的"变暗"模式，舞台中的效果图，如图7-36所示。

图7-36　"变暗"模式

**13** 在"属性"面板中，选择"显示"区域中"混合"模式下的"正片叠底"模式，舞台中的效果图，如图7-37所示。

图7-37　"正片叠底"模式

**14** 在"属性"面板中,选择"显示"区域中"混合"模式下的"变亮"模式,舞台中的效果,如图7-38所示

图7-38 "变亮"模式

**15** 在"属性"面板中,选择"显示"区域中"混合"模式下的"滤色"模式,舞台中的效果图,如图7-39所示

图7-39 "滤色"模式

**16** 在"属性"面板中,选择"显示"区域中"混合"模式下的"叠加"模式,舞台中的效果图,如图7-40所示。

图7-40 "叠加"模式

**17** 在"属性"面板中,选择"显示"区域中"混合"模式下的"强光"模式,舞台中的效果图,如图7-41所示。

**18** 在"属性"面板中,选择"显示"区域中"混合"模式下的"增加"模式,舞台中的效果图,如图7-42所示。

图7-41 "强光"模式

图7-42 "增加"模式

**19** 在"属性"面板中,选择"显示"区域中"混合"模式下的"减去"模式,舞台中的效果图,如图7-43所示。

图7-43 "减去"模式

**20** 在"属性"面板中,选择"显示"区域中"混合"模式下的"差值"模式,舞台中的效果图,如图7-44所示。

图7-44 "差值"模式

**21** 在"属性"面板中，选择"显示"区域中"混合"模式下的"反相"模式，舞台中的效果图，如图7-45所示。

图7-45 "反相"模式

**22** 在"属性"面板中，选择"显示"区域中"混合"模式下的Alpha模式，舞台中的效果图，如图7-46所示。

**23** 在"属性"面板中，选择"显示"区域中"混合"模式下的"擦除"模式，舞台中的效果图，如图7-47所示。

图7-46 Alpha模式

图7-47 "擦除"模式

## 7.2.2 课堂实例2：图层模式设置

**01** 启动Flash CS6软件后，在面板中选择"Flash文件（ActionScript3.0）"选项，新建一个文件。如图7-48所示。

图7-48 新建文件

**02** 新建文件后，在"属性"面板中单击"编辑"命令，如图7-49所示。

图7-49 "属性"面板

**03** 在打开的"属性设置"中，将"尺寸"中的"宽"和"高"分别设为600像素和500像素，其他使用默认值，按Enter键确认，完成文档的编辑，如图7-50所示。

**04** 执行"文件"|"导入"|"导入到库"，打开"导入到库"对话框，选择素材"蝴蝶兰.jpg"，单击"打开"按钮，将素材"蝴蝶兰.jpg"导入到库中，并使用 ▶（选择

工具）将素材放入舞台中，并调整它的位置，如图7-51所示。

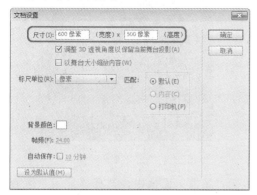

图7-50 "属性设置"对话框

图7-51 将素材放入舞台

**05** 打开"属性"面板，将素材"尺寸"中的"高"和"宽"分别设为600像素和500像素，其他使用默认值，按Enter键确认，如图7-52所示。

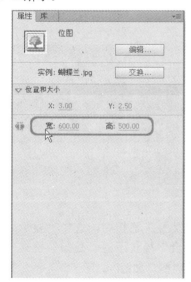

图7-52 更改素材尺寸

**06** 选择素材文件，使用 （选择工具）调整素材的位置，并按F8键，打开"转换

为元件"对话框，将"元件1"改为"蝶恋花"，"类型"改为"影片剪辑"，按Enter键确认，如图7-53所示。

图7-53 "转换为元件"对话框

**07** 选择"元件"，使用 "选择工具"将元件放入舞台中，调整元件的位置，如图7-54所示。

图7-54 将元件放入舞台

**08** 在"属性"面板中，选择"显示"区域下的"混合"模式，如图7-55所示。

图7-55 "混合"模式

**09** 在"属性"面板中，选择"显示"区域中"混合"模式下的"一般"模式，舞台中的效果图，如图7-56所示。

图7-56 "一般"模式

**10** 在"属性"面板中，选择"显示"区域中"混合"模式下的"图层"模式，舞台中的效果图，如图7-57所示。

图7-57 "图层"模式

**11** 在"属性"面板中，选择"显示"区域中"混合"模式下的"变暗"模式，舞台中的效果图，如图7-58所示。

图7-58 "变暗"模式

**12** 在"属性"面板中，选择"显示"区域中"混合"模式下的"正片叠底"模式，舞台中的效果图，如图7-59所示。

图7-59 "正片叠底"模式

**13** 在"属性"面板中，选择"显示"区域中"混合"模式下的"变亮"模式，舞台中的效果图，如图7-60所示。

图7-60 "变亮"模式

**14** 在"属性"面板中，选择"显示"区域中"混合"模式下的"滤色"模式，舞台中的效果图，如图7-61所示。

图7-61 "滤色"模式

**15** 在"属性"面板中，选择"显示"区域中"混合"模式下的"叠加"模式，舞台中的效果图，如图7-62所示。

**16** 在"属性"面板中，选择"显示"区域中"混合"模式下的"强光"模式，舞台中的效果图，如图7-63所示。

图7-62 "叠加"模式

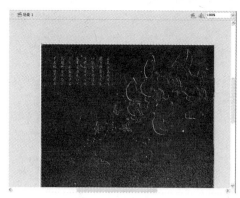

图7-65 "减去"模式

图7-63 "强光"模式

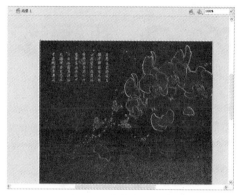

图7-66 "差值"模式

**17** 在"属性"面板中,选择"显示"区域中"混合"模式下的"增加"模式,舞台中的效果图,如图7-64所示。

**20** 在"属性"面板中,选择"显示"区域中"混合"模式下的"反相"模式,舞台中的效果图,如图7-67所示。

图7-64 "增加"模式

图7-67 "反相"模式

**18** 在"属性"面板中,选择"显示"区域中"混合"模式下的"减去"模式,舞台中的效果图,如图7-65所示。

**19** 在"属性"面板中,选择"显示"区域中"混合"模式下的"差值"模式,舞台中的效果图,如图7-66所示。

**21** 在"属性"面板中,选择"显示"区域中"混合"模式下的Alpha模式,舞台中的效果图,如图7-68所示。

**22** 在"属性"面板中,选择"显示"区域中"混合"模式下的"擦除"模式,舞台中的效果图,如图7-69所示。

图7-68 Alpha模式

图7-69 "擦除"模式

# 7.3 课后练习

（1）新建图层的方法有哪几种？

（2）隐藏图层的方法有哪几种？

（3）图层模式有哪几种？

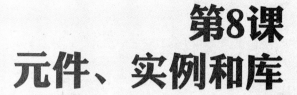

# 第8课
# 元件、实例和库

本课主要介绍创建元件的方法和元件编辑的各项操作，以及元件库的使用，并对专业库和公用库进行专门介绍。

# 8.1 基础讲解

## 8.1.1 元件概述

元件在Flash影片中是一种比较特殊的对象，它在Flash中只需创建一次，然后可以在整部电影中反复使用，而不会显著增加文件的大小。元件可以是任何静态的图形，也可以是连续的动画，甚至还能将动作脚本添加到元件中，以便对元件进行更复杂的控制。当用户创建元件后，元件都会自动成为影片库中的一部分。通常应将元件当作主控对象存于库中，将元件放入影片中时使用的是主控对象的实例，而不是主控对象本身，所以修改元件的实例并不会影响元件本身。

**1. 使用元件的优点**

在动画中使用元件有4个最显著的优点，如下所述。

★ 在使用元件时，由于一个元件在浏览中只须下载一次，这样即可加快影片的播放速度，避免重复下载同一对象。

★ 使用元件可以简化编辑的影片操作。在影片编辑过程中，可以把需要多次使用的元素制成元件，若修改元件，则由同一元件生成的所有实例都会随之更新，而不必逐一对所有实例进行更改，这样就节省了创作时间，提高了工作效率。

★ 制作运动类型的过渡动画效果时，必须将图形转换成元件，否则将失去透明度等属性，而且不能制作补间动画。

★ 若使用元件，则在影片中只会保存元件，而不管该影片中有多少个该元件的实例，它们都是以附加信息保存的，即用文字性的信息说明实例的位置和其他属性，所以保存一个元件的几个实例比保存该元件内容的多个副本占用的存储空间小。

**2. 元件的类型**

在Flash中可以制作的元件类型有3种：图形元件、按钮元件及影片剪辑元件，每种元件都有其在影片中所特有的作用和特性。

★ **「图形元件」**：可以用来重复应用静态的图片，并且图形元件也可以用到其他类型的元件中，它是3种Flash元件类型中最基本的类型。

★ **「按钮元件」**：一般用响应对影片中的鼠标事件，如鼠标的单击、移开等。按钮元件是用来控制相应鼠标事件的交互性特殊元件。与在网页中出现的普通按钮一样，可以通过对它的设置来触发某些特殊效果，如控制影片的播放、停止等。按钮元件是一种具有4个帧的影片剪辑。按钮元件的时间轴无法播放，它只是根据鼠标事件的不同而作出简单的响应，并转到所指向的帧，如图8-1所示。

图8-1　按钮元件的时间轴

◆ 弹起帧：鼠标不在按钮上时的状态，即按钮的原始状态。

◆ 指针经过帧：鼠标移动到按钮上时的按钮状态。

◆ 按下帧：鼠标单击按钮时的按钮状态。

◆ 点击帧：用于设置对鼠标动作做出反应的区域，这个区域在Flash影片播放时是不会显示的。

★ **「影片剪辑」**：是Flash中最具有交互性、用途最多及功能最强的部分。它基本上是一个小的独立电影，可以包含交互式控件、声音，甚至其他影片剪辑实例。可以将影片剪辑实例放在按钮元件的时间轴内，以创建动画按钮。不过，由于影片剪辑具有独立的时间轴，所以它们在Flash中是相互独立的。如果场景中存在影片剪辑，即使影片的时间轴已经停止，影片剪辑的时间轴仍可以继续播放，这里可以将影片剪辑设想为主电影中嵌套的小电影。

每个影片剪辑在时间轴的层次结构树中都有相应的位置。使用loadMovie动作加载到Flash Player中的影片也有独立的时间轴。使用动作脚本可以在影片剪辑之间发送消息，以使它们相互控制。例如，一段影片剪辑的时间轴中最后一帧上的动作可以指示开始播放另一段影片剪辑。

使用电影剪辑对象的动作和方法可以对影片剪辑进行拖曳、加载等控制。要控制影片剪辑，必须通过使用目标路径（该路径指示影片剪辑在显示列表中的惟一位置）来指明它的位置。

元件在Flash影片中是一种比较特殊的对象，它在Flash中创建一次，并可以在整部电影中反复使用而不会显著增加文件的大小。元件

可以是任何静态的图形，也可以是连续动画。当创建元件后，元件都会自动成为影片库的一部分。例如如果像创建跑步的场景，即可从库中多次将跑步的元件拖进场景，创造许多跑步实例，每个实例都是对原有元件的一次引用，而不必重新创建元件。如图8-2所示为在舞台中重复创建多个同一元件的实例。

图8-2　重复使用元件实例

通常应将元件当作主控制对象存于库中，将元件放入影片中使用的是主控对象的实例，而不是主控对象本身，所以修改元件的实倒并不会影响到元件本身。

## 8.1.2　创建元件

下面来介绍创建元件的方法。

### 1．创建图形元件

对于影片中的静态图像，可以将其制作为图形元件，也可以创建几个链接到主影片时间轴上可重用的动画片段。

要创建图形元件，执行“插入”|“新建元件”命令，在弹出的“创建新元件”对话框中将“元件类型”设置为图形，然后在“名称”文本框中将其命名为“图形元件”，如图8-3所示。

图8-3　“创建新元件”对话框

在“创建新元件”对话框中如果单击对话框下面的“高级”选项按钮，将弹出扩展功能面板，如图8-4所示。

对话框中的扩展功能主要用来设置元件的共享性，具体使用方法本节将不再阐述，在制作一般动画过程中很少使用。

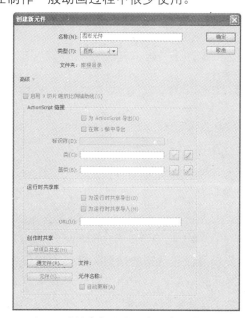

图8-4　“创建新元件”高级选项对话框

当设置好新建元件的类型和名称后，单击"确定"按钮，就进入了图形元件的编辑界面，然后即可对元件进行编辑了。图形元件的编辑界面，如图8-5所示。

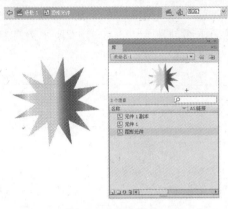

图8-5 元件编辑界面

### 2. 创建按钮元件

下面介绍按钮元件的创建。

**01** 执行"插入"|"新建元件"命令，在弹出的"创建新元件"对话框中将"元件类型"设置为"按钮"，在"名称"文本框中将其命名为"按钮元件"，如图8-6所示。

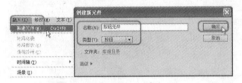

图8-6 "创建新元件"对话框

**02** 设置完类型和名称后单击"确定"按钮，Flash会自动切换到按钮元件的编辑模式下，如图8-7所示。

图8-7 按钮元件的编辑模式

**03** 要创建弹起状态的按钮图像，可以使用绘画工具、导入一幅图形或在舞台上放置另一个元件实例。如图8-8所示为在第1帧"弹起"处绘制一个径向渐变的正圆形。

图8-8 编辑第1帧弹起

**04** 单击标题为"指针经过"的第2帧处，然后按F6键插入关键帧，Flash会自动复制"弹起"关键帧内容，此时可以为该状态下的按钮设置另一种渐变颜色，作为鼠标指针经过按钮时的外观，如图8-9所示。

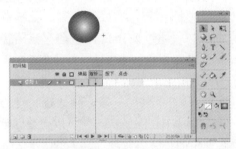

图8-9 设置弹起处的渐变颜色

**05** 对按钮的"按下"和"点击"两帧参照步骤4的设置即可，如果不需要设置，可以在"按下"和"点击"两帧处按F5键插入空白帧，此时一个按钮就完成了。

### 3. 创建影片剪辑元件

创建影片剪辑元件的步骤如下。

**01** 执行"文件"|"新建"命令，创建一个新的影片文件。在新建的文档中，设置背景为黑色，并选择工具箱中的 "椭圆工具"。绘制一个渐变颜色的正圆形，与背景重合，如图8-10所示。

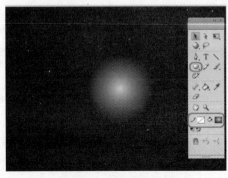

图8-10 绘制背景图像

**02** 执行"插入"|"新建元件"命令，在弹出的"创建新元件"对话框中给元件命名，并在"类型"中选择"影片剪辑"选项，如图8-11所示。

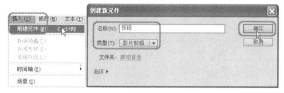

图8-11 "创建新元件"对话框

**03** 设置完成后，单击"确定"按钮，Flash会自动跳转到新建影片剪辑的工作区。此时可以看到，影片剪辑工作区的界面与图形工作区的界面非常相似，如图8-12所示。

图8-12 影片剪辑工作区的界面

**04** 单击 "新建图层"按钮，新建"图层2"按钮，执行"文件"|"导入"|"导入到库"命令，将007.gif导入到库中，并将导入的素材单击拖曳到舞台中，并在库中选中此图形，将其转换为"图形"元件，如图8-13所示。

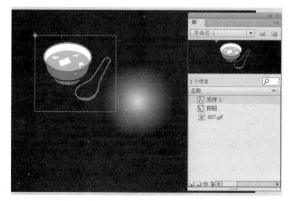

图8-13 导入元件

**05** 在影片剪辑工作区域可以制作一段任意的连续动画，如图8-14所示。

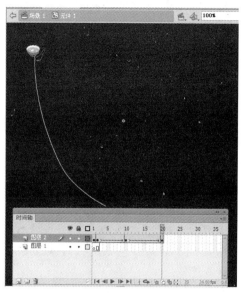

图8-14 制作影片剪辑

**06** 回到场景1中，打开"库"面板，将刚才制作好的影片单击拖曳到场景1中，此时影片只占了场景1中的1个关键帧，如图8-15所示。

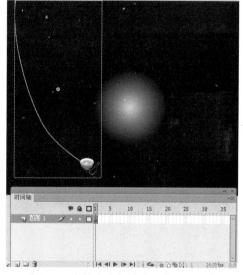

图8-15 将影片剪辑单击拖曳到场景中

影片剪辑虽然可能包含比主场景更多的帧数，但是它是以一个独立的对象出现，其内部可以包含图形元件或按钮元件等，并且支持嵌套功能，这种强大的嵌套功能对编辑影片有很大的帮助。

提 示

在Flash中除了可以执行"插入"|"新建元件"命令外，还可以将影片中现有的图形对象转换为元件，两种方法可以灵活应用。

### 8.1.3　编辑元件

用户往往花费大量的时间创建某个元件后，结果却发现这个新创建的元件与另一个已存在的元件只存在很小的差异，对于这种情况，可以使用现有的元件作为创建新元件的起点，即复制元件后再进行修改。

**1. 转换为元件**

在舞台中选择要转换为元件的图形对象，并执行"修改"|"转换为元件"命令，打开"转换为元件"对话框，如图8-16所示。在该对话框中设置要转换的元件类型，单击"确定"按钮。

图8-16　"转换为元件"对话框

**提 示**

按F8键，也可以打开"转换为元件"对话框。或者在选择的图形对象上单击右键，在弹出的快捷菜单中执行"转换为元件"命令。

**2. 复制元件**

复制元件的操作步骤如下。

01 在场景中创建一个图形，并将其选中，如图8-17所示。

图8-17　选择图形

02 单击"库"面板右上角的 按钮，在弹出的菜单中执行"直接复制"命令。

03 在打开的"直接复制元件"对话框中，设置新元件的名称，也可以使用默认名称，如图8-18所示。

图8-18　"直接复制元件"对话框

04 设置完成后，单击"确定"按钮，在"库"面板中即可看到复制的元件，如图8-19所示。

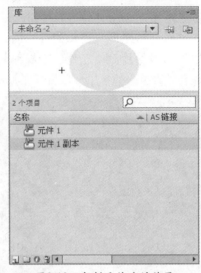

图8-19　复制元件后的效果

**3. 删除元件**

如果要从影片中彻底删除一个元件，则只能从"库"面板中进行删除。如果从舞台中进行删除，则删除的只是元件的一个实例，真正的元件并没有从影片中删除。删除元件和复制元件一样，可以通过"库"面板右上角的面板菜单删除。

### 8.1.4　元件的相互转换

一种元件被创建后，其类型并不是不可改变的，它可以在图形、按钮和影片剪辑这3种元件类型之间互相转换，同时保持原有特性不变。

要将一种元件转换为另一种元件，首先要在"库"面板中选中该元件，并在该元件上单击右键，在弹出的快捷菜单中执行"属性"命令，打开"元件属性"对话框，在其中选择要改变的元件类型，然后单击"确定"按钮即可，如图8-20所示。

图8-20 "元件属性"对话框

图8-22 创建图形元件

## 8.1.5 编辑实例

在库中存在元件的情况下，选中元件并将其单击拖曳到舞台中即可完成实例的创建。由于实例的创建源于元件，因此只要元件被修改，那么所关联的实例也将会被更新。应用各实例时需要注意，影片剪辑实例的创建和包含动画的图形实例的创建是不同的，电影片段只需要一个帧即可播放动画，而且编辑环境中不能演示动画效果；而包含动画的图形实例，则必须在与其元件同样长的帧中放置，才能显示完整的动画。

创建元件的新实例的具体操作步骤如下。

01 在"时间轴"面板中单击 "新建图层"按钮，新建一个图层，如图8-21所示。Flash只能把实例放在"时间轴"面板的关键帧中，并且总是放置于当前图层上。如果没有选中关键帧，该实例将被添加到当前帧左侧的第1个关键帧上。

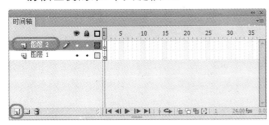

图8-21 新建图层

02 新建一个图形元件，并在舞台中绘制黄色椭圆形，如图8-22所示。

03 切换到场景1中，并将新创建的图形元件从库中拖到舞台上，如图8-23所示。

图8-23 将元件拖曳到舞台上

04 释放鼠标后，就会在舞台上创建元件的一个实例，然后即可在影片中使用此实例或对其进行编辑操作。

## 8.1.6 实例的属性

在属性面板中可以对实例指定名称，改变属性等操作。

**1．指定实例名称**

如果要给实例指定名称，具体操作步骤如下。

01 继续上面的场景进行操作，在舞台中选择新创建的图形，如图8-24所示。

图8-24 选择图形

**02** 在"属性"面板中可以看出该元件为图形元件，并不能为其更改实例的名称，需要将其转换成其他元件。这里将图形元件转换为按钮元件，如图8-25所示。

图8-25 转换元件

**03** 在"实例名称"文本框内输入该实例的名称为"按钮001"，即可为实例指定名称，如图8-26所示。

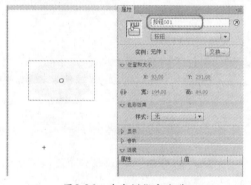

图8-26 为实例指定名称

**04** 除非用户另外指定，否则实例的行为与元件行为相同。对实例所做的任何更改都只影响该实例，并不影响元件。

### 2. 更改实例属性

每个元件实例都可以有自己的色彩效果，要设置实例的颜色和透明度选项，可使用"属性"面板，"属性"面板中的设置也会影响放置在元件内的位图。

要改变实例的颜色和透明度，可以从"属性"面板中的"色彩效果"下的"样式"下拉列表中选择。

★ 无：不设置颜色效果，此项为默认设置。

★ 亮度：用来调整图像的相对亮度和暗度。明亮值为-100%～100%，100%为白色，-100%为黑色，其默认值为0。可直接输入数字，也可以通过拖曳滑块来调节。

★ 色调：用来增加某种色调。可以直接输入红、绿、蓝颜色值。使用滑块可以设置色调百分比。数值为0%～100%，数值为0%时不受影响，数值为100%时所选颜色将完全取代原有颜色。

★ 高级：用来调整实例中的红、绿、蓝和透明度。

◆ 在"高级"选项下，可以单独调整实例元件的红、绿、蓝三原色和Alpha（透明度），这在制作颜色变化非常精细的动画时最有用。每一项都通过两列文本框来调整，左列的文本框用来输入减少相应颜色或透明度的比例，右列的文本框通过具体数值来增加或减小相应颜色或透明度的值。

◆ "高级"选项下的红、绿、蓝和Alpha（透明度）的值都乘以百分比值，然后加上右列中的常数值，就会产生新的颜色值。例如，如果当前红色值是100，把"红"左侧的滑块设置到50%，并把右侧滑块设置到100，就会产生一个新的红色值150（100×0.5+100=150）。

> **提示**
>
> "高级"选项的高级设置执行函数（a×y+b）=x的a是文本框左列设置中指定的百分比，y是原始位图的颜色，b是文本框右侧设置中指定的值；x是生成的效果（RGB值在0～255之间，Alpha透明度值在0～100）。

★ Alpha（不透明度）：用来设定实例的透明度，数值为0%～100%，数值为0%时实例完全不可见，数值为100%时实例将完全可见。可以直接输入数字，也可以单击拖曳滑块来调节。

继续上面的操作来为"按钮001"添加色调样式和高级样式。

**01** 展开"色彩和效果"选项，将"样式"定义为"色调",将"色调"参数调整为40%,将"红"调整为130,将"绿"调整为240,将"蓝"调整为110,如图8-27所示。

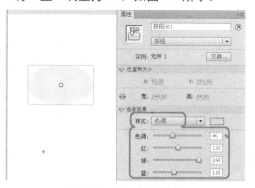

图8-27 添加色调样式

**02** 将"样式"定义为"高级",参照如图8-28所示的参数进行设置,完成后的效果如图8-29所示。

图8-28 添加高级样式

图8-29 添加高级样式后的效果

### 3. 给实例指定元件

用户可以给实例指定不同的元件,从而在舞台上显示不同的实例,并保留所有的原始实例属性(如色彩效果或按钮动作)。给实例指定不同的元件的操作步骤如下。

继续使用上面创建的实例进行操作。

**01** 执行"插入"|"新建元件"命令,在弹出的"创建新元件"对话框中,将"名称"命名

为"元件2",将"类型"定义为"图形"后单击"确定"按钮。

**02** 选择工具箱中的 "多角星形工具",将"笔触颜色"定义为无,将"填充颜色"定义为红色,并在"属性"面板中将"样式"定义为星形,设置完成后在舞台中绘制红色星形,如图8-30所示。

图8-30 绘制图形

**03** 绘制完成后单击 场景1 按钮切换到场景1中,在舞台上选择实例,并在"属性"面板中单击"交换"按钮,打开"交换元件"对话框,如图8-31所示。

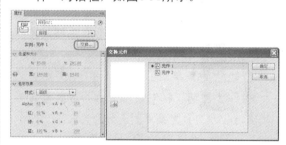

图8-31 "交换元件"对话框

**04** 在弹出的对话框中选择元件2,单击"确定"按钮,在舞台中将元件2替换为元件1,如图8-32所示。

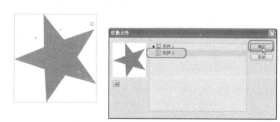

图8-32 交换元件后的效果

**提示**

要复制选定的元件,可单击对话框中的 "直接复制元件"按钮即可。

**4. 改变实例类型**

无论是直接在舞台创建的，还是从元件拖曳出的实例，都保留了其元件的类型。在制作动画时如果想将元件转换为其他类型，可以通过"属性"面板在3种元件类型之间进行转换，如图8-33所示。

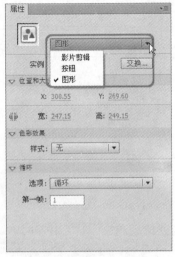

图8-33　3种元件类型

如图8-34所示，按钮元件的设置选项如下。

★ 音轨作为按钮：按钮A和B，B为"音轨作为按钮"模式，按住A不放并移动鼠标到B上，B不会被按下。

★ 音轨作为菜单项：按钮A和B，B为"音轨作为按钮"模式，按住A不放并移动鼠标到B上，B为菜单时，B则会按下。

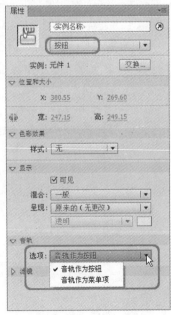

图8-34　按钮元件

如图8-35所示，图形元件的选项设置如下。

图8-35　图形元件属性面板

★ 循环：令包含在当前实例中的序列动画循环播放。

★ 播放一次：从指定帧开始，只播放动画一次。

★ 单帧：显示序列动画指定的一帧。

如图8-36所示为影片剪辑的属性面板。

图8-36　影片剪辑的属性面板

## 8.1.7 元件库的基本操作

　　库是元件和实例的载体，它是使用Flash制作动画时一种非常有力的工具，使用库可以省去很多的重复操作和其他一些不必要的麻烦。另外，使用库对最大程度上减小动画文件的体积也具有决定性的意义，充分利用库中包含的元素可以有效地控制文件的大小，便于文件的传输和下载。Flash的库包括两种，一种是当前编辑文件的专用库，另一种是Flash中自带的公用库，这两种库有着相似的使用方法和特点，但也有很多的不同点，所以要掌握Flash中库的使用，首先要对这两种不同类型的库有足够的认识。

　　Flash的"库"面板中包括当前文件的标题栏、预览窗口、库文件列表，以及一些相关的库文件管理工具等。

★　"库"面板的最下方有4个按钮，可以通过这4个按钮管理库中的文件，如图8-37所示。

★　　"新建元件"：单击该按钮，会弹出"创建新元件"对话框，可以设置新建元件的名称及类型。

★　　"新建文件夹"：在一些复杂的Flash文件中，库文件通常很多，管理起来非常不方便。因此需要使用创建新文件夹的功能，在"库"面板中创建一些文件夹，将同类的文件放到相应的文件夹中，使今后元件的调用更灵活、方便。

★　　"属性"：用于查看和修改库元件的属性，在弹出的对话框中显示了元件的名称、类型等一系列的信息，如图8-38所示。

★　　"删除"：用来删除库中多余的文件和文件夹。

图8-37 "库"面板

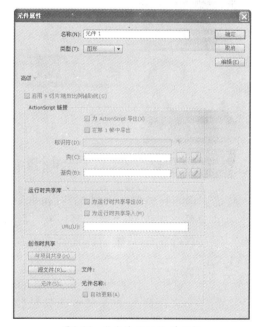

图8-38 "元件属性"对话框

## 8.1.8 专用库和公用库

　　在Flash中将库分为专用库和公用库两种，下面分别进行介绍。

　　**1. 专用库**

　　执行"窗口"|"库"命令，可以打开专用库的面板。在这个库中包含了当前编辑文件下的所有元件，如导入的位图、视频等，并且某个实例不论其在舞台中出现了多少次，它都只作为一个元件出现在库中。

　　**2. 公用库**

　　执行"窗口"|"公用库"命令，在其子菜单中包含有Buttons、Classes和Sounds三项命令。

★　Buttons：执行Buttons命令，可以打开

"外部库"面板。其中包含多个文件夹,打开其中一个文件夹,即可看到该文件夹中包含的多个按钮文件,单击选定其中的一个按钮,便可以在预览窗口中预览,如图8-39所示。

★ Classes:执行Classes命令,可以打开类"外部库"的一个面板。

> **提示**
>
> 通过与专用库的对比,可看出在上面的3个库中,左下角的库管理工具都处于不能使用的状态,这是因为它们是固化在 Flash CS6 中的内置库,对这种库不能进行改变和相应的管理。对库中所带的各个文件有了详细的了解后,再进行动画制作时就可以得心应手、游刃有余了。

★ Sounds:执行Sounds命令,可以打开"外部库"的声音面板,其中包含了很多的声音文件。选中一个声音文件,单击面

板上方的 ▶(播放)按钮,可以试听该声音文件;单击 ■(停止)按钮,则停止播放。

图8-39  选择Buttons命令打开的面板

# 8.2 实例应用

## 8.2.1  课堂实例1:绘制动态按钮

通过本课内容的学习,我们对Flash CS6软件中的元件、实例和"库"面板有了初步了解,下面以绘制动态按钮的案例加深对工具的认识。

**01** 运行Flash软件,新建一个空白文档,执行"插入"|"新建元件"命令或按快捷键Ctrl+F8,弹出"创建新元件"对话框,将"名称"命名为"按钮元件",将"类型"定义为"按钮",单击"确定"按钮,如图8-40所示。

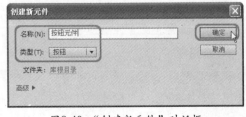

图8-40  "创建新元件"对话框

**02** 在工具箱中将"笔触颜色"设置为无,将"填充颜色"定义为渐变色,单击工作区右侧的 🎨 "颜色"按钮,在弹出的"颜色"面板中将颜色块设置从#FFFFFF到#FF00FF,如图8-41所示。

图8-41  设置渐变颜色

**03** 在"时间轴"面板中选择"弹起"下的关键

帧，选择工具箱中的 "椭圆工具" 在舞台中绘制正圆形，如图8-42所示。

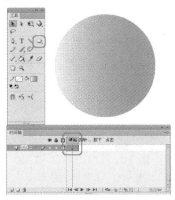

图8-42 绘制正圆形

**04** 选择工具箱中的 "渐变变形工具"，选择新绘制的图形，出现渐变变形控制框，将鼠标移到旋转标记 处，出现旋转箭头时，单击拖曳将渐变颜色旋转45°，如图8-43所示。

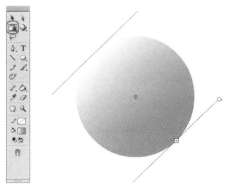

图8-43 调整渐变颜色

**05** 调整完渐变颜色后，按快捷键Ctrl+G将渐变图形组合，如图8-44所示。

**06** 确定组合后的图形处于选中状态，按快捷键Ctrl+D两次将图形进行复制，如图8-45所示。

图8-44 组合图形　　图8-45 两次复制图形

**07** 将复制的两个图形单击拖曳到一旁，选择上面的圆形，在 "变形" 面板中单击 "约束" 按钮，将 "缩放宽度" 设置为90%，如图8-46所示。

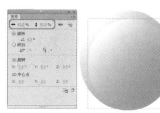

图8-46 缩放图形

**08** 在舞台中选中两个图形，打开 "对齐" 面板，单击 "水平中齐" 和 "垂直中齐" 按钮，将选中的对象居中对齐，如图8-47所示。

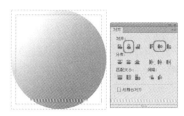

图8-47 居中对象

**09** 确定两个组合图形处于选中状态，按快捷键Ctrl+B将组合的图形分离，将分离后中间的图形删除，如图8-48所示。

图8-48 分离图形并删除中心的圆形

**10** 在舞台中选中圆环图形，选择工具箱中的 "渐变变形工具"，在新绘制的图形上出现渐变变形控制框，将鼠标移到旋转标记 处，出现旋转箭头时，单击拖曳将渐变颜色旋转180°，调整填充色的方向，如图8-49所示。

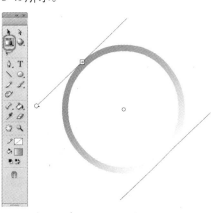

图8-49 调整填充色

**11** 调整完渐变颜色后按快捷键Ctrl+G,将图形组合,在"变形"面板中单击  "约束"按钮,将"缩放宽度"设置为90%,如图8-50所示。

图8-50 组合图形并缩放图形

**12** 按快捷键Ctrl+A选择舞台中的所有对象,打开"对齐"面板,勾选 ✔ "与舞台对齐"复选框,单击 🖳 "水平中齐"和 🇭 "垂直中齐"按钮,将选中的对象居中对齐,如图8-51所示。

图8-51 将图形居中

**13** 在"时间轴"面板中选择"指针经过"下的帧并右击,在弹出的快捷菜单中执行"插入关键帧"命令。

**14** 选择工具箱中的 🅣 "文本工具",在舞台中创建Enter文本,在"属性"面板中展开"字符"选项,将"字体"设置为"华文隶书",将"大小"设置为95点,将"颜色"设置为白色,如图8-52所示。

图8-52 创建文本

**15** 按快捷键Ctrl+A选择舞台中的所有对象,在"变形"面板中单击  "约束"按钮,将"缩放宽度"设置为110%,将选中的对象

放大,如图8-53所示。

图8-53 选择图形并放大图形

**16** 在"时间轴"面板中选择"按下"下的帧并右击,在弹出的快捷菜单中执行"插入关键帧"命令。

**17** 在舞台中选中文本,在"属性"面板中展开"滤镜"选项,单击左下角的 🔲 "添加滤镜"按钮,在弹出的菜单中选择"投影"选项,将"模糊X"值设置为10像素,将"强度"设置为90%,勾选"挖空"选项后的复选框,将"颜色"设置为#660000,为文本添加"投影"滤镜,如图8-54所示。

图8-54 添加"投影"属性

**18** 按快捷键Ctrl+A选择舞台中的所有对象,在"变形"面板中单击  "约束"按钮,将"缩放宽度"设置为95%,将选中的对象缩小,如图8-55所示。

图8-55 缩放图形

**19** 在"时间轴"面板中选中"点击"下的帧并右击,在弹出的快捷菜单中执行"插入关

"键帧"命令。

**20** 打开"属性"面板，展开"滤镜"选项，取消
"挖空"复选框选项的选择，如图8-56所示。

图8-56　取消"挖空"选项

**21** 单击 场景1 按钮切换到场景1中，在"库"
面板中，将"按钮元件"单击拖曳到舞台
中，如图8-57所示。

**22** 按快捷键Ctrl+Enter测试影片，如图8-58
所示。

**23** 至此，动态按钮制作完成了，将完成后的场
景文件存储。

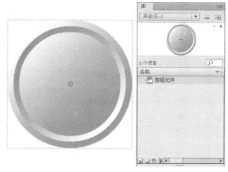

图8-57　将元件单击拖曳到场景1中

图8-58　测试影片

## 8.2.2　课堂实例2：为动态按钮添加背景

本节将对上节制作的动态按钮进行修改
并对其添加背景素材。

**01** 打开上节保存的场景文件继续操作。单击
"编辑元件"按钮，在弹出的菜单中选
择"按钮元件"选项，如图8-59所示。

图8-59　转换到按钮元件

**02** 在"时间轴"面板中将"指针经过"、"按
下"和"点击"中的关键帧删除，如图8-60
所示。

**03** 按快捷键Ctrl+A选择场景中的所有对象，在
"变形"面板中单击 "约束"按钮，将
"缩放宽度"设置为60%，将选中的对象缩
小，如图8-61所示。

图8-60　删除关键帧

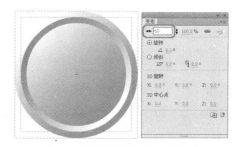

图8-61　选择所有图形进行缩放

**04** 在"时间轴"面板中选择"指针经过"下的
帧并右击，在弹出的快捷菜单中执行"插
入关键帧"命令。

**05** 在菜单栏中执行"文件"|"导入"|"导入
到库"命令。

**06** 在弹出的"导入到库"对话框中选择第8课

的"花.gif"素材，单击"打开"按钮。将选择的素材导入到"库"面板。

**07** 在"库"面板中将导入的素材单击拖曳到舞台中，确定素材处于选中状态，使用工具箱中的 ⬛ "任意变形工具"将其进行缩放，如图8-62所示。

图8-62　缩放图形

**08** 按快捷键Ctrl+A选择舞台中的所有对象，打开"对齐"面板，勾选 ☑ "与舞台对齐"复选框，单击 ⬛ "水平中齐"按钮，将选中的对象水平居中对齐，如图8-63所示。

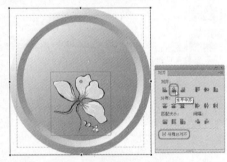

图8-63　将素材水平中齐

**09** 选择工具箱中的 **T** "文本工具"，在舞台中创建Flower文本，在"属性"面板中展开"字符"选项，将"字体"设置为"华文隶书"，将"大小"设置为38点，将"颜色"设置为白色，如图8-64所示。

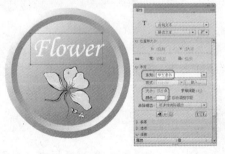

图8-64　创建文本

**10** 按快捷键Ctrl+A选择舞台中的所有对象，打开"对齐"面板，勾选 ☑ "与舞台对齐"复选框，单击 ⬛ "水平中齐"按钮，将选择的对象水平居中对齐，如图8-65所示。

图8-65　选择所有的图形将其水平中齐

**11** 在工具箱中将"填充颜色"定义为渐变色，单击工作区右侧的 ⬛ "颜色"按钮，在弹出的"颜色"面板中将渐变颜色设置为从透明度为0到100的渐变色，如图8-66所示。

图8-66　设置渐变颜色

**12** 选择工具箱中的 ⬛ "椭圆工具"，将"笔触颜色"设置为无，在舞台中绘制椭圆形，并使用 ⬛ "任意变形工具"调整椭圆的形状，如图8-67所示。

图8-67　绘制图形

**13** 确定新绘制的椭圆形处于选中状态，选择工具箱中的 ⬛ "渐变变形工具"，在新绘制的图形上出现渐变变形控制框，将鼠标移到旋转标记♀处，出现旋转箭头时，单击拖曳将渐变颜色旋转90°，调整填充色的方向，如图8-68所示。

图8-68 调整渐变色

14 按快捷键Ctrl+A选择场景中的所有对象，如图8-69所示。

图8-69 选择所有图形

15 在"变形"面板中单击 "约束"按钮，将"缩放宽度"设置为110%，将选中的对象放大，如图8-70所示。

图8-70 放大图形

16 在"时间轴"面板中选择"按下"的帧并右击，在弹出的快捷菜单中执行"插入关键帧"命令。

17 在舞台中选中文本，在"属性"面板中展开"滤镜"选项，单击左下角的 "添加滤镜"按钮，在弹出的菜单中选择"渐变发光"选项，将"模糊X"的值设置为6像素，将"强度"设置为90%，将"渐变颜色"设置为如图8-71所示的渐变颜色，为文本添加"渐变发光"滤镜。

图8-71 为文本添加"渐变发光"滤镜

18 按快捷键Ctrl+A选择场景中的所有对象，在"变形"面板中单击 "约束"按钮，将"缩放宽度"设置为95%，将选中的对象缩小，如图8-72所示。

图8-72 缩放图形

19 调整文本的阴影，在"属性"面板中展开"滤镜"选项，将"渐变发光"下的"模糊X"值设置为8像素，将"强度"设置为80%，如图8-73所示。

图8-73 设置模糊参数

20 在"时间轴"面板中单击 "新建图层"按钮，将其命名为"背景"，并将其调整至"图层1"的下方，如图8-74所示。

图8-74 创建背景图层并调整其位置

**21** 执行"文件"|"导入"|"导入到库"命令，在弹出的"导入到库"对话框中选择第8课的"背景.jpg"素材，单击"打开"按钮。将背景素材导入到"库"面板。

**22** 将"库"面板中的背景素材单击拖曳到舞台中，选择工具箱中的 "任意变形工具"调整素材的大小，如图8-75所示。

图8-75　调整背景素材的大小

**23** 确定素材处于选中状态，执行"修改"|"位图"|"转换位图为矢量图"命令，在弹出的对话框中使用默认参数，单击"确定"按钮，如图8-76所示。

图8-76　"转换位图为矢量图"对话框

**24** 将位图转换为矢量图后的效果，如图8-77所示。

**25** 单击 场景1 按钮切换到场景1中，在"库"

面板中，将"按钮元件"拖曳到舞台中，如图8-78所示。

图8-77　转换矢量图后的效果

图8-78　将按钮元件拖曳到场景1中

**26** 按快捷键Ctrl+Enter测试影片，如图8-79所示。

图8-79　测试影片

**27** 至此，修改动态按钮制作完成了，将完成后的场景文件存储。

# 8.3 课后练习

（1）元件被创建后，其类型并不是不可改变的，它可以在＿＿＿＿＿＿、＿＿＿＿＿＿和＿＿＿＿＿＿这3种元件之间互相转换，同时保持原有的特性不变。

（2）使用＿＿＿＿＿＿快捷键，可以打开创建新元件对话框。

（3）＿＿＿＿＿＿元件是一个4帧的影片剪辑。

（4）制作一个动态按钮元件。

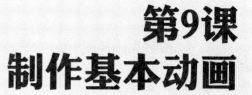

# 第9课
# 制作基本动画

　　本课主要通过制作简单的动画实例，介绍补间动画、补间形状动画、引导层动画和遮罩层动画的制作方法。

# 9.1 基础讲解

## 9.1.1 创建补间动画

创建传统补间（动作补间动画）的制作流程一般是：先在一个关键帧中定义实例的大小、颜色、位置、透明度等参数，然后创建出另一个关键帧并修改这些参数，最后创建补间，让Flash自动生成过渡状态。

### 1. 创建传统补间基础

所谓创建传统补间动画又叫做"中间帧动画"或"渐变动画"，只要建立起始和结束的画面，中间部分由软件自动生成，省去了中间动画制作的复杂过程，这正是Flash的迷人之处，补间动画是Flash中最常用的动画效果。

利用传统补间方式可以制作出多种类型的动画效果，如位移、缩放、旋转、逐渐消失等。只要能够熟练地掌握这些简单的动作补间效果，就能将它们相互组合制作出样式更加丰富、效果更加吸引人的复杂动画。

使用动作补间，必须要具备下面两个条件。

★ 起始关键帧与结束关键帧两者都必须具备。

★ 应用于动作补间的对象必须具有元件或群组的属性。

为时间轴设置了补间效果后，"属性"面板将有所变化，如图9-1所示。其中的部分选项及参数说明如下。

★ 缓动：应用于有速度变化的动画效果。当移动滑块在0值以上时，速度是由快变慢；当移动滑块在0值以下时，速度是由慢变快。

★ 旋转：设置物体的旋转效果，有自动、顺时针、逆时针和无4项。

★ 贴紧：使物体可以附着在引导线上。

★ 同步：调整元件动画的同步性。

★ 调整到路径：在路径动画效果中，物体能在引导线上移动。

★ 缩放：能够使所选动画大小变化。

### 2. 制作传统补间动画

下面以一个简单的动画介绍"创建传统补间"动画的制作。

**01** 首先，启动Flash CS6软件，在开始界面中单击"新建"选项下的ActionScript 3.0按钮。

**02** 创建一个新文件后，选择舞台右侧面板中的"属性"，将其大小设置为600像素×450像素，并按Enter键确认。

**03** 执行"文件"|"导入"|"导入到库"命令。在弹出的"导入到库"的对话框中选择"气球1.png"、"气球2.png"、"气球3.png"、"背景.jpg"素材文件。

**04** 单击"打开"按钮，将所选素材导入到右侧面板中的库里，如图9-2所示。

图9-1 "属性"面板

图9-2 "库"面板

**05** 在"库"面板中选择"背景.jpg"素材文件并单击拖曳到舞台中央，按快捷键Ctrl+X对素材进行裁剪，并按快捷键Ctrl+B使素材居中对齐，然后按快捷键Ctrl+V进行粘贴，完成后的画面，如图9-3所示。

图9-3 完成后的效果

**06** 选择"图层1"的第100帧，然后单击右键，在弹出的快捷菜单中执行"插入关键帧"命令，如图9-4所示。

图9-4 插入关键帧

**07** 选择"新建图层"按钮，新建图层2，并单击图层2中的第1帧，切换至"库"面板，选择"气球1.psd"并将其单击拖曳至舞台下方，如图9-5所示。

图9-5 新建图层

**08** 在"图层2"的100帧处单击右键，在弹出的快捷菜单中执行"插入关键帧"命令，并将气球拖至如图9-6所示的位置。

图9-6 移动对象

**09** 在"图层2"中选择第65帧，然后单击右键，在弹出的快捷菜单中执行"创建传统补间"命令。

**10** 再次选择 "新建图层"按钮，创建"图层3"，然后将"库"面板中的"气球2.psd"拖至第一个气球的旁边，如图9-7所示。

图9-7 加入第二个气球

**11** 在"图层3"中的第80帧处单击右键，在弹出的快捷菜单中执行"插入关键帧"命令，并将气球移动到上方，如图9-8所示。

图9-8 插入关键帧

**12** 在"图层3"中的1～80帧中任意选中一帧，单击右键，在弹出的快捷菜单中执行"创建传统补间"命令。

**13** 单击 "新建图层"按钮，将"气球3.psd"拖至舞台，并在"图层4"第60帧单击右键，在弹出的快捷菜单中执行"插入关键帧"命令。

**14** 在"图层4"第60帧处将"气球3"拖至背景图片上方，并选择一帧，单击右键，在弹出的快捷菜单中执行"创建传统补间"命令，如图9-9所示。

图9-9 创建补间

**15** 完成Flash制作过程，执行"文件"|"另存为"命令，在弹出"另存为"对话框中为其指定一个正确的存储路径，并为其文档命名。单击"保存"按钮即可。

**16** 执行"文件"|"导出影片"命令，在弹出的"导出影片"命令对话框中为其指定一个正确的存储路径，并为其影片命名，单击保存按钮即可将其影片导出。

## ▌9.1.2 创建补间形状动画

通过形状补间可以将一个图形变成另一个图形。形状补间与动作补间的不同在于形状补间不能应用到实际物体上，而必须是散乱的形状图形之间才能产生形状补间。所谓形状图形，实际是由无数个小点堆积从而组成的，而并非是一个整体。选中该对象时外部没有一个蓝色边框，而是会显示成掺杂白色小点的图形。

### 1. 补间形状动画基础

如果想取得一些特殊的效果，需要在"属性"面板中进行相应的设置。当将某一帧设置为形状补间后，"属性"面板如图9-10所示。其中的部分选项及参数说明如下。

图9-10　属性面板

★ 缓动：输入一个-100～100的值，或者通过右边的滑块来调整。如果要慢慢地开始补间形状动画，并朝着动画的结束方向加速补间过程，可以向下拖曳滑块或输入一个-1～-100的值。如果要快速开始补间形状动画，并朝着动画的结束方向减速补间过程，可以向上拖曳滑块或输入一个1～100的值。默认情况下，补间帧之间的变化速率是不变的，通过调节

此项可以调整变化速率，从而创建更加自然的变形效果。

★ 混合："分布式"选项创建的动画，形状比较平滑和不规则。"角形"选项创建的动画，形状会保留明显的角和直线。"角形"只适合于具有锐化转角和直线的混合形状。如果选中的形状没有角，Flash会还原到分布式补间形状。

要控制更加复杂的动画，可以使用变形提示。变形提示可以标识起始形状和结束形状中相对应的点。变形提示点用字母表示，这样可以方便地确定起始形状和结束形状，每次最多可以设定26个变形提示点。

> **技 巧**
>
> 变形提示点在开始的关键帧中是黄色的，在结束关键帧中是绿色的，如果不在曲线上则是红色的。

在创建形状补间时，如果完全由Flash自动完成创建动画的过程，那么很可能创建出的渐变效果是不能令人满意的。因此如果要控制更加复杂或罕见的形状变化，可以使用Flash 提供的形状提示功能。形状提示会标识起始形状和结束形状中的相对应点。

例如，如果要制作一张动画，其过程是三叶草的三片叶子渐变为3棵三叶草。而Flash自动完成的动画是表达不出这一效果的。此时即可使用形状渐变，使三叶草三片叶子上对应的点分别变成三棵草对应的点。

形状提示是用字母（从a～z）标志起始形状和结束形状中相对应的点，因此一个形状渐变动画中最多可以使用26个形状提示。在创建完形状补间动画后，执行"修改"|"形状"|"添加形状提示"命令，为动画添加形状提示。

### 2. 制作补间形状动画

下面介绍如何使用"创建补间形状"制作补间形状动画，完成后的补间形状动画效果，如图9-11所示。

图9-11 补间形状动画

**01** 启动Flash CS6软件，新建ActionScript 3.0，其默认的舞台大小是550像素×400像素，在"属性"面板中将舞台颜色值设置为#FF6699，如图9-12所示。

图9-12 设置舞台颜色

**02** 在工具箱中选择 "矩形工具"，在"属性"面板中的"填充和笔触"卷展栏下，设置笔触颜色为白色，填充颜色为黄色，如图9-13所示。

**03** 设置笔触完成后，在舞台中单击拖曳，在舞台中出现一个黄色的矩形。

**04** 在工具箱中选择 "套索工具"，在黄色矩形内进行框选，并将其移动至矩形下方，如图9-14所示。

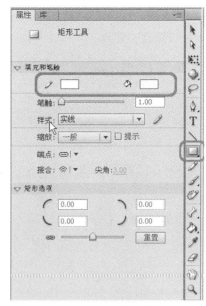

图9-13 设置填充颜色

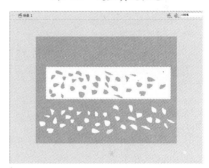

图9-14 框选图案

**05** 在"时间轴"下选择"图层1"，选定第25帧并单击右键，在弹出的快捷菜单中执行"插入空白关键帧"命令，如图9-15所示。

图9-15 执行"插入空白关键帧"命令

**06** 将所选的黄色矩形删除，并在工具箱中选择 Ｔ "文本工具"，在舞台中输入文本"地"，单击工具箱中的 "选择工具"，在舞台中选择文本"地"，按快捷键Ctrl+B将文本分离成图形，并在舞台中调整文字的位置，如图9-16所示。

图9-16　插入文本

**07** 在"时间轴"面板中，选择"图层1"中的第1帧，并单击右键，在弹出的快捷菜单中执行"创建补间形状"命令。

**08** 在"时间轴"面板中。选择"图层1"中的第1帧，单击右键，并在弹出的快捷菜单中执行"复制帧"命令，单击 "新建图层"按钮，新建"图层2"，并在第25帧处单击右键，在弹出的快捷菜单中执行"插入空白关键帧"命令，并在舞台单击右键，在弹出的快捷菜单中执行"粘贴"命令，恰当地调整图像的位置，如图9-17所示。

图9-17　粘贴图像

**09** 在"时间轴"面板中，选择"图层2"中的第50帧，单击右键，并在弹出的快捷菜单中执行"插入空白关键帧"命令。在舞台中创建文本"中"，并连按快捷键Ctrl+B将文本分离成图形，如图9-18所示。

**10** 在"时间轴"面板中，单击 "新建图层"按钮，创建"图层3"图层。选择"图层

3"的第50帧，单击右键，并在弹出的快捷菜单中执行"插入空白关键帧"命令。

图9-18　创建文本

**11** 在"图层1"中的第1帧处单击右键，在弹出的快捷菜单中执行"复制帧"命令，在"图层3"的第50帧处单击右键，并在弹出的快捷菜单中执行"粘贴帧"命令，最后调整图像的位置。在第75帧处右击，执行"插入空白关键帧"命令，并在第75帧处在舞台中插入文本"海"。完成后的"时间轴"面板效果，如图9-19所示。

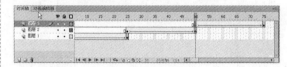

图9-19　补间形状动画

**12** 分别在"图层1"、"图层2"与"图层3"的第90帧处右击，执行"插入帧"命令，如图9-20所示。

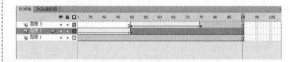

图9-20　插入帧

**13** 按快捷键Ctrl+Enter测试动画画面，如图9-21所示。

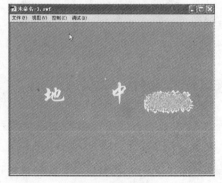

图9-21　测试动画

**14** 保存舞台并将动画导出。

### 9.1.3 制作逐帧动画

逐帧动画和传统的动画片类型相同，全部由关键帧组成，可以一帧一帧地绘制，也可以导入外部动画文件，如图9-22所示。

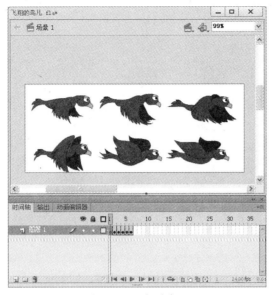

图9-22 飞翔的鸟儿

# 9.2 实例应用

### 9.2.1 课堂实例1：创建传统补间动画1

01 启动Flash CS6，在Flash界面中选定"新建"下的ActionScript 3.0选项。

02 创建一个新的fla文件，选择舞台右侧面板中的"属性"，将其大小设置为600像素×450像素，并按Enter键确认。

03 执行"文件"|"导入"|"导入到库"命令，在弹出的"导入到库"对话框中选择"蝴蝶.gif"、"薰衣草.jpg"素材文件，单击"打开"按钮，即可将素材文件导入到库。

04 单击拖曳将"薰衣草.jpg"从库面板拖至舞台，并在属性面板设置图片大小为600像素×450像素，按快捷键Ctrl+X对素材进行裁剪，并按快捷键Ctrl+B使素材居中对齐，然后按快捷键Ctrl+V进行粘贴，调整后的效果如图9-23所示。

05 在"图层1"第170帧处，单击右键，在弹出

的快捷菜中执行"插入帧"命令。

图9-23 调整后的效果

06 在"时间轴"选项卡中，单击 "新建图层"按钮，在"图层2"第1帧处将"元件2"文件拖至舞台。取消高宽之间的锁定，调整素材大小为100像素×70.1像素，并将素材调整到恰当位置，如图9-24所示。

图9-24 设置"元件2"

**07** 在"图层2"中,在第40帧处右击,在弹出的快捷菜单中执行"插入关键帧"命令,然后在第40帧处将"元件2"移动至图中所示的位置,如图9-25所示。

图9-25 插入关键帧

**08** 在"图层2"中,在1~40帧任意帧处右击,在弹出的快捷菜单中执行"创建传统补间"命令,如图9-26所示。

图9-26 执行"创建传统补间"命令

**09** 在"图层2"中,在第60帧处右击,在弹出

的快捷菜单中执行"插入关键帧"命令,使用同样的方法在第100帧处插入关键帧。在第100帧处将"元件2"移动至图中所示的位置,如图9-27所示。

图9-27 插入关键帧

**10** 在"图层2"中,在第60~100帧任意帧处右击,在弹出的快捷菜单栏中执行"创建传统补间"命令。

**11** 在"图层2"中,分别在第115帧和第140帧处右击,在弹出的快捷菜单中执行"插入关键帧",并在第140帧处将"元件2"移动至图中所示的位置,如图9-28所示。

图9-28 插入关键帧

**12** 在"图层2"中,在第115~140帧中任意一帧处右击,在弹出的快捷菜单栏中执行"创建传统补间"。

**13** 在"图层2"中,分别在第150帧和第170帧处右击,在弹出的快捷菜单中执行"插入关键帧",并在第170帧处将"元件2"移动至图中所示的位置,如图9-29所示。

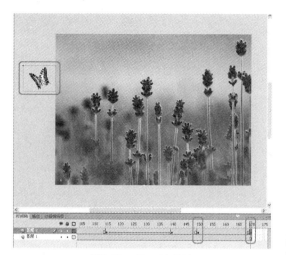

图9-29　插入关键帧

**14** 在"图层2"中，在第150～170帧中任意一帧处右击，在弹出的快捷菜单栏中执行"创建传统补间"。

**15** 按快捷键Ctrl+Enter测试动画，如图9-30所示。

图9-30　测试动画

**16** 保存舞台并将动画导出。

## 9.2.2　课堂实例2：创建传统补间动画2

**01** 启用Flash CS6软件，在Flash界面中单击"新建"选项下的ActionScript 3.0按钮。

**02** 创建一个新文件后，选择舞台右侧面板中的"属性"，将其大小设置为400像素×500像素，并按Enter键确认。

**03** 执行"文件"|"导入"|"导入到库"命令。在弹出的"导入到库"的对话框中选择"脸1"、"脸2"素材文件，单击"打开"按钮。选中的素材文件即可导入到"库"面板中。

**04** 在工具箱中，选择"线条工具" \ ，将"笔触宽度"设置为2，在图中绘制两条线，如图9-31所示。

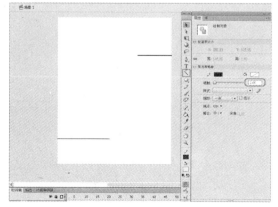

图9-31　设置笔触

**05** 在"时间轴"层下，单击"图层1"中的第60帧，按F6键插入关键帧，如图9-32所示。

图9-32　插入关键帧

**06** 在"时间轴"层下，单击 "新建图层"按钮，创建图层2，如图9-33所示。

图9-33　创建"图层2"

**07** 在"时间轴"层下，单击"图层2"的第1个关键帧，选择"脸1"文件，将其拖至舞台中，然后打开"属性"面板，将"高"、"宽"均设置为60，如图9-34所示。

**08** 设置完成后，调整文件在舞台中的位置，如图9-35所示。

**09** 在"时间轴"层下的"图层2"中，在第15帧处，按F6键插入关键帧，将"脸1"对象移动至图中所示的位置，如图9-36所示。

图9-34 "属性"面板

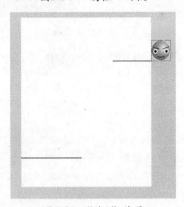

图9-35 "脸1"效果

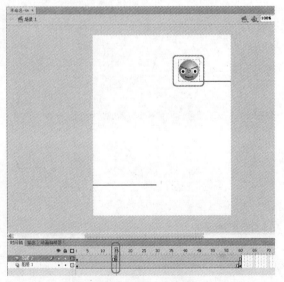

图9-36 插入关键帧

**10** 在"时间轴"层下的"图层2"中，在第1～15帧中右击，执行"创建传统补间"命令。

**11** 创建传统补间之后，单击第2～14帧中的任意一帧，然后回到属性栏，在"补间"卷展栏下，单击"旋转"选项右侧的 ▼ 按

钮，选择下拉列表中的"逆时针"选项，如图9-37所示。

图9-37 属性面板

**12** 在"时间轴"层下的"图层2"中的第16帧，按F6键插入关键帧，如图9-38所示。

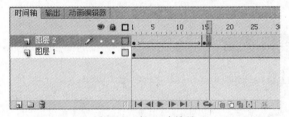

图9-38 插入关键帧

**13** 在"时间轴"层下，单击"图层2"中的第16关键帧。打开"库"面板，选择"脸2"文件，将其拖至舞台中，然后打开"属性"面板，将"高"和"宽"分别设置为60像素和60.3像素。

**14** 设置完成后调整图片在舞台中的位置，使其与"脸1"的位置重合，如图9-39所示。

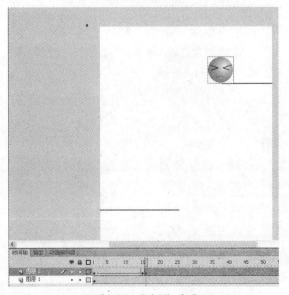

图9-39 "脸1"效果

**15** 在"时间轴"层下，单击"图层2"中的第35帧，按F6键插入关键帧，然后调整图片在舞台中的位置，将其移动至图中所示的位置，如图9-40所示。

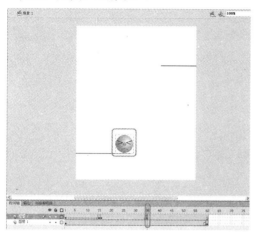

图9-40　"脸2"效果

**16** 在"时间轴"下的"图层2"中，在第16～35帧中右击，选择"创建传统补间"选项。

**17** 创建传统补间之后，单击第17～34帧中的任意一帧，回到"属性"任务栏，在"补间"卷展栏下，单击"旋转"选项右侧的 ▼ 按钮，选择下拉列表中的"逆时针"选项，并将数值设置为2，如图9-41所示。

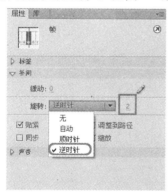

图9-41　"属性"任务栏

**18** 在"时间轴"层下，单击"图层2"中的第55帧，按F6键插入关键帧，然后调整图片在舞台中的位置，将其移动至图中所示的位置，如图9-42所示。

**19** 设置完成后，单击第35～55帧中的任意一帧处右击，选择"创建传统补间"选项。

**20** 创建传统补间之后，单击第36～54帧中的任意一帧处，然后回到"属性"任务栏中，在

"补间"卷展栏下，单击"旋转"选项右侧的 ▼ 按钮，选择下拉列表中的"逆时针"选项，并将数值设置为2，如图9-43所示。

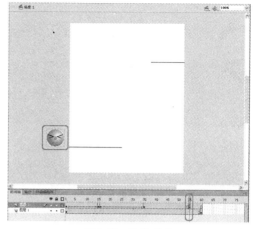

图9-42　调整对象

图9-43　"属性"面板

**21** 按快捷键Ctrl+Enter进行影片测试，效果如图9-44所示。

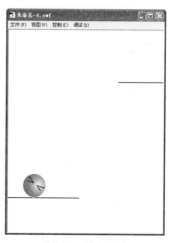

图9-44　动画预览

**22** 制作完成后，执行"文件"|"保存"命令。

23 在弹出的"另存为"对话框中设置存储路径和文件名，单击"保存"按钮。

24 保存场景后，导出动画，执行"文件"|"导出"|"导出影片"命令，在弹出的对话框中，设置存储路径和文件名，单击"保存"按钮。

# 9.3 课后练习

（1）创建补间动画的概念是什么？

（2）创建传动补间动画的特点是什么？

（3）利用所学知识，制作一个简单的形状补间动画。

# 第10课
# 制作引导动画和遮罩动画

在现实生活中，直线运动或原地运动的动画已经满足不了人们视觉的需求，大部分的物体还是具有一定的轨迹，无论物体运动的路线有多么复杂，只要能够描绘其物体的运动轨迹，在Flash中都可以使物体精确地沿着该轨迹进行移动。本课主要通过制作简单的动画实例，介绍引导层动画和遮罩层动画的制作方法。

# 10.1 基础讲解

## 10.1.1 引导层动画

使用运动引导层可以创建特定路径的补间动画效果，实例、组或文本块均可沿着这些路径运动。在影片中也可以将多个图层链接到一个运动引导层，从而使多个对象沿同一条路径运动，链接到运动引导层的常规层就成为引导层。

### 1. 引导层动画基础

引导层是不显示的，主要起到是辅助图层的作用，它可以分为普通引导层和运动引导层两种，下面将介绍这普通引导层和运动引导层的功用。

（1）普通引导层

普通引导层以图标 ✎ 表示，起到辅助静态对象定位的作用，它无须使用被引导层，可以单独使用。创建普通引导层的操作步骤很简单，只须选中要作为引导层的图层，右击并在弹出的快捷菜单中执行"引导层"命令即可，如图10-1所示。

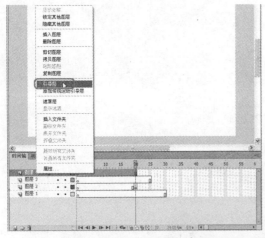

图10-1 执行"引导层"命令

若想要将普通引导层更改为普通图层，只需要再次在引导图层上单击右键，从弹出的快捷菜单中执行"引导层"命令即可。引导层有着与普通图层相似的图层属性，因此，可以在普通引导层上进行图层锁定、隐藏等操作。

（2）运动引导层

在Flash中建立直线运动即方便又简单，但建立曲线运动或沿一条特定路径运动的动画却不能直接完成，从而需要运动引导层的帮助。在引导层起到引导的作用之前，首先应将被引导的图层添加到引导图层的下方，其操作步骤很简单，首先选中需要被引导的图层，然后将其拖到普通引导层的下方，如图10-2所示。待引导层的下方出现一条黑色的线后释放鼠标即可将选中的层添加到引导层的下方。

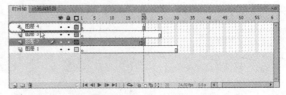

图10-2 拖动被引导层

创建运动引导层的过程也很简单，选中被引导层，单击 ⌒ "添加运动引导层"按钮或右击并在弹出的菜单中执行"添加传统运动引导层"命令即可。

运动引导层的默认命名规则为"引导层：被引导图层名"。建立运动引导层的同时也建立了两者之间的关联，从如图10-3所示中"图层2"的标签向内缩进可以看出两者之间的关系，具有缩进的图层为被引导层，上方无缩进的图层为运动引导层。如果在运动引导层上绘制一条路径，任何同该层建立关联层上的过渡元件都将沿这条路径运动。以后可以将任意个的标准图层关联到运动引导层，这样，所有被关联的图层上的过渡元件都共享同一条运动路径。要使更多的图层同运动引导层建立关联，只需将其拖曳到引导层下即可。设置引导层以后和引导路径以后，与之相连的下一层里面的物件就会按照引导层里面的引导路径来运动。

图10-3　引导层与被引导层

在运动引导层的名称旁边有一个 图标，表示当前图层的状态是运动引导，运动引导层总是与至少一个图层相关联（如果需要，它可以与任意多个图层相关联，也就是说一个引导层可以引导多个普通图层），这些被关联的图层被称为"被引导层"。将层与运动引导层关联起来可以使被引导图层上的任意对象沿着运动引导层上的路径运动。创建运动引导层时，已被选中的层都会自动与该运动引导层建立关联。也可以在创建运动引导层之后，将其他任意个标准层与运动层相关联或取消它们之间的关联。任何被引导层的名称栏都将被嵌在运动引导层的名称栏下面，表明一种层次关系。

**提示**

在默认情况下，任何一个新生成的运动引导层都会自动放置在用来创建该运动引导层的普通层上面。用户可以像操作标准图层一样重新安排它的位置，不过所有同它连接的层都将随之移动，以保持它们之间的引导与被引导关系。

引导层就是起到引导作用的图层，分别为普通引导层和运动引导层两种，普通引导层在绘制图形时起到辅助作用，用于帮助对象定位；运动引导层中绘制的图形均被视为路径，使其他图层中的对象可以按照特定的路径运动。

### 2. 制作引导层动画

本例主要介绍引导层动画的制作过程，完成后的效果如图10-4所示。

图10-4　动画效果

**01** 启用Flash CS6软件，在打开的界面中单击"新建"选项下的ActionScript 3.0按钮。

**02** 创建一个新的fla文件，在舞台右侧的属性"属性"面板中将其大小设置为800像素×478像素，按Enter键确认。

**03** 执行"文件"｜"导入"｜"导入到库"命令。

**04** 在弹出的"导入到库"对话框中选择第10课的"光.png"、"背景.jpg"素材文件。

**05** 单击"打开"按钮，即可将选中的素材文件导入到"库"面板中，如图10-5所示。

图10-5　"库"面板

**06** 在"库"面板中选择"背景.jpg"素材文件并将其拖至舞台中，切换至"属性"面板，在"位置和大小"选项组中设置其X、Y值为0.0，完成后的效果，如图10-6所示。

图10-6　完成后的效果

**07** 选择"图层1"，在第120帧处插入关键帧，如图10-7所示。

图10-7 插入关键帧

**08** 单击 🔲 "新建图层"按钮,新建一个
"图层2",在第1帧处单击,在库中选择
"光.phg"素材文件,并将其拖至如图10-8
所示的位置处。

图10-8 拖曳素材文件

**09** 在"图层2"第120帧处插入关键帧,并在舞
台中将素材文件拖至如图10-9所示的位置。

图10-9 插入关键帧

**10** 在"图层2"的第1~120帧中单击右键,在
弹出的快捷菜单中执行"创建传统补间"命
令,如图10-10所示。即可创建补间动画。

图10-10 执行"创建传统补间"命令

**11** 在"时间轴"面板中右击"图层2",在弹
出的快捷菜单中执行"添加传统运动引导
层"命令,如图10-11所示。

图10-11 执行"添加传统运动引导层"命令

**12** 选择"引导层"的第1帧,在场景中使用"铅
笔工具"绘制出路径,如图10-12所示。

图10-12 绘制路径

**13** 选择"图层2"第120帧处,将素材文件移动
到刚刚绘制的路径终点处,使其中心点与
线的终点对齐,如图10-13所示。

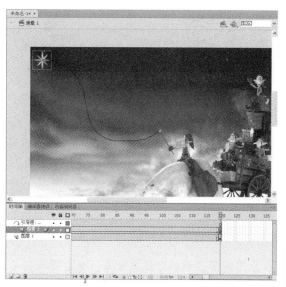

图10-13　移动图片到路径的终点

14　选择"引导层"，在第120帧处插入关键帧，选择"图层2"的第1帧，在"属性"面板中设置"旋转"为"顺时针"，"旋转"为2，如图10-14所示。

图10-14　添加旋转效果

15　在场景中选择"光.png"素材文件，在"属性"面板中设置其大小为20、20，在"色彩效果"选项组中设置Alpha值为50，如图10-15所示。

16　选择"图层2"第120帧，在场景中选择"光.png"素材文件，在"属性"面板中设置其大小为50、50，在"色彩效果"选项组

中设置Alpha值为100，如图10-16所示。

图10-15　设置素材属性

图10-16　设置素材属性

17　导出影片。执行"文件"|"导出"|"导出影片"命令。

18　弹出"导出影片"对话框，选择存储路径后设置文件名。单击"保存"按钮即可将动画效果导出。

## 10.1.2　遮罩动画

遮罩动画就是将某个图层作为遮罩，遮罩层的下一层是被遮罩层，而只有遮罩层上填充色块下面的内容可以看见，色块本身是看不见的。遮罩层动画是Flash动画中很重要的动画类型，

很多效果丰富的动画都是通过在图层中添加遮罩而实现的。

Flash中的遮罩是与遮罩层紧密联系在一起的。在遮罩层中的任何填充区域都是完全透明的；而任何非填充区域都是不透明的。也就是说，遮罩层中如果什么也没有，被遮层中的所有内容都不会显示出来；如果遮罩层全部填满，被遮层的所有内容都能够显示出来；如果只有部分区域有内容，那么只有在有内容的部分才会显示被遮层的内容。

遮罩层中的内容可以是包括图形、文字、实例、影片剪辑在内的各种对象，但是Flash会忽略遮罩层中内容的具体细节，只与它们占据的位置有关联。每个遮罩层可以有多个被遮盖层，这样可以将多个图层组织在一个遮罩层之下创建非常复杂的遮盖效果。

遮罩动画主要分为两大类：遮罩层运动、被遮对象运动。

### 1．遮罩层动画基础

创建遮罩层，可以将遮罩放在作用的层上。与填充不同的是，遮罩就像个窗口，透过它可以看到位于它下面链接层的区域内容。除了显示的内容之外，其余的所有内容都会被遮罩隐藏起来。

就像运动引导层一样，遮罩层起初与一个单独的被遮罩层关联，被遮罩层位于遮罩层的下面。遮罩层也可以与任意多个被遮罩的图层关联，仅那些与遮罩层相关联的图层会受其影响，其他所有图层（包括组成遮罩的图层下面的那些图层，以及与遮罩层相关联的层）将显示出来。

创建遮罩层的具体操作步骤如下。

01 首先创建一个普通层"图层1"，并在此层绘制出可透过遮罩层显示的图形与文本。

02 新建一个图层"图层2"，将该图层移动到"图层1"的上面。

03 在"图层2"上创建一个填充区域和文本。

04 在该层上单击右键，从弹出的快捷菜单中执行"遮罩层"命令，这样就将"图层2"设置为遮罩层，而其下面的"图层1"就变成了被遮罩层，此时的时间轴，如图10-17所示。

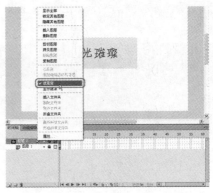

图10-17　执行"遮罩层"命令

**提示**

在应用遮罩效果的时候要注意一个遮罩只能包含一个遮罩项目；按钮内部不能出现遮罩，遮罩不能应用于另外一个遮罩之中。

### 2．制作遮罩层动画

本例将介绍遮罩层动画的制作，完成后的效果如图10-18所示。

图10-18　动画效果

01 启动Flash CS6，在打开的界面中执行"新建"选项下的ActionScript 3.0按钮，单击"确定"按钮，创建一个空白页面，并在"属性"面板中设置舞台大小为500像素×375像素，如图10-19所示。

图10-19　设置舞台属性

**02** 执行"文件"|"导入"|"导入到舞台"命令。

**03** 在弹出的"导入"对话框中选择第10课的"星光图片.jpg"素材文件。

**04** 单击"打开"按钮,切换至"属性"面板,在"位置和大小"选项组中设置其X、Y值为0.0,完成后的效果,如图10-20所示。

图10-20 完成后的效果

**05** 在"图层1"第60帧单击右键,在弹出的快捷菜单中执行"插入关键帧"命令,如图10-21所示。

图10-21 执行"插入关键帧"命令

**06** 在"时间轴"面板中单击"新建图层"按钮,新建一个图层,如图10-22所示。

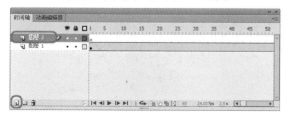

图10-22 新建图层

**07** 在"图层2"第1帧处单击,在工具箱中选择"文本工具"工具,切换至"属性"面板,在"字符"选项组中设置"系列"为

"汉仪丫丫体简","大小"设置为60点,在舞台中单击,并在文本框中输入"星光璀璨"文本,如图10-23所示。

图10-23 输入文字

**08** 按快捷键Ctrl+B两次,将舞台中的字体打散,完成后的效果如图10-24所示。

图10-24 打散文字

**09** 在"时间轴"面板中单击 "新建图层"按钮,即可在"图层2"上新建一个"图层3"。

**10** 在"图层3"第1帧处单击,在工具箱中选择 "矩形工具"工具,在舞台中单击拖曳至合适位置后释放鼠标,即可绘制一个矩形选区,如图10-25所示。

图10-25 创建矩形

11 在工具箱中选择 "选择工具"，在舞台中选择矩形，在"属性"面板中单击 "颜色填充"按钮，在弹出的颜色选择框中选择如图10-26所示的颜色。

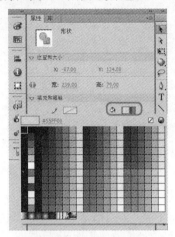

图10-26 设置矩形颜色

12 当矩形处于被选中的状态下，将矩形拖到舞台的中央位置，如图10-27所示。

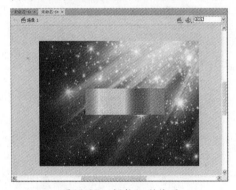

图10-27 调整矩形位置

13 在"时间轴"面板中选择"图层3"，并将其拖至"图层2"的下方。

14 在"时间轴"面板中单击"图层2"的第1帧，在舞台中选择文字并将其拖至如图10-28所示的位置。

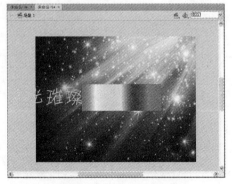

图10-28 调整文字位置

15 在"时间轴"面板中选择"图层2"的第60帧插入关键帧，在舞台中选择文字并将其拖至如图10-29所示的位置。

图10-29 调整文字位置

16 将文字调整好位置后，在"时间轴"的"图层2"第1帧和第60帧处单击右键，在弹出的快捷菜单中执行"创建传统补间"命令，如图10-30所示。

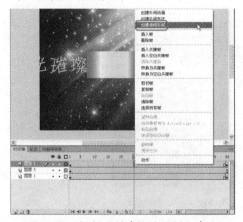

图10-30 执行"创建传统补间"命令

17 在"时间轴"面板中选择"图层2"，单击右键，在弹出的快捷菜单中执行"遮罩层"命令，如图10-31所示。

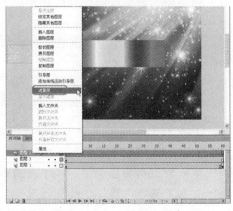

图10-31 执行"遮罩层"命令

**18** 执行"文件"|"导出"|"导出影片"命令。

**19** 弹出"导出影片"对话框，选择存储路径后设置文件名。单击"保存"按钮即可将动画效果导出。

# 10.2 实例应用

## 10.2.1 课堂实例1：行驶的车引导层动画

通过以上基础的讲解，我们对制作简单的引导层动画有了初步的了解，接下来通过制作"行驶的车"来加强对动画的印象。

**01** 启动Flash CS6，在打开的"新建文档"对话框中单击"新建"选项下的ActionScript 3.0按钮，单击"确定"按钮，即可创建一个空白文档。

**02** 切换至"属性"面板，在"属性"选项组中设置舞台的大小为500像素×774像素。

**03** 执行"文件"|"导入"|"导入到库"命令。

**04** 在弹出的"导入到库"对话框中选择第10课的"车.PNG"、"卡通背景.PNG"、"小车1.PNG"、"小车2.PNG"、"小车3.PNG"素材文件。

**05** 单击"打开"按钮，即可将选中的素材文件导入到"库"面板中，如图10-32所示。

图10-32 "库"面板

**06** 在"库"面板中选择"卡通背景.png"素材文件，并将其拖至舞台中央，切换至"属性"面板，在"位置和大小"选项组中

设置其X、Y值为0.0，完成后的效果如图10-33所示。

图10-33 完成后的效果

**07** 选中"图层1"，在"时间轴"第300帧处插入关键帧，如图10-34所示。

图10-34 插入关键帧

**08** 在"时间轴"面板中单击 "新建图层"按钮，并在"图层2"第1帧处单击，如图10-35所示。

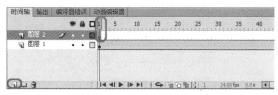

图10-35 新建图层

**09** 在"库"面板中选择"小车1.png"素材文件，将其拖至开始位置，按F8键，在弹出的"转换为元件"对话框中设置其"名称"为"车元件1"，如图10-36所示。

图10-36 "转换为元件"对话框

**10** 切换至"属性"面板,在"位置和大小"选项组中单击 $\boxed{}$ "将宽度值好高度值锁定在一起"按钮,将其大小设置为40像素×40像素,并在舞台中调整"车元件1"素材文件的位置,如图10-37所示。

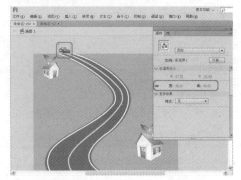

图10-37 设置元件大小

**11** 在"图层2"第200帧处插入关键帧,并将"车元件1"移动至如图10-38所示的位置处。

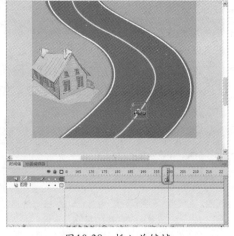

图10-38 插入关键帧

**12** 在"图层2"第1~200帧处单击右键,在弹出的快捷菜单中执行"创建传统补间"命令,如图10-39所示。

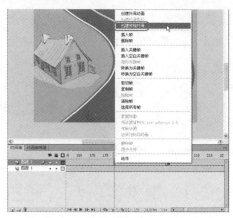

图10-39 执行"创建传统补间"命令

**13** 在"时间轴"面板中选择"图层2",单击右键,在弹出的快捷菜单中执行"添加传统运动引导层"命令,如图10-40所示。

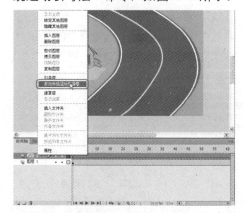

图10-40 执行"添加传统运动引导层"命令

**14** 在"引导层"第1帧处单击,在工具箱中选择 $\boxed{}$ "钢笔工具",在舞台中绘制如图10-41所示的路径。

图10-41 绘制路径

**15** 在工具箱中选择 $\boxed{}$ "选择工具"工具,在"图层2"第200帧处单击,在舞台中选择"车元件1"素材文件,并将其调整至如图10-42所示的位置。

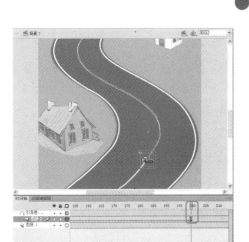

图10-42　调整素材文件的位置

**16** 至此，最基本的动画就已经完成了，执行"插入"|"新建元件"命令，或按快捷键Cul+F8，如图10-43所示。

图10-43　执行"新建元件"命令

**17** 打开"创建新元件"对话框，在"名称"右侧的文本框中输入"震动"文本，将"类型"设置为"影片剪辑"。

**18** 单击"确定"按钮，即可新建一个影片剪辑文档，在"库"面板中选择"车.png"素材文件，并将其拖至舞台中央，如图10-44所示。

图10-44　在舞台中添加素材文件

**19** 在"属性"面板中将其"宽"、"高"设置为150像素×115.2像素，然后按快捷键Ctrl+X对场景中的素材文件进行剪切，按快捷键Ctrl+B居中对齐，按快捷键Ctrl+V粘贴，完成后的效果如图10-45所示。

图10-45　完成后的效果

**20** 确定舞台中的素材文件处于被选中的状态下，按F8键，在弹出的"转换为元件"对话框中设置"类型"为图形。

**21** 单击"确定"按钮在"图层1"的第60帧处单击右键，在弹出的快捷菜单中执行"插入关键帧"命令，如图10-46所示。

图10-46　执行"插入关键帧"命令

**22** 在"图层1"第5帧处插入关键帧，在舞台中选择素材文件，将素材文件向上移动5像素，如图10-47所示。

图10-47　移动素材文件

**23** 在第11帧处插入关键帧，并将舞台中的素材文件向下移动5像素，如图10-48所示。

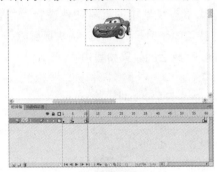

图10-48 调整素材位置

**24** 使用同样的方法，分别在第18帧、第26帧、第40帧处插入关键帧，并调整素材的位置，完成后的"时间轴"效果，如图10-49所示。

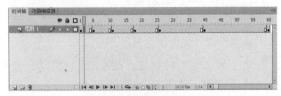

图10-49 完成后的效果

**25** 在第1～5帧中间单击右键，在弹出的快捷菜单中执行"创建传统补间"命令。

**26** 使用同样的方法分别在其他关键帧之间插入补间动画，完成后的效果，如图10-50所示。

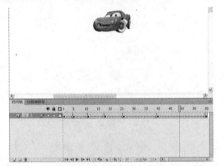

图10-50 完成后的效果

**27** 在舞台中单击"场景1"按钮，即可回到场景1的舞台中，在"图层2"第55帧处单击右键，在弹出的快捷菜单中执行"插入空白关键帧"命令。

**28** 在"库"面板中选择"小车2.png"素材文件，将其拖至"小车1.png"的位置，如图10-51所示。

**29** 在舞台中单击"小车2.png"素材文件，在"属性"面板中的"位置和大小"选项组中

设置"宽"、"高"值为40像素×40像素。

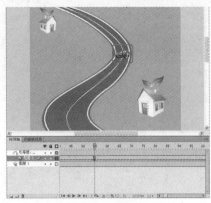

图10-51 添加素材文件

**30** 在"图层2"第110帧处单击右键，在弹出的快捷菜单中执行"插入空白关键帧"命令。

**31** 在"库"面板中选择"小车3.png"素材文件，将其拖至"小车2.png"位置处，如图10-52所示。

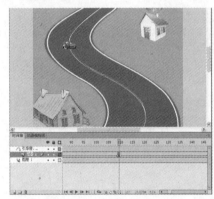

图10-52 添加素材文件

**32** 确定舞台中的"小车3.png"处于选中的状态下，切换至"属性"面板，在"位置和大小"选项组中设置"宽"、"高"值为60像素×45.6像素，如图10-53所示。

图10-53 设置素材属性

**33** 在第164帧处，单击右键，在弹出的快捷菜单中执行"插入关键帧"命令，如图10-54所示。

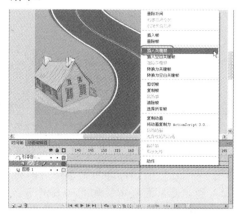

图10-54 执行"插入关键帧"命令

**34** 在舞台中选择素材文件，在"属性"面板中的"位置和大小"选项组中设置"宽"、"高"值为120像素×91像素，如图10-55所示。

图10-55 设置素材属性

**35** 在第165帧处单击右键，在弹出的快捷菜单中执行"插入空白关键帧"命令，如图10-56所示。

图10-56 执行"插入空白关键帧"命令

**36** 在"库"面板中选择"小车4.png"素材文件，将其拖至"小车3.png"素材文件的位置，如图10-57所示。

图10-57 添加素材文件

**37** 确定舞台中的素材文件处于选中状态，切换至"属性"面板，在"位置和大小"选项组中将其"宽"、"高"值为130像素×96.5像素，如图10-58所示。

图10-58 设置素材属性

**38** 在"时间轴"中选择"图层2"的第200帧，在舞台中选择素材文件，按Delete键将其删除，在"库"面板中选择"震动"影片剪辑，并将其拖至路径的终点位置，如图10-59所示。

图10-59 添加素材文件

**39** 执行"文件"|"导出"|"导出影片"命令。

**40** 弹出"导出影片"对话框，选择存储路径后设置文件名。单击"保存"按钮即可将动画效果进行导出。

## 10.2.2 课堂实例2：遮罩动画

通过以上基础部分的讲解，已经对遮罩动画的制作有了简单的认识与了解，接下来通过制作一组动画来加深我们对遮罩动画的印象。

**01** 启动Flash CS6，在打开的"新建文档"对话框中单击"新建"选项下的ActionScript 3.0按钮，单击"确定"按钮，即可创建一个空白文档。

**02** 在"属性"面板中的"属性"选项组中设置"FPS"值为12，"大小"值为500像素×400像素，单击"舞台"右侧的"背景颜色"缩略图，将颜色设置为#FFCCCC，如图10-60所示。

图10-60 设置属性

**03** 在工具箱中选择 "缩放工具"，再次在工具箱中选择 "缩放"工具，在舞台中单击，将舞台缩放至如图10-61所示大小。

图10-61 缩放后的效果

**04** 执行"文件"|"导入"|"导入到库"命令。在弹出的"导入到库"对话框中选择第10

课的"图6.jpg"、"背景1.jpg"、"背景2.jpg"、"图1.jpg"、"图2.jpg"、"图3.jpg"、"图4.jpg"、"图5.jpg"素材文件。

**05** 单击"打开"按钮，即可将选择的素材文件导入到"库"面板中，如图10-62所示。

图10-62 导入的素材

**06** 在"图层1"第300帧处插入帧，在第1帧处单击，如图10-63所示。

图10-63 在第1帧处单击

**07** 在"库"面板中选择"背景1.jpg"素材文件，并使用 "选择工具"将其拖至如图10-64所示的位置。

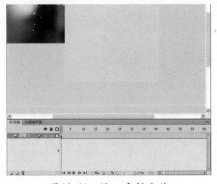

图10-64 添加素材文件

**08** 确定舞台中的素材文件处于被选中的状态下，按F8键，打开"转换为元件"对话框，在"名称"右侧的文本框中输入"背景1"，如图10-65所示。

图10-65 "转换为元件"对话框

**09** 单击"确定"按钮，在"图层1"的第10帧处插入关键帧，如图10-66所示。

图10-66 插入关键帧

**10** 选择舞台中的"背景1.jpg"素材文件，并将其拖至如图10-67所示的位置。

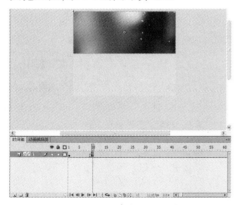

图10-67 调整素材文件的位置

**11** 在第1～10帧单击右键，在弹出的快捷菜单中执行"创建传统补间"命令。

**12** 在"时间轴"面板中单击 "创建图层"按钮，新建一个"图层2"，如图10-68所示。

图10-68 新建图层

**13** 在"图层2"第1帧处单击，在"库"面板中选择"背景2.jpg"素材文件，并将其拖至如图10-69所示的位置。并使用步骤9的方法，将其转换为"背景2"元件。

**14** 使用步骤10和步骤11的方法，为"背景2.jpg"素材文件调整位置及创建补间动画。完成后的效果如图10-70所示。

图10-69 添加素材文件

图10-70 完成后的效果

**15** 在"时间轴"面板中单击 "创建图层"按钮，新建一个"图层3"，并在此图层的第10帧处插入关键帧，在工具箱中选择 "文本工具"，在如图10-71所示的位置处单击，即可在场景中添加文本框。

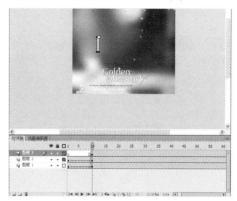

图10-71 创建文本

**16** 在此文本框中输入文本内容，如：幸福很简单，将文本全部选中，在"属性"面板的"字符"选项组中设置"系列"为

"汉仪丫丫体简",设置"大小"值为70,将其"文本(填充)颜色"值设置为#FFCCCC,如图10-72所示。

图10-72  设置文字属性

17 使用"选择工具"将舞台中的文本选中,并将其调整至适当的位置,在"图层"面板中选择"图层2",单击 ▣ "创建图层"按钮,创建一个新的"图层4",如图10-73所示。

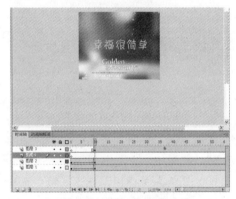

图10-73  创建一个新的图层

18 使用"放大工具"将其舞台放大至起始的大小,在"图层4"第20帧处插入关键帧,如图10-74所示。

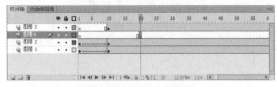

图10-74  插入关键帧

19 在工具箱中选择 ▣ "矩形工具",在舞台中绘制一个矩形,并将其转换为"矩形1"元件。如图10-75所示。

20 在"图层4"的第50帧处插入关键帧,并将舞台中的矩形移动至如图10-76所示的位置。

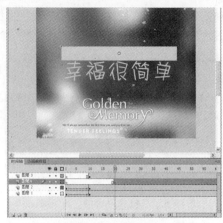

图10-75  绘制矩形

图10-76  插入关键帧

21 在第20~50帧之间单击右键,在弹出的快捷菜单中执行"创建传统补间"命令。如图10-77所示。

图10-77  执行"创建传统补间"命令

22 确认"图层4"处于被选中的状态下,在"图层"面板中单击 ▣ "创建图层"按钮,新建一个"图层5",如图10-78所示。

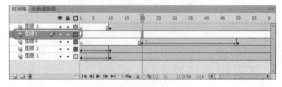

图10-78  新建图层

**23** 使用同样的方法，再次绘制一个矩形，并将其转换为"矩形1"元件和添加传统补间动画命令，完成后的效果，如图10-79所示。

图10-79 完成后的效果

**24** 在"时间轴"面板中选择"图层3"，单击右键，在弹出的快捷菜单中执行"遮罩层"命令。

**25** 选择"图层4"，将其添加到被遮罩层"图层5"的下方，使其成为被遮罩层，如图10-80所示。

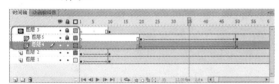

图10-80 添加被遮罩层

**26** 选择"图层3"，新建一个"图层6"，在第60帧处插入关键帧，在"库"面板中选择"图1.jpg"素材文件，将其拖至如图10-81所示的位置。

图10-81 添加素材文件

**27** 将其转换为"图1"元件，新建一个"图层7"，在第60帧处插入关键帧，如图10-82所示。

图10-82 新建图层并插入关键帧

**28** 在舞台中绘制一个矩形，并将其转换为【矩形3】元件，在【图层7】的第92帧处插入关键帧，如图10-83所示。

图10-83 插入关键帧

**29** 在工具箱中选择 "任意变形工具"，按住Alt键拖至如图10-84所示的大小。

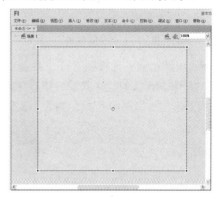

图10-84 改变矩形的大小

**30** 在第60～90帧之间单击右键，在弹出的快捷菜单中执行"创建传统补间"命令。

**31** 选择"图层7"，单击右键，在弹出的快捷菜单中执行"遮罩层"命令。

**32** 新建一个"图层8"，在第100帧处插入关键帧，在"库"面板中选择"图2.jpg"素材文件，并将其拖至舞台中，将"图片1.jpg"覆盖，如图10-85所示。

图10-85　添加素材文件

**33** 新建"图层9"，在第100帧处插入关键帧，在工具箱中选择 "椭圆工具"，在舞台中心绘制一个小椭圆形，并将其转换为"椭圆1"元件，如图10-86所示的大小。

图10-86　绘制椭圆

**34** 在第130帧处插入关键帧，在工具箱中选择 "任意变形工具"，在舞台中按住Shift键将椭圆形拖至如图10-87所示的大小及位置。

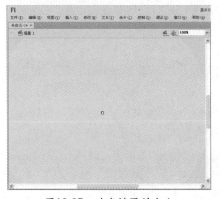

图10-87　改变椭圆的大小

**35** 在第100~130帧之间单击右键，在弹出的快捷菜单中执行"创建传统补间"命令。

**36** 选择"图层9"，单击右键，在弹出的快捷菜单中执行"遮罩层"命令。

**37** 新建"图层10"，在第140帧处插入关键帧，在"库"面板中选择"图3.jpg"素材文件，并将其拖至如图10-88所示的位置。

图10-88　添加素材文件

**38** 新建"图层11"，在第140帧处插入关键帧，在工具箱中选择 "矩形工具"，在舞台中绘制如图10-89所示的矩形。

图10-89　绘制矩形

**39** 在第170帧处插入关键帧，在工具箱中选择 "任意变形工具"，在工具箱中选择 "扭曲"工具，当鼠标为 状态时单击拖曳，如图10-90所示。

**40** 使用同样的方法对其他点进行拖曳，最后将其矩形调整为如图10-91所示的矩形。

**41** 在第140~170帧之间单击右键，在弹出的快捷菜单中执行"创建补间形状"命令。

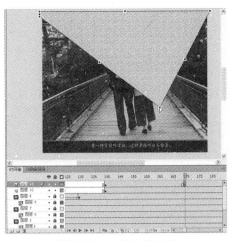

图10-90 改变矩形形状

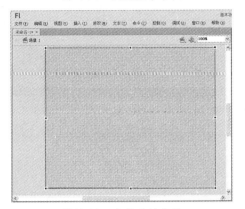

图10-91 完成后的效果

**42** 选中"图层11",单击右键,在弹出的快捷菜单中执行"遮罩层"命令。

**43** 新建"图层12",在第180帧处插入关键帧,在"库"面板中选择"图4.jpg"素材文件,并将其拖至舞台中,如图10-92所示。

图10-92 添加素材文件

**44** 新建"图层13",并在第180帧处插入关键

帧,在工具箱中选择 □ "矩形工具",在舞台中央绘制一个矩形,如图10-93所示。

图10-93 绘制矩形

**45** 在第220帧处插入关键帧,在工具箱中选择 □ "任意变形工具",选中舞台中的矩形,按住Shift+Alt键将其拖至如图10-94所示的大小。

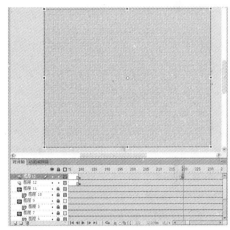

图10-94 调整矩形大小

**46** 在第180帧与第220帧之间单击右键,在弹出的快捷菜单中执行"创建补间形状"命令。

**47** 选择"图层13",单击右键,在弹出的快捷菜单中执行"遮罩层"命令。

**48** 新建"图层14",在第230帧处插入关键帧,将"图5.jpg"素材文件拖至舞台中央,如图10-95所示。

**49** 新建"图层15",在第230帧处插入关键帧,在工具箱中选择 □ "矩形工具",在舞台中绘制矩形,如图10-96所示。

图10-95 添加素材文件

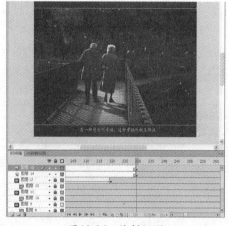

图10-96 绘制矩形

**50** 在第260帧处插入关键帧，在工具箱中选择 "任意变形工具"，然后再在工具箱中 选择 "扭曲"工具，当鼠标为 状态时 单击拖曳，如图10-97所示。

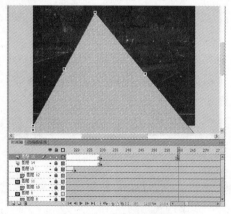

图10-97 改变矩形形状

**51** 使用同样的方法对其他点进行拖曳，最后将 矩形调整为如图10-98所示的状态。

**52** 在第230帧与第260帧之间单击右键，在弹出 的快捷菜单中执行"创建补间形状"命令。

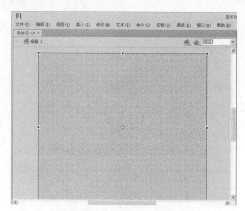

图10-98 完成后的效果

**53** 选择"图层15"，单击右键，在弹出的快捷 菜单中执行"遮罩层"命令。

**54** 新建"图层16"，在第270帧处插入关键 帧，在"库"面板中选择"图6.jpg"，并 将其拖至舞台中央，如图10-99所示。

图10-99 添加素材文件

**55** 新建"图层17"，在工具箱中选择 "矩 形工具"，在舞台中绘制一个矩形， 如图 10-100所示。

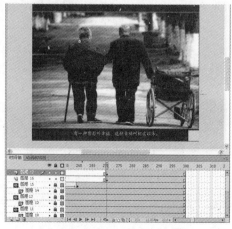

图10-100 绘制矩形

**56** 在第300帧处插入关键帧，在工具箱中选择  "任意变形工具"，将矩形拖至如图10-101所示的大小。

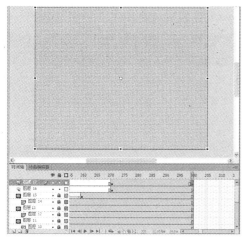

图10-101 改变矩形形状

**57** 在第270帧与第300帧之间单击右键，在弹出的快捷菜单中执行"创建补间形状"命令。

**58** 选择"图层17"，单击右键，在弹出的快捷菜单中执行"遮罩层"命令。

**59** 新建"图层18"，在第350帧处插入帧，第310帧处插入关键帧，在工具箱中选择 T "文本工具"，并在舞台中央输入文字，如："有种幸福，叫终生相伴"。如图10-102所示。

图10-102 输入文本内容

**60** 将舞台中的文本内容选中，切换全"属性"面板，将其"文本（填充）颜色"设置为 #FF3333，如图10-103所示。

**61** 新建"图层19"在第310帧处插入关键帧，在工具箱中选择 ▢ "矩形工具"，在舞台中绘制一个矩形，并将其转换为"矩形4"，如图10-104所示。

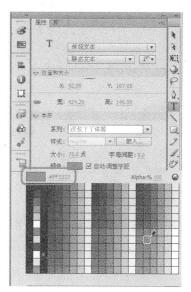

图10-103 选择文本的颜色

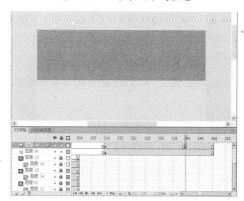

图10-104 绘制矩形

**62** 在第340帧处插入关键帧，将矩形移动至如图10-105所示的位置。

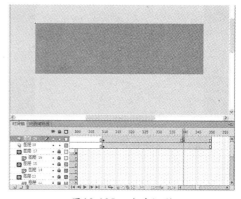

图10-105 移动矩形

**63** 在第310帧与第340帧处单击右键，在弹出的快捷菜单中执行"创建传统补间"命令。

**64** 选择"图层19"，单击右键，在弹出的快捷菜单中执行"遮罩层"命令。

**65** 执行"文件"|"导出"|"导出影片"命令。

**66** 弹出"导出影片"对话框，选择存储路径后设置文件名，单击"保存"按钮即可将动画效果导出。

# 10.3 课后练习 ——————○

（1）什么是引导层？

（2）引导层分为哪几种，各有什么样的含义？

（3）创建遮罩动画具体操作步骤？

（4）利用所学知识，结合本书光盘中提供的素材文件，制作一个简单的遮罩动画。

# 第11课
# ActionScript基础与基本语句

ActionScript脚本语言是特有的一种非常强大的网络动画编程语言，用于使Flash的各元素间互相传递信息。要学好Flash，不仅要掌握动画的基础知识，而且更重要的是学好ActionScript脚本语言。

# 11.1 基础讲解

## 11.1.1 ActionScript概述

ActionScript（动作脚本）是一种专用的Flash程序语言，是Flash的一个重要组成部分，它的出现给设计和开发人员带来了很大的便利。通过使用ActionScript脚本编程，可以实现根据运行时间和加载数据等事件来控制Flash文档播放的效果；还可以为Flash文档添加交互性，使之能够响应按键、单击等用户操作；还可以将内置对象（如按钮对象）与内置的相关方法、属性和事件结合使用；并且允许用户创建自定义类和对象；创建更加短小、精悍的应用程序（相对于使用用户界面工具创建的应用程序），所有这些都可以通过可重复利用的脚本代码来完成。并且，ActionScript是一种面向对象的脚本语言，可用于控制 Flash 内容的播放方式。因此，在使用ActionScript的时候，只要有一个清晰的思路，通过简单的ActionScript代码语言的组合，即可实现很多相当精彩的动画效果。

ActionScript是Flash的脚本撰写语言，使用户可以向影片添加交互性。动作脚本提供了一些元素，如动作、运算符及对象，可将这些元素组织到脚本中，指示影片要执行什么操作；用户可以对影片进行设置，从而使单击按钮和按键之类的事件可触发这些脚本。例如，可用动作脚本为影片创建导航按钮等。

在ActionScript中，所谓面向对象，就是指将所有同类物品的相关信息组织起来，放在一个被称做"类（Class）"的集合中，这些相关信息被称为"属性（Property）"和"方法（Method）"，然后为这个类创建对象（Object）。这样，这个对象就拥有了它所属类的所有属性和方法。

Flash中的对象不仅可以是一般自定义的用来装载各种数据的类及Flash自带的一系列对象，还可以是每一个定义在场景中的电影剪辑，对象MC是属于Flash预定义的一个名叫"电影剪辑"的类。这个预定义的类有_totalframe、_height、_visible等一系列属性，同时也有gotoAndPlay()、nestframe()、geturl()等方法，所以每一个单独的对象MC也拥有这些属性和方法。

在Flash中可以自己创建类，也可使用Flash预定义的类，下面来看看怎样在Flash中创建一个类。要创建一个类，必须事先定义一个特殊函数——构造函数（Constructor Function），所有Flash预定义的对象都有一个自己构建好的构造函数。

现在假设已经定义了一个叫做car的类，这个类有两个属性，一个是distance，描述行走的距离；一个是time，描述行走的时间。有一个speed方法用来计算car的速度。可以这样定义这个类。

```
function car(t,d){
    this.time=t;
    this.distance=d;
}
function cspeed()
{
    return(this.time/this.distance);
}
car.prototype.speed=cspeed;
```

然后可以给这个类创建两个对象。

```
car1=new car(10,2);
car2=new car(10,4);
```

这样car1和car2就有了time、distance的属性并且被赋值，同时也拥有了speed方法。

对象和方法之间可以相互传输信息，其实现的方法是借助函数。例如，上面的car这个类，可以给它创建一个名叫collision的函数用于设置car1和car2的距离。collision有一个参数who和另一个参数far，下面的例子表示设置car1和car2的距离为100像素：

```
car1.collision(car2, 100)
```

在Flash面向对象的脚本程序中，对象是可以按一定顺序继承的。所谓继承，就是指一个类从另一个类中获得属性和方法。简单地说，就是在一个类的下级创建另一个类，这个类拥有与上一个类相同的属性和方法。传递属性和参数的类称为"父类（superclass）"，继承的类称为"子类（subclass）"，用这种特性可以扩充已定义好的类。

## 11.1.2　Flash CS6的编程环境

ActionScript是针对Flash的编程语言，它在Flash内容和应用程序中体现了交互性、数据管理，以及其他许多功能。

### 1．"动作"面板的使用

"动作"面板是ActionScript编程中所必需的，它是专门用来进行ActionScript编写工作的，使用"动作"面板可以选择拖曳、重新安排及删除动作，并且有普通模式和脚本助手两种模式可供选择。在脚本助手模式下，通过填充参数文本框来撰写动作。在普通模式下，可以直接在脚本窗口中撰写和编辑动作，这与用文本编辑器撰写脚本很相似。在菜单栏中执行"窗口"|"动作"命令或按F9键可以打开"动作"面板，如图11-1所示。

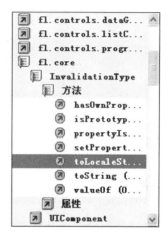

图11-2　动作工具箱

（2）程序添加对象区

程序添加对象区位于动作工具栏的下方，是专门用来显示已添加的ActionScript程序对象的列表区，如图11-3所示。

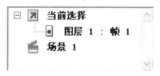

图11-3　程序添加对象区

（3）工具栏

工具栏中的按钮是在ActionScript命令编辑时经常用到的，如图11-4所示。各按钮功能介绍如下。

图11-1　"动作"面板

（1）动作工具箱

动作工具箱是用于浏览ActionScript语言元素（函数、类、类型等）的分类列表，如图11-2所示。其中图标表示针对不同类型的命令进行了分类；图标表示带有这个标签的命令是一个可使用命令、语法或者相关的工具，双击或拖曳都可以使该命令自动加载到编辑区中。

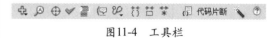

图11-4　工具栏

★　（将新项目添加到脚本中）：用于添加代码，单击该按钮后会弹出一个菜单，其中放置着所有的代码。

★　（查找）：单击该按钮可以打开"查找和替换"对话框，如图11-5所示。在"查找内容"文本框中输入要查找的名称，单击"查找下一个"按钮即可；在

"替换为"文本框中输入要替换的内容，单击右侧的"替换"按钮或"全部替换"按钮即可。

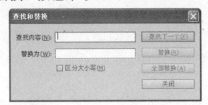

图11-5 "查找和替换"对话框

★ ⊕ （插入目标路径）：动作的名称和地址被指定以后，才能用它来控制一个影片剪辑或下载一个动画，这个名称和地址就被称为"目标路径"。单击该按钮，可以打开"插入目标路径"对话框，如图11-6所示。

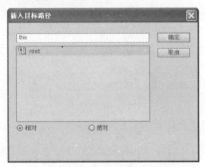

图11-6 "插入目标路径"对话框

★ ✔ （语法检查）：在Flash的制作过程中要经常检查ActionScript语句的编写情况，通过单击 ✔ （语法检查）按钮，系统会自动检查其中的语法错误。语法正确或错误时，在"编译器错误"面板中会有不同的提示，如图11-7所示。

图11-7 "编译器错误"面板中的不同提示

★ ▤ （自动套用格式）：单击该按钮，Flash CS6将自动编排写好的程序。

★ ▦ （显示代码提示）：单击该按钮，可以在脚本窗格中显示代码提示。

★ ⌇ （调试选项）：根据命令的不同可以显示不同的错误信息。

★ ⑆ （折叠成对大括号）：在代码的大括号间收缩。

★ ⑆ （折叠所选）：在选择的代码间收缩。

★ ⑆ （展开全部）：展开所有收缩的代码。

★ ⑭ （应用块注释）：单击该按钮，可以应用块注释。

★ ⑭ （应用行注释）：单击该按钮，可以应用行注释。

★ ⑭ （删除注释）：单击该按钮，可以删除注释。

★ ⊞ （显示/隐藏工具箱）：单击该按钮，将隐藏动作工具箱，再次单击则显示动作工具箱。

★ ⑦ （帮助）：由于动作语言太多，不管是初学者还是资深的动画制作人员都会有忘记代码功能的时候，因此，Flash CS6专门为此提供了帮助工具，帮助用户在开发过程中避免麻烦。

（4）动作脚本编辑窗口

"动作脚本编辑"窗口是ActionScript编程的主区域，如图11-8所示。当前对象的所有脚本程序都会在该编辑窗口中显示，程序内容也需要在这里进行编辑。

图11-8 "动作脚本编辑"窗口

### 2．动作脚本的添加与执行

"动作"面板依据添加动作对象的不同，分为"帧动作"面板和"对象动作"面板。如果选中了帧，"动作"面板会变成"帧动作"面板；如果选中了按钮或影片剪辑，"动作"面板将会变成"对象动作"面板。

给按钮实例指定动作可以使用户在按下鼠标或使用鼠标上滚轮时执行动作。给一个按钮实例指定动作不会影响其他按钮实例。

当给按钮指定动作时，应指定触发动作的鼠标事件，也可以指定一个触发动作的键盘中的某一键。

给按钮指定动作的具体步骤如下。

**01** 选中一个按钮实例并单击右键，在弹出的快捷菜单中执行"动作"命令，如图11-9所示。

图11-9 执行"动作"命令

**02** 单击 ⊕ （将新项目添加到脚本中）按钮，在弹出的菜单中选择一个声明，在这里执行"全局函数"|"影片剪辑控制"|"on"命令，如图11-10所示。

图11-10 选择一个声明

**03** 此时会弹出一个列表框，在该列表框中选择一个动作，如图11-11所示，然后按Enter键确认即可。

图11-11 选择一个动作

**提示**

为影片剪辑和帧添加动作脚本的方法与按钮的相同，在此就不再赘述。

## 11.1.3 命令讲解

在Flash中命令分为很多类，包括媒体控制命令、外部文件交互命令、影片剪辑相关命令、控制影片播放器命令等。这些命令担负了不同的职能，下面对它们进行介绍。

**1．常用的媒体控制命令**

媒体控制命令是最基本的动作命令，包括goto、play、stop、stopAllSounds等。

（1）stop和play命令

★ stop命令

stop（停止）动作用于停止影片播放。如果没有说明，影片开始后将播放时间轴中的每一帧。可以通过这个动作按照特定的间隔停止影片，也可以借助按钮来停止影片的播放。

★ play命令

play是一个播放命令，用于控制时间轴上指针的播放。运行后，开始在当前时间轴上连续显示场景中每一帧的内容。该语句比较简单，无任何参数选择，一般与stop命令及goto命令配合使用。

下面的代码使用 if 语句检查用户输入的名称值。如果输入123456，则调用 play 动作，而且播放头在时间轴中向前移动。如果输入123456以外的任何其他内容，则不播放影片，而显示带有变量名alert的文本字段。

```
stop();
if(password == "123456")
{
    play();
} else {
    alert="Your password is not
    right!";
}
```

（2）goto命令

goto是一个跳转命令，主要用于控制动画的跳转。根据跳转后的执行命令可以分为gotoAndStop和gotoAndPlay两种。goto语法参数主要包括以下各项，如图11-12所示。

图11-12　goto语法参数

★ 场景：可以设置跳转到某一场景，有当前场景、下一场景和前一场景等选项，默认情况下还有"场景1"。但随着场景的增加，可以直接、准确地设定要跳转的某一场景。

★ 类型：可以选择目标帧在时间轴上的位置或名称，"类型"下拉列表中各选项的功能如下。

　◆ 帧编号：目标帧在时间轴上的位置。

　◆ 帧标签：目标帧的名称。

　◆ 表达式：可以用表达式进行帧的定位，这样可以是动态的帧跳转。

　◆ 下一帧：跳转到下一帧。

　◆ 前一帧：跳转到上一帧。

**提示**

通常在设置goto动作的时候，使用标签指定目标帧，比使用跳转到编号的帧效果要好得多。因为使用标签帧作为目标帧，当goto动作在时间轴中改变位置时仍然能正常工作。

（3）stopAllSounds命令

使用stopAllSounds动作可以停止所有音轨的播放而不中断电影的播放。指定给按钮的stopAllSounds动作可以让观众在电影播放时停止声音播放。

这是一个非常简单而且常用的控制命令，执行该命令后，会停止播放所有正在播放的声音文件。但stopAllSounds并不是永久禁止播放声音文件，只是在不停止播放头的情况下停止影片中当前正在播放的所有声音文件。设置到流媒体的声音在播放头移过它

们所在的帧时将恢复播放。

下面的代码可以应用到一个按钮，这样当单击此按钮时，将停止影片中所有的声音。

```
on(release)
{
    stopAllSounds();
}
```

**2. 外部文件交互命令**

外部文件交互命令包括：getURL、loadMovie、unloadMovie和loadVariables命令，下面介绍一下它们。

（1）getURL命令

使用getURL动作可以从指定的URL将文档载入到指定的窗口中，或者将定义的URL传输变量到另一个程序中。

getURL用于建立Web页面链接，该命令不但可以完成超文本链接，而且还可以链接FTP地址、CGI脚本和其他Flash影片的内容。在URL中输入要链接的URL地址，可以是任意的，但是只有URL无误的时候，链接的内容才会正确显示出来，其书写方法与网页链接的书写方法类似，如http://www.baidu.com。在设置URL链接的时候，可以选择相对路径或绝对路径，建议用户选择绝对路径。getURL的动作控制面板，如图11-13所示。

图11-13　getURL的动作控制面板

getURL控制命令的语法参数说明如下。

★ URL：可从该处获取文档的URL。

★ 窗口：是一个可选参数，设置所要链接的资源在网页中的打开方式，可指定文档加载到其中的窗口或HTML框架。可输

入特定窗口的名称，或从下面的保留目标名称中选择。

- ◆ _self：指定在当前窗口中的当前框架打开链接。
- ◆ _blank：指定在一个新窗口打开链接。
- ◆ _parent：指定在当前框架的父级窗口中打开链接。如果有多个嵌套框架，并且希望所链接的URL只替换影片所在的页面，可以选择该选项。
- ◆ _top：指定在当前窗口中的顶级框架中打开链接。

★ 变量：用于发送变量的GET或POST方法。如果没有变量，则省略此参数。GET方法将变量追加到URL的末尾，该方法用于发送少量变量；POST方法在单独的HTTP标头中发送变量，该方法用于发送长的变量字符串，这些选项可以在"变量"下拉列表中选择。

（2）loadMovie和unloadMovie命令

使用loadMovie和unloadMovie动作可以播放附加的电影而不关闭Flash播放器。通常情况下，Flash播放器仅显示一个Flash电影（.swf）文件，loadMovie让用户一次显示几个电影，或者不用载入其他的HTML文档就在电影中随意切换；unloadMovie可以移除前面在loadMovie中载入的电影。

loadMovie命令用于载入电影或者卸载电影，如图11-14所示，载入电影和卸载电影的语句格式如下。

```
(un)loadMovie("url",level/target
[, variables])
```

★ URL：表示要加载或卸载的 SWF 文件或JPEG文件的绝对或相对URL。相对路径必须相对于级别0处的 SWF 文件。该URL 必须与影片当前驻留的URL在同一子域。为了在Flash Player 中使用 SWF 文件或在 Flash 创作应用程序的测试模式下测试 SWF 文件，必须将所有的SWF文件存储在同一文件夹中，而且其文件名不能包含文件夹或磁盘驱动器说明。

图11-14　loadMovie命令

★ 位置：选择"目标"选项，用于指向目标电影剪辑的路径。目标电影剪辑将替换为加载的影片或图像，它只能指定target电影剪辑或目标影片level的其中一个，而不能同时指定。选择"级别"选项，这是一个整数，用来指定Flash Player中影片将被加载到的级别。在将影片或图像加载到某级别时，标准模式下"动作"面板中的loadMovie动作将切换为loadMovieNum。

★ 变量：为一个可选参数，用来指定发送变量所使用的HTTP方法。该参数必须是字符串GET或POST。如没有要发送的变量，则省略此参数。GET方法将变量追加到 URL 的末尾，该方法用于发送少量变量；POST方法在单独的HTTP标头中发送变量，该方法用于发送长的变量字符串。

在播放原始影片的同时将SWF或JPEG文件加载到Flash Player中后，loadMovie动作可以同时显示几个影片，并且无须加载另一个HTML文档即可在影片之间切换。如果不使用loadMovie动作，则Flash Player将显示单个影片（SWF文件），然后关闭。

在使用loadMovie动作时，必须指定Flash Player中影片将加载到的级别或目标电影剪辑。如果指定级别，则该动作变成loadMovieNum，如果影片加载到目标电影剪辑，则可使用该电影剪辑的目标路径来定位加载的影片。

加载到目标电影剪辑的影片或图像会继承目标电影剪辑的位置、角度和尺寸属性。

加载的图像或影片的左上角与目标电影剪辑的注册点对齐。另一种情况是，如果目标为 _root 时间轴，则该图像或影片的左上角与舞台的左上角对齐。

（3）loadVariables命令

loadVariables载入变量动作用于从外部文件（如文本文件，或由 CGI 脚本、Active Server Page(ASP)、PHP 或 Perl 脚本生成的文本）读取数据，并设置 Flash Player 级别中变量的值。此动作还可用于使用新值更新活动影片中的变量。例如，如果一个用户提交了一个订货表格，可能想看到一个屏幕，显示从远端服务器收集文件得来的订货号信息，此时即可使用loadVariables动作。

loadVariables动作有下列参数，如图11-15所示。

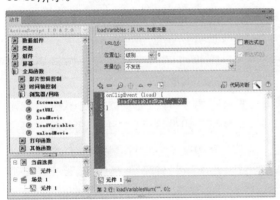

图11-15　loadVariables动作

★ URL：为载入的外部文件指定绝对或相对的URL。为在Flash中使用或测试，所有的外部文件必须被存储在同一个文件夹中。

★ 位置：选择"级别"选项，指定动作的级别。在Flash播放器中，外部文件通过它们载入的顺序被指定号码。选择"目标"选项，定义已载入电影的变量。

★ 变量：允许指定是否为定位在URL域中已载入的电影发送一系列存在的变量。

**3. 影片剪辑相关命令**

影片剪辑相关命令包括：duplicateMovie Clip、removeMovieClip、setProperty、startDrag和stopDrag命令，下面来介绍它们。

（1）duplicateMovieClip和removeMovie Clip命令

可以在电影播放时使用duplicate Movie Clip语句来动态地创建影片剪辑的对象。如果一个影片剪辑是在动画播放的过程中创建的，无论原影片剪辑处于哪一帧，新对象都从第一帧开始播放。duplicateMovieClip的动作控制面板如图11-16所示。

图11-16　duplicateMovieClip动作

★ 目标：指定要被复制的影片剪辑，需要注意的是，要先给被复制的影片剪辑实体命名。

★ 新名称：为新复制生成的影片剪辑实体命名。

★ 深度：确定创建的对象与其他对象重叠时的层次。

使用removeMovieClip语句可以删除 duplicateMovieClip语句创建的影片剪辑对象。removeMovieClip的动作控制面板如图11-17所示，其中的"目标"参数用于输入复制产生的影片剪辑对象的名字。

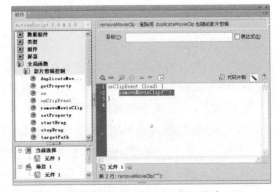

图11-17　removeMovieClip动作

（2）setProperty命令

使用setProperty语句可以在播放电影时，改变影片剪辑的位置、缩放比例、透明度、可见性、旋转角度等属性。setProperty的动作控制面板如图11-18所示。

图11-18 setProperty动作

★ 属性：在该下拉列表中可以选择需要改变的属性类型，如图11-19所示。其中常用的属性如下：

图11-19 "属性"下拉列表

◆ _alpha：改变透明度属性，取值范围为0～100。

◆ _visible：设置电影剪辑是否可见，值为0时不可见。

◆ _rotation：设置电影剪辑的旋转角度。

◆ _name：给电影剪辑命名。

◆ _x、_y：分别设置电影剪辑相对于上一级电影剪辑坐标的水平位置和垂直位置。

◆ _xscale、_yscale：分别设置电影剪辑的水平方向和垂直方向的缩放比例。比例设置以"百分比"为单位。

◆ _rotation：设置电影剪辑的旋转角度。

★ 目标：选择改变属性的目标。

★ 值：指定改变后的属性值。

（3）startDrag和stopDrag命令

使用startDrag动作可以在播放电影时拖曳电影剪辑。这个动作可以被设置为开始或停止拖曳的操作。

startDrag有下列参数，如图11-20所示。

图11-20 startDrag动作

★ 目标：指定拖曳的电影剪辑。

★ 限制为矩形：指定一个矩形区域，电影剪辑不能被拖曳到这个区域的外面。左、右两个值是相对于电影剪辑的父坐标。

★ 锁定鼠标到中央：使电影剪辑的中心出现在用户移动的鼠标指针下。如果不选择该项，当拖曳操作开始时，电影剪辑保持同指针的相对位置。

一个电影剪辑在明确地被stopDrag停止前，或者在另一个电影剪辑成为可拖动前，一直保持着它本身的拖曳动作。stopDrag用于停止被startDrag拖曳的影片剪辑，没有参数需要设置。

**4．控制影片播放器命令**

fscommand是Flash用来与支持它的其他应用程序（指那些可以播放Flash电影的应用程序，如独立播放器或安装了插件的浏览器）互相传达命令的工具，如图11-21所示。当用户把包含有fscommand动作的Flash文件输出成HTML文件时，必须与JavaScript配合使用。在网络中，fscommand将参数、命令直接传递到脚本语言，或者反过来，脚本语言通过fscommand传递命令到Flash中，从而达到了交互的目的。

使用fscommand动作可将消息发送到承载Flash Player的那个程序。fscommand动作包含两个参数，即命令和参量。要把消息发送到独立的Flash Player，必须使用预定义的命令和参量（参数）。例如，下面的语句可以设置独立播放器在按钮释放时将影片缩放至整个显示器屏幕大小。

```
on(release)
{
    fscommand("fullscreen", "true");
}
```

图11-21　fscommand动作

## 11.1.4　数据类型

数据类型描述了一个变量或元素能够存放何种类型的数据信息。Flash的数据类型分为字符串数据类型、数字数据类型和电影剪辑数据类型等。下面将对这些数据类型进行详细介绍。

### 1．字符串数据类型

字符串是诸如字母、数字和标点符号等字符的序列。将字符串放在单引号或双引号之间，可以在动作脚本语句中输入它们。字符串被当做字符，而不是变量进行处理。例如，在下面的语句中，L7是一个字符串。

```
favoriteBand = "L7";
```

可以使用加法（＋）运算符连接或合并两个字符串。动作脚本将字符串前面或后面的空格作为该字符串的文本部分。下面的表达式在逗号后包含一个空格。

```
greeting = "Welcome, " + firstName;
```

虽然动作脚本在引用变量、实例名称和帧标签时不区分大小写，但是文本字符串是区分大小写的。例如，下面的两个语句会在指定的文本字段变量中放置不同的文本，这是因为Hello和HELLO是文本字符串。

```
invoice.display = "Hello";
invoice.display = "HELLO";
```

要在字符串中包含引号，可以在它前面

放置一个反斜杠字符（\），此字符称为"转义字符"。在动作脚本中，还有一些必须用特殊的转义序列才能表示的字符。

### 2．数字数据类型

数字类型是很常见的类型，其中包含的都是数字。在Flash中，所有的数字类型都是双精度浮点类，可以用数学运算来得到或修改这种类型的变量，如＋、-、*、/、%等。Flash提供了一个数学函数库，其中有很多有用的数学函数，这些函数都放在Math这个Object里面，可以被调用。例如：

```
result=Math.sqrt(100);
```

在这里调用的是一个求平方根的函数，先求出100的平方根，然后赋值给result这个变量，这样result就是一个数字变量了。

### 3．布尔值数据类型

布尔值是true或false中的一个。动作脚本也会在需要时将值true和false转换为1或0。布尔值通过进行比较来控制脚本流的动作脚本语句，经常与逻辑运算符一起使用。例如，在下面的脚本中，如果变量password为true，则会播放影片。

```
onClipEvent(enterFrame)
{
    if(userName == true && password
    == true)
    {
        play();
    }
}
```

### 4．对象数据类型

对象是属性的集合，每个属性都有名称和值。属性的值可以是任何的Flash数据类型，甚至可以是对象数据类型。这使用户可以将对象相互包含，或"嵌套"它们。要指定对象和它们的属性，可以使用点（.）运算符。例如，在下面的代码中，hoursWorked是weeklyStats的属性，而后者是employee的属性。

```
employee.weeklyStats.hoursWorked
```

可以使用内置动作脚本对象访问和处理特定种类的信息。例如，Math对象具有一些方法，这些方法可以对传递给它们的数字执行数学运算。此示例使用sqrt方法。

```
squareRoot = Math.sqrt(100);
```

动作脚本MovieClip对象具有一些方法，可以使用这些方法控制舞台上的电影剪辑元件实例。此示例使用play和nextFrame方法。

```
mcInstanceName.play();
mcInstanceName.nextFrame();
```

也可以创建自己的对象来组织影片中的信息。要使用动作脚本向影片添加交互操作，需要许多不同的信息。例如，可能需要用户的姓名、球的速度、购物车中的项目名称、加载的帧的数量、用户的邮编或上次按下的键。创建对象可以将信息分组，简化脚本撰写过程，并且能重新使用脚本。

### 5. 电影剪辑数据类型

其实这个类型是对象类型中的一种，但是因为它在Flash中处于极其重要的地位，而且使用频率很高，所以在这里特别加以介绍。在整个Flash中，只有MC真正指向了场景中的一个电影剪辑。通过这个对象和它的方法及对其属性的操作，即可控制动画的播放和MC状态，也就是说可以用脚本程序来书写和控制动画。例如：

```
onClipEvent(mouseUp)
{
        myMC.prevFrame();
}
//释放鼠标左键时，电影片断myMC就会跳到前一帧
```

### 6. 空值数据类型

空值数据类型只有一个值，即null。此值意味着"没有值"，即缺少数据。null值可以用于各种情况，下面是一些示例。

★ 表明变量还没有接收到值。

★ 表明变量不再包含值。

★ 作为函数的返回值，表明函数没有可以返回的值。

★ 作为函数的一个参数，表明省略了一个参数。

## 11.1.5 变量

在任何一种脚本或编程中，都需要记录数值和对象的属性或者重要数据的"存储"设备，也就是变量。变量是具有名称的可以用来存储变化数据（数字或字母）的存储空间。在电影播放的时候，通过这些数据即可进行判断、记录和存储信息等操作。

### 1. 变量的命名

变量的命名主要遵循以下3条规则。

★ 变量必须是以字母或下划线开头，其中可以包括$、数字、字母或下划线。如_myMC、e3game、worl$dcup都是有效的变量名，但是!go、2cup、$food就不是有效的变量名了。

★ 变量不能与关键字同名（注意Flash是不区分大小写的），并且不能是true或false。

★ 变量在自己的有效区域中必须唯一。

### 2. 变量的声明

全局变量的声明，可以使用set variables动作或赋值操作符，这两种方法可以达到同样的目的；局部变量的声明，则可以在函数体内部使用var语句来实现，局部变量的作用域被限定在所处的代码块中，并在块结束处终结。没有在块的内部被声明的局部变量将在它们的脚本结束处终结。

### 3. 变量的赋值

在Flash中，不强迫定义变量的数据类型，也就是说当把一个数据赋给一个变量时，这个变量的数据类型就确定下来了。例如：

```
s=100;
```

将100赋给了s这个变量，那么Flash就认定s是Number类型的变量。如果在后面的程序中出现了如下语句。

```
s="this is a string"
```

那么从现在开始，s的变量类型就变成了String类型，这其中并不需要进行类型转换。而如果声明一个变量，又没有被赋值，这个变量不属于任何类型，在Flash中称它为"未定义类型Undefined"。

在脚本编写过程中，Flash会自动将一种类型的数据转换成另一种类型。如"this is the"+7+"day"。

上面这个语句中有一个7是属于Number类型的，但是前后用运算符号＋连接的都是

String类型，此时Flash应把7自动转换成字符，也就是说，这个语句的值是this is the 7 day。原因是使用了＋操作符，而＋操作符在用于字符串变量时，其左右两边的内容都是字符串类型，此时Flash就会自动做出转换。

这种自动转换在一定程度上可以省去编写程序时的不少麻烦，但是也会给程序带来不稳定因素。因为这种操作是自动执行的，有时候可能就会对一个变量在执行中的类型变化感到疑惑，到底这个时候那个变量是什么类型的变量呢？

Flash提供了一个trace()函数进行变量跟踪，可以使用这个语句得到变量的类型，使用形式如下。

```
Trace(typeof(variable Name));
```

这样即可在输出窗口中看到需要确定的变量的类型。

同时也可以自己手动转换变量的类型，使用number和string两个函数即可把一个变量的类型在Number和String之间切换，例如：

```
s="123";
number(s);
```

这样，就把s的值转换成了Number类型，它的值是123。同理，String也是一样的用法。

```
q=123;
string(q);
```

这样，就把q转换成为String型变量，它的值是123。

#### 4．变量的作用域

变量的范围是指一个区域，在该区域内变量是已知的并且可以引用。在动作脚本中有以下3种类型的变量范围。

★ 本地变量：在它们自己的代码块（由大括号界定）中可用的变量。

★ 时间轴变量：可以用于任何时间轴的变量，条件是使用目标路径。

★ 全局变量：可以用于任何时间轴的变量（即使不使用目标路径）。

可以使用var语句在脚本内声明一个本地变量。例如，变量i和j经常用做循环计数器。在下面的示例中，i用作本地变量，它只存在于函数makeDays的内部。

```
function makeDays()
{
    var i;
    for( i = 0; i < monthArray[month]; i++ )
    {
    _root.Days.attachMovie( "DayDisplay", i, i + 2000 );
        _root.Days[i].num = i + 1;
        _root.Days[i]._x = column * _root.Days[i]._width;
        _root.Days[i]._y = row * _root.Days[i]._height;
        column = column + 1;
        if(column == 7 )
        {
            column = 0;
            row = row + 1;
        }
    }
}
```

本地变量也可防止出现名称冲突，名称冲突会导致影片出现错误。例如，如果使用name 作为本地变量，可以用它在一个环境中存储用户名，而在其他环境中存储电影剪辑实例，因为这些变量是在不同的范围中运行的，它们不会有冲突。

在函数体中使用本地变量是一个很好的习惯，这样该函数可以充当独立的代码。本地变量只有在它自己的代码块中是可更改的。如果函数中的表达式使用全局变量，则在该函数以外也可以更改它的值，这样也更改了该函数。

#### 5．变量的使用

要想在脚本中使用变量，首先必须在脚本中声明这个变量，如果使用了未作声明的变量，则会出现错误。

另外，还可以在一个脚本中多次改变变量的值。变量包含的数据类型将对变量何时及怎样改变产生影响。原始的数据类型，如字符串和数字等，将以值的方式进行传递，也就是说变量的实际内容将被传递给变量。

例如，变量ting包含一个基本数据类型的数字4，因此这个实际的值数字4被传递给了函数sqr，返回值为16。

```
function sqr(x)
{
    return x*x;
}
```

```
var ting=4;
var out=sqr(ting);
```

其中，变量ting中的值仍然是4，并没有改变。

又例如，在下面的程序中，x的值被设置为1，然后这个值被赋给y，随后x的值被重新改变为10，但此时y仍然是1，因为y并不跟踪x的值，它在此只是存储x曾经传递给它的值。

```
var x=1;
var y=x;
var x=10;
```

## 11.1.6 函数

函数指在不同的场合可重复使用，而且可以定义参数，并返回结果的程序体。函数分为自定义函数和预定义函数。

自定义函数：自定义的函数语句有function和return。其中function用于定义执行特定任务的一组语句；return用于将函数中的值返回给调用单元。

预定义函数：预定义函数是Flash本身自带的函数，用于接受参数并返回结果，这些预定义函数在Flash中完成一些专门的功能。

## 11.1.7 运算符

运算符是一种特殊的函数，可以实现表达式连接、数学等式和数值比较等运算。

### 1. 数值运算符

数值运算符可以执行加法、减法、乘法、除法运算，也可以执行其他运算。增量运算符最常见的用法是i++，而不是比较烦琐的i = i+1，可以在操作数前面或后面使用增量运算符。在下面的示例中，age首先递增，然后再与数字30进行比较。

```
if(++age >= 30)
```

下面的示例age在执行比较之后递增。

```
if(age++ >= 30)
```

表11.1中，列出了动作脚本数值运算符。

**表11.1 数值运算符**

| 运算符 | 执行的运算 |
| --- | --- |
| + | 加法 |
| * | 乘法 |
| / | 除法 |
| % | 求模（除后的余数） |
| - | 减法 |
| ++ | 递增 |
| -- | 递减 |

### 2. 比较运算符

比较运算符用于比较表达式的值，然后返回一个布尔值（true或false）。这些运算符最常用于循环语句和条件语句中。在下面的示例中，如果变量score为100，则载入winner影片，否则，载入loser影片。

```
if(score > 100)
{
    loadMovieNum("winner.swf", 5);
} else
{
        loadMovieNum("loser.swf", 5);
}
```

表11.2中，列出了动作脚本比较运算符。

**表11.2 比较运算符**

| 运算符 | 执行的运算 |
| --- | --- |
| < | 小于 |
| > | 大于 |
| <= | 小于或等于 |
| >= | 大于或等于 |

### 3. 逻辑运算符

逻辑运算符用于比较布尔值（true和false），然后返回第3个布尔值。例如，如果两个操作数都为true,则逻辑"与"运算符（&&）将返回true。如果其中一个或两个操作数为true，则逻辑"或"运算符（||）将返回true。逻辑运算符通常与比较运算符配合使用，以确定if动作的条件。例如，在下面的脚本中，如果两个表达式都为true，则会执行if动作。

```
if(i > 10 && _framesloaded > 50)
```

```
{
    play();
}
```

表11.3中，列出了动作脚本逻辑运算符。

**表11.3　逻辑运算符**

| 运算符 | 执行的运算 |
|---|---|
| && | 逻辑"与" |
| \|\| | 逻辑"或" |
| ! | 逻辑"非" |

**4．赋值运算符**

可以使用赋值运算符（=）给变量指定值，例如：

```
password = "Sk8tEr"
```

还可以使用赋值运算符在一个表达式中给多个参数赋值。在下面的语句中，a 的值会被赋予变量 b、c和d。

```
a = b = c = d
```

也可以使用复合赋值运算符联合多个运算。复合赋值运算符可以对两个操作数都进行运算，并将新值赋予第1个操作数。例如，下面两条语句是等效的。

```
x += 15;
x = x + 15;
```

赋值运算符也可以用在表达式的中间，如下所示。

```
// 如果flavor不等于vanilla,输出信息
if((flavor = getIceCreamFlavor())!=
"vanilla")
{
    trace("Flavor was " + flavor + ",
    not vanilla.");
}
```

此代码与下面的稍显烦琐的代码是等效的：

```
flavor = getIceCreamFlavor();
if(flavor != "vanilla")
{
    trace("Flavor was " + flavor + ",
    not vanilla.");
}
```

表11.4中列出了动作脚本赋值运算符。

**表11.4　赋值运算符**

| 运算符 | 执行的运算 |
|---|---|
| = | 赋值 |
| += | 相加并赋值 |
| -= | 相减并赋值 |
| *= | 相乘并赋值 |
| %= | 求模并赋值 |
| /= | 相除并赋值 |
| <<= | 按位左移位并赋值 |
| >>= | 按位右移位并赋值 |
| >>>= | 右移位填零并赋值 |
| ^= | 按位"异或"并赋值 |
| \|= | 按位"或"并赋值 |
| &= | 按位"与"并赋值 |

**5．运算符的优先级和结合性**

当两个或两个以上的操作符在同一个表达式中被使用时，一些操作符与其他操作符相比具有更高的优先级。例如，带*的运算要在+运算之前执行，因为乘法运算优先级高于加法运算。ActionScript就是严格遵循这个优先等级来决定先执行哪个操作，后执行哪个操作的。

例如，在下面的程序中，括号里面的内容先执行，结果是12：

```
number=(10-4)*2;
```

而在下面的程序中，先执行乘法运算，结果是2：

```
number=10-4*2;
```

如果两个或两个以上的操作符拥有同样的优先级时，此时决定它们执行顺序的就是操作符的结合性了，结合性可以从左到右，也可以是从右到左。

例如，乘法操作符的结合性是从左向右，所以下面的两条语句是等价的：

```
number=3*4*5;
number=(3*4)*5;
```

## 11.1.8　ActionScript的语法

ActionScript的语法是ActionScript编程的重要一环，对语法有了充分的了解才能在编程中游刃有余，不至于出现一些莫名其妙的错误。ActionScript的语法相对于其他的一些专业程序语言来说较为简单，下面将就其中的详细内容进行介绍。

## 1．点语法

如果有C语言的编程经历，可能对"."不会陌生，它用于指向一个对象的某一个属性或方法，在Flash中同样也沿用了这种使用惯例，只不过在这里它的具体对象大多数情况下是Flash中的MC，也就是说这个点指向了每个MC所拥有的属性和方法。

例如，有一个MC的Instance Name是desk，_x和_y表示这个MC在主场景中的x坐标和y坐标。可以用如下语句得到它的x位置和y位置。

```
trace(desk._x);
trace(desk._y);
```

**提示**

trace语句的功能是将后面括号中的参数值转变为字符串变量后，发送到Flash的输出窗口中。这个语句多用于跟踪一些重要的数据，以便可以随时掌握变量的变化情况。

这样，即可在输出窗口中看到这个MC的位置了，也就是说desk._x、desk._y就指明了desk这个MC在主场景中的x位置和y位置。

再来看一个例子，假设有一个MC的实例名为cup，在cup这个MC中定义了一个变量height，那么可以通过如下的代码访问height这个变量并对它赋值。

```
cup.height=100;
```

如果这个叫cup的MC又是放在一个叫做tools的MC中，那么，可以使用如下代码对cup的height变量进行访问。

```
tools.cup.height=100;
```

对于方法（Method）的调用也是一样的，下面的代码调用了cup这个MC的一个内置函数play。

```
cup.play();
```

这里有两个特殊的表达方式，一个是_root.，另一个是_parent.。

★ _root.：表示主场景的绝对路径，也就是说_root.play()表示开始播放主场景，_root.count表示在主场景中的变量count。

★ _parent.：表示父场景，也就是上一级的

MC，就如前面那个cup的例子，如果在cup这个MC中写入parent.stop()，表示停止播放tool这个MC。

## 2．斜杠语法

在Flash的早期版本中，"/"被用来表示路径，通常与"："搭配用来表示一个MC的属性和方法。Flash仍然支持这种表达，但是它已经不是标准的语法了，例如如下的代码完全可以用"."来表达，而且"."更符合习惯，也更科学。所以建议用户在今后的编程中尽量少用或不用"/"表达方式。例如：

```
myMovieClip/childMovieClip:myVariable
```

可以替换为如下代码：

```
myMovieClip.childMovieClip.myVariable
```

## 3．界定符

在Flash中，很多语法规则都沿用了C语言的规范，最典型的就是"｛｝"语法。在Flash和C语言中，都是用"｛｝"把程序分成一个一个的模块，可以把括号中的代码看作一句表达。而"()"则多用来放置参数，如果括号里面是空的就表示没有任何参数传递。

（1）大括号

ActionScript的程序语句被一对大括号"｛｝"结合在一起，形成一个语句块，如下面的语句：

```
onClipEvent(load)
{
    top=_y;
    left=_x;
    right=_x;
    bottom=_y+100;
}
```

（2）括号

括号用于定义函数中的相关参数，例如：

```
function Line(x1,y1,x2,y2){…}
```

另外，还可以通过使用括号来改变ActionScript操作符的优先级顺序，对一个表达式求值，以及提高脚本程序的可读性。

（3）分号

在ActionScript中，任何一条语句都是以分号来结束的，但是即使省略了作为语句结束标志的分号，Flash同样可以成功地编译这个脚本。

例如，下列两条语句有一条采用分号作为结束标记，另一条则没有，但它们都可以由Flash编译。

```
html=true;
html=true
```

#### 4．关键字

ActionScript中的关键字是在ActionScript程序语言中有特殊含义的保留字符，如表11.5所示，不能将它们作为函数名、变量名或标号名来使用。

**表11.5　关键字**

| 关键字 | 关键字 | 关键字 | 关键字 |
|---|---|---|---|
| break | continue | delete | else |
| for | function | if | in |
| new | return | this | typeof |
| var | void | while | with |

#### 5．注释

可以使用注释语句对程序添加注释信息，这有利于帮助设计者或程序阅读者理解这些程序代码的意义，例如：

```
function Line(x1,y1,x2,y2){…}
//定义Line函数
```

在动作编辑区，注释在窗口中以灰色显示。

## 11.1.9　基本语句

与其他高级语言相似，ActionScript的控制语句也可以分为条件语句和循环语句两类。下面对这两类语句进行介绍。

#### 1．条件语句

条件语句，即一个以if开始的语句，用于检查一个条件的值是true还是false。如果条件值为true，则ActionScript按顺序执行后面的语句；如果条件值为false，则ActionScript将跳过这个代码段，执行下面的语句。if经常与else结合使用，用于多重条件的判断和跳转执行。

（1）if条件语句

作为控制语句之一的条件语句，通常用来判断所给定的条件是否满足，根据判断结果（真或假）决定执行所给出两种操作的其中一条语句。其中的条件一般是以关系表达式或逻辑表达式的形式进行描述的。

单独使用if语句的语法如下。

```
if(condition)
{
    statement(s);
}
```

当ActionScript执行至此处时，将会先判断给定的条件是否为真，若条件式（condition）的值为真，则执行if语句的内容（statement(s)），然后再继续后面的流程。若条件（condition）为假，则跳过if语句，直接执行后面的流程语句，如下列语句。

```
input="film"
if(input==Flash&&passward==123)
{
    gotoAndPlay(play);
}
    gotoAndPlay(wrong);
```

在这个简单的示例中，ActionScript执行到if语句时先判断，若括号内的逻辑表达式的值为真，则先执行gotoAndPlay(play)，然后再执行后面的gotoAndPlay(wrong)，若为假则跳过if语句，直接执行后面的gotoAndPlay(wrong)。

（2）if与else语句联用

if和else的联用语法如下。

```
if(condition){ statement(a); }
else{ statement(b); }
```

当if语句的条件式(condition)的值为真时，执行if语句的内容，跳过else语句。反之，将跳过if语句，直接执行else语句的内容。例如：

```
input="film"
if(input==Flash&&passward==123){
gotoAndPlay(play);}
    else{gotoAndPlay(wrong);}
```

这个例子看起来和上一个例子很相似，只是多了一个else，但第1种if语句和第2种if语句(if…else)在控制程序流程上是有区别的。在第1个例子中，若条件式值为真，将执行gotoAndPlay(play)，然后再执行gotoAndPlay(wrong)。而在第2个例子中，若条件式的值为真，将只执行gotoAndPlay(play)，而不执行gotoAndPlay(wrong)语句。

（3）if与else if语句联用

if和else if联用的语法格式如下：

```
if(condition1){ statement(a); }
  else if(condition2){ statement(b); }
else if(condition3){ statement(c); }
…
```

这种形式if语句的原理是：当if语句的条件式condition1的值为假时，判断紧接着的一个else if的条件式，若仍为假则继续判断下一个else if的条件式，直到某一个语句的条件式值为真，则跳过紧接着的一系列else if语句。else if语句的控制流程和if语句大体一样，这里不再赘述。

使用if条件语句，需注意以下几点。

★ else语句和else if语句均不能单独使用，只能在if语句之后伴随存在。

★ if语句中的条件式不一定只是关系式和逻辑表达式，其实作为判断的条件式也可是任何类型的数值。例如下面的语句也是正确的。

```
if(8){
  fscommand("fullscreen","true");
}
```

如果上面代码中的8是第8帧的标签，则当影片播放到第8帧时将全屏播放，这样即可随意控制影片的显示模式了。

（4）Switch、continue和break语句

break语句通常出现在一个循环（for、for…in、do…while或while循环）中，或者出现在与switch语句内特定case语句相关联的语句块中。break语句可命令Flash跳过循环体的其余部分，停止循环动作，并执行循环语句之后的语句。当使用break语句时，Flash 解释程序会跳过该case块中的其余语句，转到包含它的switch语句后的第1个语句。使用break语句可跳出一系列嵌套的循环。例如：

```
switch(number)
{
    case 1:
        trace("A");
    case 2:
        trace("B");
        break;
    default
        trace("D")
}
```

因为第1个case组中没有break，并且若number为1，则A和B都被发送到输出窗口。

如果number为2，则只输出B。

continue语句主要出现在以下几种类型的循环语句中，它在每种类型的循环中的行为方式各不相同。

如果continue语句在while循环中，可使Flash解释程序跳过循环体的其余部分，并转到循环的顶端（在该处进行条件测试）。

如果continue语句在do…while循环中，可使Flash解释程序跳过循环体的其余部分，并转到循环的底端（在该处进行条件测试）。

如果continue语句在 for 循环中，可使Flash解释程序跳过循环体的其余部分，并转而计算 for 循环后的表达式（post-expression）。

如果continue语句在for…in循环中，可使Flash解释程序跳过循环体的其余部分，并跳回循环的顶端（在该处处理下一个枚举值）。

例如：

```
i=4;
while(i>0)
{
    if(i==3)
    {
        i--;
        //跳过i==3的情况
        continue;
    }
    i--;
    trace(i);
}
i++;
trace(i);
```

### 2. 循环语句

在ActionScript中，可以按照指定的次数重复执行一系列的动作，或者在一个特定的条件，执行某些动作。在使用ActionScript编程时，可以使用while、do…while、for，以及for…in动作来创建一个循环语句。

（1）for循环语句

for循环语句是Flash中运用相对较灵活的循环语句，用while语句或do…while语句写的ActionScript脚本，完全可以用for语句替代，而且for循环语句的运行效率更高。for循环语句的语法形式如下。

```
for(init; condition; next)
```

```
    {
        statement(s);
    }
```

★ 参数init是一个在开始循环序列前要计算的表达式,通常为赋值表达式。此参数还允许使用 var 语句。

★ 条件condition是计算结果为true或false时的表达式。在每次循环迭代前计算该条件,当条件的计算结果为false时退出循环。

★ 参数next是一个在每次循环迭代后要计算的表达式,通常为使用 ++(递增)或--(递减)运算符的赋值表达式。

★ 语句statement(s)表示在循环体内要执行的指令。

在执行for循环语句时,首先计算一次init(已初始化)表达式,只要条件condition的计算结果为true,则按照顺序开始循环序列,并执行statement,然后计算next表达式。

要注意的是,一些属性无法用for或for…in循环进行枚举。例如,Array对象的内置方法(Array.sort 和 Array.reverse)就不包括在Array对象的枚举中,另外,电影剪辑属性,如_x 和_y也不能枚举。

(2)while循环语句

while语句用来实现"当"循环,表示当条件满足时就执行循环,否则跳出循环体,其语法如下.

```
while(condition){statement(s);}
```

当ActionScript脚本执行到循环语句时,都会先判断condition表达式的值,如果该语句的计算结果为true,则运行statement(s)。statement(s)条件的计算结果为true时要执行代码。每次执行while动作时都要重新计算condition表达式。

例如:

```
i=10;
while(i>=0)
{
    duplicateMovieClip("pictures",
    pictures&i,i);
    //复制对象pictures
    setProperty("pictures",_alpha,i*10);
    //动态改变pictures的透明度值
    i=i-1;}
```

```
    //循环变量减1
    }
```

在该示例中变量i相当于一个计数器。while语句先判断开始循环的条件i>=0,如果为真,则执行其中的语句块。可以看到循环体中的语句 "i=i-1;",这是用来动态地为i赋新值,直到i<0为止。

(3)do…while循环语句

与while语句不同,do…while语句用来实现"直到"循环,其语法形式如下。

```
do {statement(s)}
while(condition)
```

在执行do…while语句时,程序首先执行do…while语句中的循环体,然后再判断while条件表达式condition的值是否为真,若为真则执行循环体,如此反复直到条件表达式的值为假,才跳出循环。

例如:

```
i=10;
do{duplicateMovieClip("pictures",
pictures&i,i);
//复制对象pictures
setProperty("pictures",_alpha,i*10);
//动态改变pictures的透明度值
i=i-1; }
while(i>=0);
```

此例和前面while语句中的例子所实现的功能是一样的,这两种语句几乎可以相互替代,但它们却存在着内在的区别。while语句是在每一次执行循环体之前要先判断条件表达式的值,而do…while语句在第1次执行循环体之前不必判断条件表达式的值。如果上两例的循环条件均为while(i=10),则while语句不执行循环体,而do…while语句要执行一次循环体,这点值得重视。

(4)for…in循环语句

for…in循环语句是一个非常特殊的循环语句,因为for…in循环语句是通过判断某一对象的属性或某一数组的元素来进行循环的,它可以实现对对象属性或数组元素的引用,通常for…in循环语句的内嵌语句主要对所引用的属性或元素进行操作。for…in循环语句的语法形式如下。

```
for(variableIterant in object)
{
    statement(s);
}
```

其中，variableIterant作为迭代变量的变量名，会引用数组中对象或元素的每个属性。object 是要重复的变量名。statement(s)为循环体，表示每次要迭代执行的指令。循环的次数是由所定义的对象的属性个数或数组元素的个数决定的，因为它是对对象或数组的枚举。

如下面的示例使用for…in循环迭代某对象的属性。

```
myObject = { name:'Flash', age:23,
city:'San Francisco' };
for(name in myObject)
{
    trace("myObject." + name + "
    = " + myObject[name]);
}
```

# 11.2 实例应用

## 11.2.1 课堂实例1：放大镜动画

放大镜是大家非常熟悉的东西，每个人都应该见过，下面就来制作一个通过脚本来实现放大镜效果的动画，效果如图11-22所示。

图11-22 效果图

**01** 启动Flash CS6软件后，打开如图11-23所示的界面，然后单击"新建"选项下的ActionScript 2.0按钮。

**02** 系统将自动创建一个空白文件，在"属性"面板中单击 "编辑文档属性"按钮，如图11-24所示。

图11-23 单击ActionScript 2.0按钮

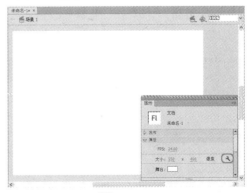

图11-24 单击 "编辑文档属性"按钮

**03** 弹出"文档设置"对话框，在该对话框中将

"尺寸"设置为920像素×550像素，如图11-25所示。

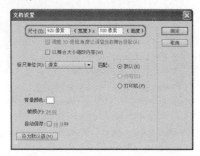

图11-25 "文档设置"对话框

**04** 单击"确定"按钮，执行"文件"|"导入"|"导入到舞台"命令。弹出"导入"对话框，在该对话框中选择素材文件，单击"打开"按钮。

**05** 即可将素材文件导入到舞台中，在"属性"面板中将X和Y都设置为0，将"宽"和"高"分别设置为920像素和577.2像素，如图11-26所示。

图11-26 设置图片位置和大小

**06** 执行"插入"|"新建元件"命令。弹出"创建新元件"对话框，在"名称"文本框中输入"放大镜"，设置"类型"为"影片剪辑"，单击"确定"按钮，如图11-27所示。

图11-27 "创建新元件"对话框

**07** 新建元件后，在"库"面板中将素材文件161801.jpg拖曳到该元件中。在素材图片上单击右键，在弹出的快捷菜单中执行"转换为元件"命令，如图11-28所示。

图11-28 执行"转换为元件"命令

**08** 弹出"转换为元件"对话框，在"名称"文本框中输入"场景动画"，并设置"类型"为"影片剪辑"，设置对齐方式，如图11-29所示。

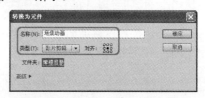

图11-29 "转换为元件"对话框

**09** 单击"确定"按钮，在"属性"面板中设置实例名称为"BigPic"，并将X和Y都设置为0，如图11-30所示。

图11-30 设置实例名称和位置

**10** 在"时间轴"面板中单击 "新建图层"按钮，新建"图层2"，如图11-31所示。

图11-31 新建图层

**11** 在工具栏中选择  "椭圆工具"，将"笔触颜色"设置为无，将"填充颜色"设置为#666666。绘制椭圆形，并选择绘制的椭圆形，在"属性"面板中将X和Y都设置为-150.05，将"宽"和"高"都设置为300.10像素，如图11-32所示。

图11-32　绘制并调整椭圆

**12** 在"图层2"上单市右键，在弹出的快捷菜单中执行"遮罩层"命令。即可将"图层2"设置为遮罩层，如图11-33所示。

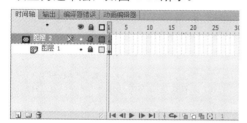

图11-33　设置"图层2"为遮罩层

**13** 在"时间轴"面板中单击  "新建图层"按钮，新建"图层3"，如图11-34所示。

图11-34　新建图层

**14** 执行"插入"|"新建元件"命令。弹出"创建新元件"对话框，在"名称"文本框中输入"元件1"，并设置"类型"为"图形"，单击"确定"按钮，如图11-35所示。

**15** 新建元件后，执行"文件"|"导入"|"导入到舞台"命令。

**16** 弹出"导入"对话框，在该对话框中选择素材文件，单击"打开"按钮。

图11-35　创建新元件

**17** 即可将素材文件导入到元件中，在"属性"面板中将X和Y设置为-300像素和-282.5像素，如图11-36所示。

图11-36　设置图像位置

**18** 在"库"面板中双击"放大镜"元件，并将"元件1"图形元件拖到"放大镜"元件中，在"属性"面板中将X和Y设置为-124.05像素和106.35像素，如图11-37所示。

图11-37　设置位置

**19** 在"时间轴"面板中单击  "新建图层"按钮，新建"图层4"，如图11-38所示。

图11-38　新建图层

20 执行"窗口"|"动作"命令。打开"动作"面板，在"动作"面板中输入以下代码，如图11-39所示。

```
stop ();
this.onEnterFrame = function ()
{
    this.BigPic._x = (460 - this._x)
    * 1.500000E+000;
    this.BigPic._y = (280 - this._y)
    * 1.500000E+000;
};
```

图11-39　输入代码

21 返回到"场景1"中，在"时间轴"面板中单击 "新建图层"按钮，新建"图层2"，如图11-40所示。

图11-40　新建图层

22 然后在"库"面板中将"放大镜"影片剪辑元件拖至舞台中，并在"属性"面板中设置实例名称为magnify，设置X和Y为462.5像素和274.55像素，设置"宽"和"高"为450像素和423.75像素，如图11-41所示。

23 打开"动作"面板，并输入以下代码，如图11-42所示。

```
onClipEvent (enterFrame)
{
    this._x = this._x + (_root._xmouse
    - this._x) * 2.000000E-001;
    this._y = this._y + (_root._ymouse
    - this._y) * 2.000000E-001;
}
```

图11-41　设置"放大镜"元件属性

图11-42　输入代码

24 按快捷键Ctrl+Enter测试影片，如图11-43所示。

图11-43　测试影片

25 影片测试完成后，执行"文件"|"导出"|"导出影片"命令。

26 弹出"导出影片"对话框，在该对话框中选择导出路径，并输入"文件名"为"脚本实现放大镜"，设置"保存类型"为swf，最后单击"保存"按钮。

27 导出影片后，执行"文件"|"保存"命令。弹出"另存为"对话框，在该对话框中选择保存路径，并输入"文件名"为"脚本实现放大镜"，设置"保存类型"为fla，最后单击"保存"按钮。

## 11.2.2 课堂实例2：礼花动画制作

生活中，在特定的时间（例如新年），享受胜利的时刻，又或者喜庆的日子，人们会燃放礼花，表达人们的祝福与喜悦。下面来介绍一下礼花动画的制作，效果如图11-44所示。

图11-44 效果图

**01** 在开始界面中单击"新建"选项下的ActionScript 2.0按钮，如图11-45所示。

图11-45 单击ActionScript 2.0按钮

**02** 系统将自动创建一个空白文件，在"属性"面板中单击 🔧 "编辑文档属性"按钮，如图11-46所示。

图11-46 单击 🔧 "编辑文档属性"按钮

**03** 弹出"文档设置"对话框，在该对话框中将"尺寸"设置为982像素×647像素，如图11-47所示。

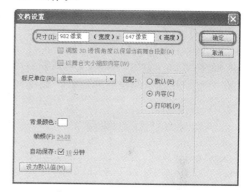

图11-47 "文档设置"对话框

**04** 单击"确定"按钮，在菜单栏中执行"插入"|"新建元件"命令。弹出"创建新元件"对话框，在"名称"文本框中输入"礼花"，并设置"类型"为"影片剪辑"，单击"确定"按钮，如图11-48所示。

图11-48 创建新元件

**05** 新建元件后，在工具栏中选择 ⬤ "椭圆工具"，将"笔触颜色"设置为无，将"填充颜色"设置为#00CCFF，绘制椭圆，如图11-49所示。

图11-49　绘制椭圆

**06** 选择第8帧，按F6键插入关键帧，使用 "选择工具"调整椭圆形，如图11-50 所示。

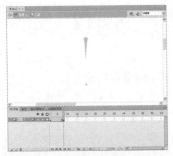

图11-50　在第8帧调整椭圆形状

**07** 选择第20帧，按F6键插入关键帧，使用 "选择工具"调整图形形状，如图11-51 所示。

图11-51　在第20帧调整形状

**08** 选择第30帧，按F6键插入关键帧，使用 "选择工具"调整图形形状，如图11-52 所示。

图11-52　在第30帧调整形状

**09** 选择第39帧，按F6键插入关键帧，使用 "选择工具"调整图形形状，如图11-53所示。

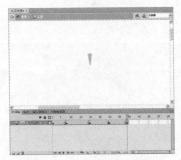

图11-53　在第39帧调整形状

**10** 选择第44帧，按F6键插入关键帧，使用 "选择工具"调整图形形状，如图11-54所示。

图11-54　在第44帧调整形状

**11** 然后选择第1帧，单击右键，在弹出的快捷菜单中执行"创建补间形状"命令，即可创建补间形状动画，如图11-55所示。

图11-55　创建补间形状动画

**12** 使用同样的方法，继续创建补间形状动画，如图11-56所示。

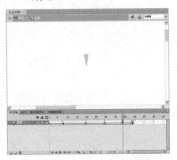

图11-56　创建其他补间形状动画

13 执行"插入"|"新建元件"命令，弹出"创建新元件"对话框，在"名称"文本框中输入"礼花动画"，并设置"类型"为"影片剪辑"，然后单击"确定"按钮，如图11-57所示。

图11-57　创建新元件

14 创建新元件后，在"库"面板中将"礼花"影片剪辑元件拖到该元件中，并在"属性"面板中设置实例名称为lihua，如图11-58所示。

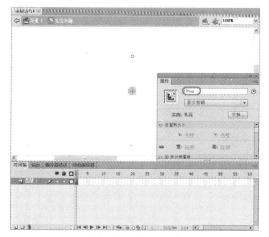

图11-58　拖曳元件

15 在"时间轴"面板中选择第1帧，并单击右键，在弹出的快捷菜单中执行"动作"命令，打开"动作"面板，并输入以下代码，如图11-59所示。

```
for (n=8; n<90; n++) {
    duplicateMovieClip("lihua",
    "lihua"+n, n);
    setProperty("lihua"+n, _rotation,
    random(360));
    setProperty("lihua"+n, _alpha,
    80+random(20));
    setProperty("lihua"+n, _xscale,
    50+random(60));
    setProperty("lihua"+n, _yscale,
    50+random(60));
    eval("lihua"+n).gotoAndPlay
    (random(5));
}
```

16 返回到"场景1"中，执行"文件"|"导入"|"导入到舞台"命令，弹出"导入"对

话框，在该对话框中选择素材文件，并单击"打开"按钮。

图11-59　输入代码

17 即可将选择的素材文件导入至舞台中，在"对齐"面板中单击 "水平中齐"和 "垂直中齐"按钮，如图11-60所示。

图11-60　设置对齐

18 在"时间轴"面板中选择第60帧，并单击右键，在弹出的快捷菜单中执行"插入帧"命令，即可在第60帧位置处插入帧，如图11-61所示。

图11-61　插入帧

19 在"时间轴"面板中单击 "新建图层"按钮，新建"图层2"，如图11-62所示。

图11-62　新建图层

181

**20** 在工具栏中选择◯"椭圆工具",将"笔触颜色"设置为无,将"填充颜色"设置为#00CCFF,然后绘制椭圆,并选择绘制的椭圆,在"属性"面板中将X和Y设置为234和336,将"宽"和"高"都设置为6像素,如图11-63所示。

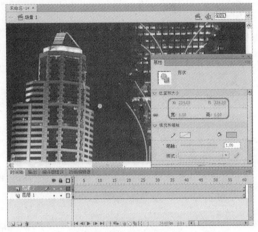

图11-63 绘制椭圆

**21** 在绘制的椭圆上单击右键,并在弹出的快捷菜单中执行"转换为元件"命令,弹出"转换为元件"对话框,在"名称"文本框中输入"元件1",并将"类型"设置为"图形",如图11-64所示。

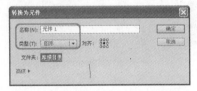

图11-64 "转换为元件"对话框

**22** 单击"确定"按钮,即可将椭圆形转换为图形元件,如图11-65所示。

图11-65 转换为元件

**23** 在"时间轴"面板中选择"图层2"第15帧,按F6键插入关键帧,在舞台中选择"元件1"图形元件,并在"属性"面板中将X和Y设置为205和220,将"样式"设置为Alpha,将Alpha值设置为0%,如图11-66所示。

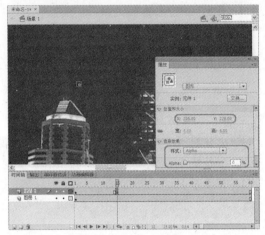

图11-66 调整"元件1"

**24** 选择"图层2"第10帧,并单击右键,在弹出的快捷菜单中执行"创建传统补间"命令,即可创建传统补间动画,如图11-67所示。

图11-67 创建传统补间动画

**25** 在"时间轴"面板中单击◻"新建图层"按钮,新建"图层3",如图11-68所示。

图11-68 新建图层

**26** 选择"图层3"第15帧,并单击右键,在弹出的快捷菜单中执行"插入关键帧"命令，在第15帧处插入关键帧，在"库"面板中将"礼花动画"影片剪辑元件拖到舞台中，并在"属性"面板中将X和Y设置为205和220，将"宽"和"高"都设置为4，如图11-69所示。

图11-69 设置"礼花动画"影片剪辑元件

**27** 选择"图层3"第45帧，并单击右键，在弹出的快捷菜单中执行"插入空白关键帧"命令，即可在第45帧插入空白关键帧，效果如图11-70所示。

图11-70 插入空白关键帧

**28** 在"时间轴"面板中单击 "新建图层"按钮，新建"图层4"，如图11-71所示。

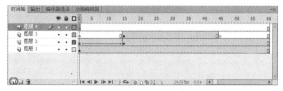

图11-71 新建图层

**29** 选择"图层4"第5帧，并按F6键插入关键帧，如图11-72所示。

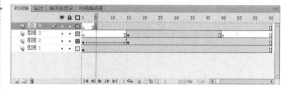

图11-72 插入关键帧

**30** 在工具箱中选择 "椭圆工具"，将"笔触颜色"设置为无，将"填充颜色"设置为#FF00FF，绘制椭圆形，并选择绘制的椭圆形，在"属性"面板中将X和Y设置为682.95和428.6，将"宽"和"高"都设置为6像素，如图11-73所示。

图11-73 绘制椭圆

**31** 在新绘制的椭圆上单击右键，并在弹出的快捷菜单中执行"转换为元件"命令，弹出"转换为元件"对话框，在"名称"文本框中输入"元件2"，并将"类型"设置为"图形"，单击"确定"按钮，如图11-74所示。

图11-74 "转换为元件"对话框

**32** 将椭圆形转换为图形元件，如图11-75所示。

**33** 在"时间轴"面板中选择"图层4"第20帧，并按F6键插入关键帧，如图11-76所示。

图11-75 转换为元件

图11-76 插入关键帧

**34** 在舞台中选择"元件2"图形元件,并在"属性"面板中将X和Y设置为745和242,将"样式"设置为Alpha,将Alpha值设置为0%,如图11-77所示。

图11-77 调整"元件2"

**35** 选择"图层4"第9帧,并单击右键,在弹出的快捷菜单中执行"创建传统补间"命令,创建传统补间动画,如图11-78所示。

图11-78 创建传统补间动画

**36** 在"时间轴"面板中单击 "新建图层"按钮,新建"图层5",如图11-79所示。

图11-79 新建图层

**37** 选择"图层5"第20帧,并按F6键插入关键帧,如图11-80所示。

图11-80 插入关键帧

**38** 在"库"面板中将"礼花动画"影片剪辑元件拖到舞台中,并在"属性"面板中将X和Y设置为745和242,将宽和高都设置为5像素,将"样式"设置为"色调",并对其参数进行设置,如图11-81所示。

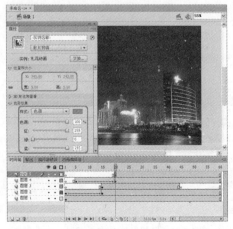

图11-81 调整"礼花动画"影片剪辑元件

**39** 选择"图层5"第50帧，并单击右键，在弹出的快捷菜单中执行"插入空白关键帧"命令，即可在第50帧插入空白关键帧，效果如图11-82所示。

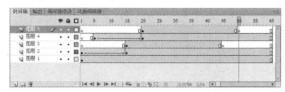

图11-82 插入空白关键帧

**40** 使用同样的方法，制作其他动画效果，如图11-83所示。

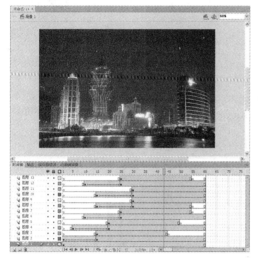

图11-83 制作其他动画效果

**41** 按快捷键Ctrl+Enter测试影片，如图11-84所示。

图11-84 测试影片

**42** 影片测试完成后，执行"文件"|"导出"|"导出影片"命令。

**43** 弹出"导出影片"对话框，在该对话框中选择导出路径，并输入"文件名"为"礼花效果"，设置"保存类型"为swf，最后单击"保存"按钮。

**44** 导出影片后，执行"文件"|"保存"命令，弹出"另存为"对话框，在该对话框中选择保存路径，并输入"文件名"为"礼花效果"，设置"保存类型"为fla，最后单击"保存"按钮。

# 11.3 课后练习

（1）"动作"面板的各组成部分是什么？并简述各组成部分的功能？

（2）Flash的数据类型分为几类，分别是什么？

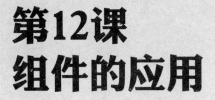

# 第12课
# 组件的应用

掌握在Flash中应用复选框、组合框、列表框、普通按钮、单选按钮、文本滚动条、滚动窗口等组件来设计网页上的交互功能。即使您对ActionScript 脚本语言没有很深的了解，只要将这些组件从组件面板中拖曳到舞台中即可为影片添加功能，制作复杂的影片了。

# 12.1 基础讲解

## 12.1.1 组件的基础知识

Flash组件是带参数的影片剪辑,可以修改它们的外观和行为。组件既可以是简单的用户界面控件(如单选按钮或复选框),也可以包含内容(如滚动窗格);组件还可以是不可视的(如FocusManager,它允许用户控制应用程序中接收焦点的对象)。

即使用户对ActionScript没有深入的了解,使用组件,也可以构建复杂的Flash应用程序。用户不必创建自定义按钮、组合框和列表,将这些组件从如图12-1所示的"组件"面板拖到应用程序中即可为应用程序添加功能。还可以方便地自定义组件的外观,从而满足自己的设计需求,

图12-1 "组件"面板

每个组件都有预定义参数,可以在使用Flash进行创作时设置这些参数。每个组件还有一组独特的ActionScript方法、属性和事件,它们也称为 API(应用程序编程接口),使用户可以在运行时设置参数和其他选项。

向Flash影片中添加组件有多种方法。

★ 初学者可以使用"组件"面板将组件添加到影片中,接着在"属性"面板中设置参数,再单击 按钮,在打开的"组件检查器"面板中指定基本参数,最后使用"动作"面板编写动作脚本来控制该组件。

★ 中级用户可以使用"组件"面板将组件添加到Flash影片中,然后使用"属性"面板、动作脚本方法,或两者的组合来指定参数。

★ 高级用户可以将"组件"面板和动作脚本结合在一起使用,通过在影片运行时执行相应的动作脚本来添加并设置组件。

使用"组件"面板向Flash影片中添加组件只需打开"组件"面板,双击或向舞台上拖曳该组件即可。

要从Flash影片中删除已添加的组件实例,可通过删除库中的组件类型图标或者直接选中舞台上的实例按Back Space键或Delete键。ActionScript 3.0与ActionScript 2.0的组件之间也存在着不同。首先是ActionScript 3.0的部分组件。

## 12.1.2 UI组件

Flash中内嵌了标准的Flash UI组件:CheckBox、ComboBox、List、Button、RadioButton和ScrollPane等。用户既可以单独使用这些组件在Flash影片中创建简单的用户交互功能,也可以通过组合使用这些组件为Web表单或应用程序创建一个完整的用户界面。

### 1. CheckBox(复选框)

CheckBox即复选框,它是所有表单或Web应用程序中的一个基础部分。使用它的主要目的

是判断是否选取方块后对应的选项内容，而一个表单中可以有许多不同的复选框，所以复选框大多数用在有许多选择且可以多项选择的情况下。CheckBox（复选框）组件的效果如图12-2所示，可以使用"属性"|"组件参数"面板为Flash影片中的每个复选框实例设置下列参数，如图12-3所示。

图12-2　CheckBox效果

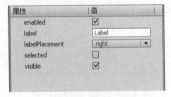

图12-3　组件参数

★ enabled：列表是否为被激活的，默认为true。

★ label：指定在复选框旁边出现的文字，通常位于复选框的右面。如图12-4所示。

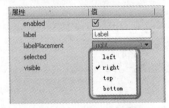

图12-4　label选项

★ labelPlacement：标签文本相对于复选框的位置，有上下左右4个位置，可根据自己的要求来设置，如图12-5所示。

图12-5　labelPlacement选项

★ selected：设置默认是否选中，如图12-6所示。

图12-6　selected选项

★ visible：列表是否可见，默认为true。

## 2．ComboBox（下拉列表框）

在任何需要从列表中选择的表单应用程序中，都可以使用ComboBox组件。它是将所有的选项都放置在同一个列表中，而且除非单击它，否则它都是收起来的，如图12-7所示。在"属性"|"组件参数"面板中可以对它的参数进行设置，如图12-8所示。

图12-7　ComnboBox组件　　图12-8　组件参数

★ dataProvider：需要的数据在dataProvider中。

★ editable：设置使用者是否可以修改菜单的内容，默认的是false。

★ enabled：列表是否为被激活的，默认为true。

★ prompt：显示提示对话框。

★ restrict：设置限制列表数。

★ rowCount：列表打开之后显示的行数。如果选项超过行数，就会出现滚动条，默认值为5。

★ visible：列表是否可见，默认为true。

### 3. RadioButton（单选按钮）

单选按钮通常用在选项不多的情况下，它与复选框的差异在于它必须设定群组（Group），同一群组的单选按钮不能复选，如图12-9所示。在"属性"|"组件参数"面板中可以对它的参数进行设置，如图12-10所示。

图12-9　RadioButton组件　　图12-10　组件参数

★ enabled：列表是否为被激活的，默认为true。

★ groupName：用来判断是否被复选，同一群组内的单选按钮只能选择其一。

★ label：单选按钮旁边的文字，主要是显示给用户看的。

★ labelPlacement：指标签放置的地方，是按钮的左边还是右边。

★ selected：默认情况下选择false。被选中的单选按钮中会显示一个圆点。一个组内只有一个单选按钮可以有表示被选中的值true。如果组内有多个单选按钮被设置为true，则会选中最后实例化的单选按钮。

★ value：设置在步进器的文本区域中显示的值，默认值为0。

★ visible：列表是否可见，默认为true。

### 4. Button（按钮）

Button（按钮）组件效果如图12-11所示，在"属性"|"组件参数"面板中可以对它的参数进行设置，如图12-12所示。

★ emphasized：列表是否为被强调，默认为false。

★ enabled：列表是否为被激活的，默认为true。

图12-11　Button组件　　图12-12　组件参数

★ label：设置按钮上的文字。

★ labelPlacement：指按钮上标签放置的位置，有上下左右4个位置，可根据自己的要求来设置。

★ selected：设置默认是否选中。

★ toggle：选中复选框，则在鼠标按下、弹起、经过时会改变按钮外观。

★ visible：列表是否可见，默认为true。

### 5. List（列表框）

列表框与下拉列表非常相似，只是下拉列表一开始就显示一行，而列表框则是显示多行，如图12-13所示。在"属性"|"组件参数"面板中可以对它的参数进行设置，如图12-14所示。

图12-13　List组件　　图12-14　组件参数

★ multipleSelection：如果选中复选框，可以让使用者复选，不过要配合Ctrl键。

★ dataProvider：使用方法和下拉列表相同。

★ enabled：列表是否为被激活的，默认为true。

★ horizontalLineScrollSize：指示每次单击滚动按钮时水平滚动条移动多少个单位，默认值为4。

★ horizontalPageScrollSize：指示每次单击轨道时水平滚动条移动多少个单位，默认值为0。

★ horizontalScrollPolicy：显示水平滚动条，该值可以是on、off或auto，默认值为auto。

★ verticalLineScrollSize：指示每次单击滚动按钮时垂直滚动条移动多少个单位，默认值为4。

★ verticalPageScrollSize：指示每次单击滚动条轨道时，垂直滚动条移动多少个单位，默认值为0。

★ verticalScrollPolicy：显示垂直滚动条，该值可以是on、off或auto，默认值为auto。

★ visible：列表是否可见，默认为true。

### 6．其他组件

（1）DataGrid（数据网格）组件

DataGrid（数据网格）组件能够创建强大的数据驱动的显示和应用程序。可以使用DataGrid 组件来实例化使用 Flash Remoting的记录集，然后将其显示在列表框中，如图12-15所示。在"属性"|"组件参数"面板中可以对它的参数进行设置，如图12-16所示。

图12-15　DataGrid组件　　图12-16　组件参数

★ allowMultipeSelection：设置是否允许多项选择。

★ editable：它是一个布尔值，用于指示网格是否可编辑。

★ headerHeight：数据网格标题栏的高度，默认值为25。

★ horizontalLineScrollSize：指示每次单击滚动按钮时水平滚动条移动多少个单位，默认值为4。

★ horizontalPageScrollSize：指示每次单击轨道时水平滚动条移动多少个单位，默认值为0。

★ horizontalScrollPolicy：显示水平滚动条，该值可以是on、off或auto，默认值为off。

★ resizableColumns：一个布尔值，它确定用户是（true）否（false）能够伸展网格的列。此属性必须为 true 才能让用户调整单独列的大小。默认值为 true。

★ rowHeight：指示每行的高度（以"像素"为单位）。更改字体大小不会更改行高度。默认值为 20。

★ showHeaders：一个布尔值，它指示数据网格是（true）否（false）显示列标题。列标题将被加上阴影，以区别于网格中的其他行。如果 DataGrid.sortableColumns 设置为true，则用户可以单击列标题对列的内容进行排序。showHeaders 的默认值为 true。默认为true。

★ verticalLineScrollSize：指示每次单击滚动按钮时垂直滚动条移动多少个单位，默认值为4。

★ verticalPageScrollSize：指示每次单击滚动条轨道时，垂直滚动条移动多少个单位，默认值为0。

★ verticalScrollPolicy：显示垂直滚动条，该值可以是on、off或auto，默认值为auto。

（2）Label（文本标签）组件

一个Label（文本标签）组件就是一行文本，可以指定一个标签采用HTML格式，也可以控制标签的对齐和大小。Label 组件没有边框，不能具有焦点，并且不广播任何事件，如图12-17所示。在"属性"|"组件参

数"面板中可以对它的参数进行设置，如图12-18所示。

图12-17 Lable组件    图12-18 组件参数

★ autoSize：指示如何调整标签的大小并对齐标签以适合文本。默认为 none。

★ condenseWhite：一个布尔值，指定当HTML 文本字段在浏览器中呈现时是否删除字段中的额外空白（空格、换行符等）。默认值为 false。

★ enabled：列表是否为被激活的，默认为true。

★ htmlText：指示标签是否采用 HTML 格式。如果选中此复选框，则不能使用样式来设置标签的格式，但可以使用 font标记将文本格式设置为 HTML。

★ selectable：指定文本字段是否可选。

★ text：指示标签的文本，默认值是Label。

★ visible：列表是否可见，默认为true。

★ word Wrap：文本是否自动换行。

（3）NumericStepper（数字微调）组件

NumericStepper（数字微调）组件允许用户逐个通过一组经过排序的数字。该组件由显示在上、下三角按钮旁边文本框中的数字组成。用户按下按钮时，数字将根据stepSize参数中指定的单位递增或递减，直到用户释放按钮或达到最大或最小值为止。NumericStepper（数字微调）组件的文本框中的文本也是可编辑的，如图12-19所示。在"属性"|"组件参数"面板中可以对它的参数进行设置，如图12-20所示。

图12-19 NumericStepper组件 图12-20 组件参数

★ enabled：列表是否为被激活的，默认为true。

★ maximum：设置可在步进器中显示的最大值，默认值为 10。

★ minimum：设置可在步进器中显示的最小值，默认值为0。

★ stepSize：设置每次单击时步进器增大或减小的单位，默认值为 1。

★ value：设置在步进器的文本区域中显示的值，默认值为 1。

★ visible：列表是否可见，默认为true。

（4）ProgressBar（进度栏）组件

ProgressBar（进度栏）组件显示加载内容的进度。ProgressBar（进度栏）可用于显示加载图像和部分应用程序的状态。加载进程可以是确定的也可以是不确定的，如图12-21所示。在"属性"|"组件参数"面板中可以对它的参数进行设置，如图12-22所示。

图12-21 ProgressBar组件 图12-22 组件参数

★ direction：指示进度栏填充的方向。该值可以是 right 或 left，默认值为 right。

★ enabled：列表是否为被激活的，默认为true。

191

★ mode：是进度栏运行的模式。此值可以是event、polled或manual中的一个。默认值为event。

★ source：是一个要转换为对象的字符串，它表示源的实例名称。

★ visible：列表是否可见，默认为true。

（5）TextArea（文本区域）组件

TextArea（文本区域）组件的效果是将ActionScript的TextField对象进行换行。可以使用样式自定义TextArea（文本区域）组件。当实例被禁用时，其内容以 disabledColor 样式所指示的颜色显示。TextArea（文本区域）组件也可以采用 HTML 格式，或者作为文本的密码字段，如图12-23所示。在"属性"|"组件参数"面板中可以对它的参数进行设置，如图12-24所示。

图12-23　TextArea组件　　图12-24　组件参数

★ condenseWhite：一个布尔值，指定当HTML 文本字段在浏览器中呈现时是否删除字段中的额外空白（空格、换行符等）。默认值为 false。

★ editable：指示TextArea 组件是否可编辑。

★ enabled：列表是否为被激活的，默认为true。

★ horizontalScrollPolicy：显示水平滚动条，该值可以是on、off或auto，默认值为auto。

★ htmltext：指示文本是否采用 HTML 格式。如果选中复选框，则可以使用字体标签来设置文本格式。

★ maxChars：此文本区域最多可容纳的字符数。脚本插入的文本可能会比maxChars 属性允许的字符数多。该属性只是指示用户可以输入多少文本。如果此属性的值为 null，则对用户可以输入的文本量没有限制。默认值为 null。

★ restrict：指明用户可在组合框的文本字段中输入的字符集。默认值为 undefined。

★ text：指示 TextArea 组件的内容。

★ verticalScrollPolicy：显示垂直滚动条，该值可以是on、off或auto，默认值为auto。

★ visible：列表是否可见，默认为true。

★ wordWrap：指示文本是否自动换行，默认为true。

（6）ScrollPane（滚动窗格）组件

使用ScrollPane（滚动窗格）组件可以在一个可滚动区域中显示影片剪辑、JPEG 文件和 SWF 文件。通过使用滚动窗格，可以限制这些媒体类型所占用的屏幕区域大小。ScrollPane（滚动窗格）可以显示从本地磁盘或 Internet 加载的内容，如图12-25所示。在"属性"|"组件参数"面板中可以对它的参数进行设置，如图12-26所示。

图12-25　ScrollPane组件　　图12-26　组件参数

★ enabled：列表是否为被激活的，默认为true。

★ horizontaLineScrollSize：指示每次单击滚动按钮时水平滚动条移动多少个单位。默认值为4。

★ horizontalPageScrollSize：指示每次单击轨道时水平滚动条移动多少个单位。默认值为0。

★ horizontalScrollPolicy：显示水平滚动条，该值可以是 on、off 或 auto。默认值为 auto。

★ scrollDrag：它是一个布尔值，用于确定当用户在滚动窗格中拖动内容时是否发生滚动。

★ source：是一个要转换为对象的字符串，它表示源的实例名称。

★ verticalLineScrollSize：指示每次单击滚动按钮时垂直滚动条移动多少个单位。默认值为4。

★ verticalPageScrollSize：指示每次单击滚动条轨道时，垂直滚动条移动多少个单位，默认值为0。

★ verticalScrollPolicy：显示垂直滚动条，该值可以是 on、off 或 auto。默认值为 auto。

★ visible：列表是否可见，默认为true。

（7）TextInput（输入文本框）组件

TextInput（输入文本框）组件是单行文本组件，该组件可以使用样式自定义TextInput（输入文本框）组件。当实例被禁用时，它的内容显示为disabledColor 样式表示的颜色。TextInput（输入文本框）组件也可以采用 HTML 格式，或作为掩饰文本的密码字段，如图12-27所示。在"属性"|"组件参数"面板中可以对它的参数进行设置，如图12-28所示。

图12-27 TextInput组件 图12-28 组件参数

★ diaplaypassword：是否显示密码字段。

★ editable：指示 TextInput 组件是否可编辑。

★ enabled：列表是否为被激活的，默认为 true。

★ maxChars：此文本区域最多可容纳的字符数。脚本插入的文本可能会比maxChars 属性允许的字符数多。该属性只是指示用户可以输入多少文本。如果此属性的值为 null，则对用户可以输入的文本量没有限制。默认值为 null。

★ restrict：指明用户可在组合框的文本字段中输入的字符集。默认值为 undefined。

★ text：指定TextInput（输入文本框）组件的内容。

★ visible：列表是否可见，默认为true。

（8）UIScrollBar（UI滚动条）组件

UIScrollBar（UI滚动条）组件允许将滚动条添加至文本字段。既可以将滚动条添加至文本字段，也可以使用ActionScript 在运行时添加，如图12-29所示。在"属性"|"组件参数"面板中可以对它的参数进行设置，如图12-30所示。

图12-29 UIScrollBar组件 图12-30 组件参数

★ direction：指示进度栏填充的方向。该值可以是 vertical 或 horizontal，默认值为 vertical。

★ scrollTargetName：指示 UIScrollBar 组件所附加到的文本字段实例的名称。

★ visible：列表是否可见，默认为true。

上面介绍了一些关于ActionScript 3.0部分组件的信息，下面主要介绍一下ActionScript 2.0的部分组件信息。

（9）DateChooser（日期选择）组件

DateChooser（日期选择）组件是一个允许用户选择日期的日历。它包含一些按

钮，这些按钮允许用户在月份之间来回滚动并单击某个日期将其选中。可以设置指示月份和日期，以及每星期的第一天及加亮显示当前日期的参数，如图12-31所示。在"属性"|"组件参数"面板中可以对它的参数进行设置，如图12-32所示。

图12-31 DateChooser组件　图12-32 组件参数

★ dayNames：设置一星期中各天的名称。该值是一个数组，其默认值为 ["S", "M", "T", "W", "T", "F", "S"]。

★ disabledDays：指示一星期中禁用的各天。该参数是一个数组，并且最多具有7个值。默认值为 [] （空数组）。

★ firstDayOfWeek：指示一星期中的哪一天（其值为0～6，0是dayNames数组的第一个元素）显示在日期选择器的第一列中。此属性可以更改"日"列的显示顺序。

★ monthNames：设置在日历的标题行中显示的月份名称。该值是一个数组，其默认值为 ["January", "February", "March", "April", "May", "June", "July", "August", "September", "October","November", "December"]。

★ showToday：指示是否要加亮显示今天的日期。

★ enabled：列表是否为被激活的，默认为true。

★ visible：列表是否可见，默认为true。

★ minHeight：设置最小高度。

★ minWidth：设置最小宽度。

（10）Menu（菜单）组件

使用Menu（菜单）组件可以从菜单中选择一个项目，这与大多数软件应用程序的

"文件"或"编辑"菜单很相似，如图12-33所示。在"属性"|"组件参数"面板中可以对它的参数进行设置，如图12-34所示。

图12-33 Menu组件　　图12-34 组件参数

rowHeight：指示每行的高度（以"像素"为单位）。更改字体大小不会更改行高度。默认值为20。

（11）DataField（数据域）组件

DateField（数据域）组件是一个不可选择的文本字段，用于显示右边带有日历图标的日期。如果未选定日期，则该文本字段为空白，并且当前日期的月份显示在日期选择器中。当用户在日期字段边框内的任意位置单击时，将会弹出一个日期选择器，并显示选定日期所在月份内的所有日期。当日期选择器打开时，可以使用月份滚动按钮在月份和年份之间来回滚动，并选择一个日期。如果选定某个日期，则会关闭日期选择器，并将所选日期输入到日期字段中，如图12-35所示。在"属性"|"组件参数"面板中可以对它的参数进行设置，如图12-36所示。

图12-35 DataField组件　图12-36 组件参数

★ dayNames：设置一星期中各天的名称。该值是一个数组，其默认值为 ["S", "M", "T", "W", "T", "F", "S"]。

★ disabledDays：指示一星期中禁用的各天。该参数是一个数组，并且最多具有7个值。默认值为 [] （空数组）。

★ firstDayOfWeek：指示一星期中的哪一天（其值为0~6，0是dayNames数组的第一个元素）显示在日期选择器的第一列中。此属性更改"日"列的显示顺序。默认值为0，即代表星期日的"S"。

★ monthNames：设置在日历的标题行中显示的月份名称。该值是一个数组，其默认值为 ["January", "February", "March", "April", "May", "June", "July", "August", "September", "October","November", "December"]。

★ showToday：指示是否要加亮显示今天的日期。

（12）MenuBar（菜单栏）组件

使用 MenuBar（菜单栏）组件可以创建带有菜单和命令的水平菜单栏，就像常见的软件应用程序中包含"文件"菜单和"编辑"菜单的菜单栏一样，如图12-37所示。在"属性"|"组件参数"面板中可以对它的参数进行设置，如图12-38所示。

图12-37 MenuBar组件　　图12-38 组件参数

★ labels：一个数组，它将带有指定标签的菜单激活器添加到 MenuBar 组件。默认值为 []（空数组）。

★ enabled：列表是否为被激活的，默认为true。

★ visible：列表是否可见，默认为true。

★ minHeight：设置最小高度。

★ minWidth：设置最小宽度。

（13）Tree（树）组件

使用Tree（树）组件可以查看分层数据。树显示在类似 List（列表框）组件的框中，树中的每一项称为一个"节点"，并且可以是叶或分支。默认情况下，用旁边带有文件图标的文本标签表示叶，用旁边带有文

件夹图标的文本标签表示分支，并且文件夹图标带有展开箭头（展示三角形），可以打开它以显示子节点。分支的子项可以是叶或分支，如图12-39所示。在"属性"|"组件参数"面板中可以对它的参数进行设置，如图12-40所示。

图12-39 Tree组件　　　图12-40 组件参数

★ multipleSelection：它是一个布尔值，用于指示是否可以选择多个项。

★ rowHeight：指示每行的高度（以"像素"为单位）。默认值为 20。

（14）Window（窗口）组件

使用Window（窗口）组件可以在一个具有标题栏、边框和"关闭"按钮（可选）的窗口内显示影片剪辑的内容，如图12-41所示。在"属性"|"组件参数"面板中可以对它的参数进行设置，如图12-42所示。

图12-41 Window组件　　图12-42 组件参数

★ closeButton：指示是否显示"关闭"按钮。

★ contentPath：指定窗口的内容。这可以是电影剪辑的链接标识符，或是屏幕、表单包含窗口内容的幻灯片元件的名称，也可以是要加载到窗口的 SWF 或 JPEG 文件的绝对或相对URL。

★ title：指示窗口的标题。

★ enabled：列表是否为被激活的，默认为true。

★ visible：列表是否可见，默认为true。

★ minHeight：设置最小高度。

★ minWidth：设置最小宽度。

（15）Loader（加载）组件

Loader（加载）组件是一个容器，可以显示 SWF 或 JPEG 文件。可以缩放加载器的内容，或者调整加载器自身的大小来匹配内容的大小。默认情况下，会调整内容的大小以适应加载器，如图12-43所示。在"属性"|"组件参数"面板中可以对它的参数进行设置，如图12-44所示。

图12-43　Loader组件　　图12-44　组件参数

★ autoLoad：指示内容是应该自动加载，还是应该等到调用 Loader.load() 方法时再进行加载。

★ contentPath：是一个绝对或相对的 URL，它指示要加载到加载器的文件。相对路径必须是相对于加载内容的 SWF 文件的路径。

★ scaleContent：指示是内容进行缩放以适合加载器，还是加载器进行缩放以适合内容。

★ enabled：列表是否为被激活的，默认为true。

★ visible：列表是否可见，默认为true。

★ minHeight：设置最小高度。

★ minWidth：设置最小宽度。

## 12.1.3　媒体组件

Media（媒体）组件应用于ActionScript 2.0中，其组件包括MediaController（媒体控制）、MediaDisplay（媒体显示）、

MediaPlayBack（媒体回放）等内容。

### 1. MediaController（媒体控制）

MediaController（媒体控制）组件可以为媒体回放提供标准的用户界面控件（播放、暂停等），如图12-45所示。在"属性"|"组件参数"面板中可以对它的参数进行设置，如图12-46所示。

图12-45　MediaController组件　图12-46　组件参数

★ activePlayControl：确定播放栏在实例化时是处于播放模式还是暂停模式。此模式确定在"播放"/"暂停"按钮上显示的图像，它与控制器实际所处的播放/暂停状态相反。

★ backgroundStyle：确定是否为MediaController实例绘制背景。

★ controllerPolicy：确定控制器是根据鼠标位置打开或关闭，还是锁定在打开或关闭状态。

★ horizontal：确定实例的控制器部分为垂直方向还是水平方向。选中此复选框指示组件将为水平方向。

★ enabled：列表是否为被激活的，默认为true。

★ visible：列表是否可见，默认为true。

★ minHeight：设置最小高度。

★ minWidth：设置最小宽度。

### 2. MediaDisplay（媒体显示）

通过MediaDisplay（媒体显示）组件可以将媒体加入Flash内容中。此组件可用于处理视频和音频数据。单独使用此组件时，用户将无法控制媒体，如图12-47所示。这个组件的参数设置要通过组件检查器来完成，如图12-48所示。

图12-47 MediaDisplay组件　图12-48　组件参数

图12-50　组件参数

★ FLV 或 MP3：指定要播放的媒体类型。

★ Video Length：播放 FLV 媒体所需的总时间，此设置是确保播放栏正常工作所必需的。

★ Milliseconds：确定播放栏是使用帧还是毫秒，以及提示点是使用秒还是帧。

★ FPS：指示每秒的帧数。

★ URL：一个字符串，保存要播放的媒体的路径和文件名。

★ Automatically Play：确定是否在加载媒体后立刻播放该媒体。

★ Use Preferred Media Size：确定与MediaDisplay 实例关联的媒体是符合组件大小，还是仅使用其默认的大小。

**3．MediaPlayBack（媒体回放）**

MediaPlayBack（媒体回放）组件是MediaController（媒体控制）和MediaDisplay（媒体显示）组件的结合，可以提供对媒体内容进行流式处理的方法，如图12-49所示。这个组件的参数设置要通过组件检视器来完成，如图12-50所示。

★ Control Placement：控制器的位置。

★ Control Visibility：确定控制器是否根据鼠标的位置而打开或关闭。

图12-49　MediaPlayBack组件

## 12.1.4 Video组件

Video（视频）组件主要包括FLV PlayBack（FLV回放）组件和一系列视频控制按键的组件。

通过FLV Playback 组件，可以轻松地将视频播放器包括在Flash应用程序中，以便播放通过HTTP渐进式下载的Flash视频（FLV）文件，如图12-51所示。

图12-51　FLV PlayBack组件

FLV Playback（FLV回放）组件包括FLV Playback（FLV回放）自定义用户界面组件。FLV Playback 组件是显示区域（或视频播放器）的组合，从中可以查看FLV文件及允许对该文件进行操作的控件。FLV Playback（FLV回放）自定义用户界面组件提供控制按钮和机制，可用于播放、停止、暂停FLV文件及对该文件进行其他控制。这些控件包括 BackButton、BufferingBar、ForwardButton、MuteButton、PauseButton、PlayButton、PlayPauseButton、SeekBar、StopButton 和 VolumeBar。在"属性"|"组

件参数"面板中可以对它的参数进行设置，如图12-52所示。

图12-52　组件参数

★ autoPlay：确定 FLV 文件的播放方式的布尔值。如果选中此复选框，则该组件将在加载FLV文件后立即播放。如果没有选中，则该组件加载第1帧然后暂停。对于默认视频播放器（0），默认值为选中，对于其他项则与其相反。

★ autoRewind：一个布尔值，用于确定 FLV 文件在它完成播放时是否自动后退。如果选中此复选框，则播放头达到末端或单击"停止"按钮时，FLV Playback 组件会自动使 FLV 文件后退到开始处。如果没有选中，则组件在播放 FLV 文件的最后一帧后会停止，并且不自动后退。

★ autoSize：一个布尔值，如果选中此复选框，则在运行时调整组件大小以使用源FLV文件尺寸。这些尺寸是在FLV文件中进行编码的，并且不同于FLV Playback组件的默认尺寸。

★ bufferTime：在开始回放前，在内存中缓冲 FLV 文件的秒数。此参数影响 FLV 文件流，这些文件在内存中缓冲，但不下载。

★ contentPath：一个字符串，指定FLV文件的URL，或者指定描述如何播放一个或多个 FLV 文件的XML文件。可以指定本地计算机上的路径、HTTP路径或实时消息传输协议（RTMP）路径。

★ cuePoints：描述 FLV 文件的提示点的字符串。提示点允许同步包含 Flash 动画、图形或文本的 FLV 文件中的特定点。默认值为无。

★ isLive：一个布尔值，如果选中此复选框，则指定 FLV 文件正从 Flash Communication Server 实时加载流。实时流的一个示例就是在发生事件的同时显示这些事件的视频。

★ maintainAspectRatio：一个布尔值，如果选中此复选框，则调整 FLV Playback 组件中视频播放器的大小，以保持源 FLV 文件的高宽比；FLV 文件根据舞台上 FLV Playback 组件的尺寸进行缩放。autoSize 参数优先于此参数。

★ skin：用于打开"选择外观"对话框，从该对话框中可以选择组件的外观。默认值最初是预先设计的外观。

★ skinAutoHide：一个布尔值，如果选中此复选框，则当鼠标指针不在 FLV 文件或外观区域上时隐藏外观。

★ totalTime：源 FLV 文件中的总秒数，精确到毫秒。默认值为 0。

★ volume：一个从0～100的数值，用于表示相对于最大音量（100）的百分比。

# 12.2　实例应用

## 12.2.1　课堂实例1：交互动画制作

本例主要使用Alert组件和Windows组件制作一个动画，使其具备简单的交互功能，使用户能够根据需求有选择地浏览信息。利用Windows组件可以在一个具有标题栏、边框和关闭按扭的窗口中显示影片剪辑的内容。通过Alert组件能够弹出一个窗口，该窗口能够向用户呈现一条消息和响应按钮。本例制作的动画效果如图12-53所示。

图12-53　动画效果

**01** 启动Flash CS6软件后，在如图12-54所示的界面中选择ActionScript2.0选项，新建文件。

图12-54　开始界面

**02** 新建文件后，在"属性"面板中单击"属性"选项下的 🔧 "编辑文档属性"按钮，如图12-55所示。

图12-55　"属性"面板

**03** 在打开的"文档属性"对话框中，将"尺寸"设置为500像素×400像素，将"背景颜色"设置为#FFCC99，如图12-56所示。

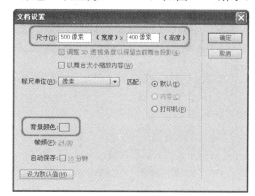

图12-56　设置舞台

**04** 单击"确定"按钮，设置完成后的场景如图12-57所示。

图12-57　场景效果

**05** 执行"文件"|"导入"|"导入到舞台"命令，打开"导入"对话框，选择"底图.jpg"文件，如图12-58所示。

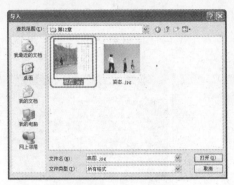

图12-58 导入图片

**06** 单击"打开"按钮，将素材文件导入舞台中，并在"属性"面板中将"位置和大小"项中X、Y值都设置为0，将"宽"和"高"值分别设置为500像素和400像素，如图12-59所示。

图12-59 调整图片

**07** 执行"插入"|"创建新元件"命令，打开"创建新元件"对话框，将"名称"设置为"关闭"，将"类型"设置为"按钮"，如图12-60所示。

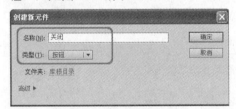

图12-60 创建新元件

**08** 单击"确定"按钮，创建元件。在"时间轴"面板中，选择"图层1"的"点击"，按"F6"键插入关键帧，如图12-61所示。

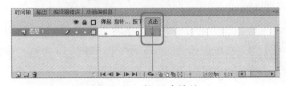

图12-61 插入关键帧

**09** 在工具箱中单击 "矩形工具"按钮，在"属性"面板中将"填充和笔触"下的"笔触颜色"设置为无，"填充颜色"设置为白色，如图12-62所示。

图12-62 设置"矩形"属性

**10** 按住Shift键，在舞台中绘制一个正方形。绘制完成后，选中该正方形，并在"对齐"面板中单击 "水平中齐"和 "垂直中齐"按钮，使正方形在舞台中居中，如图12-63所示。

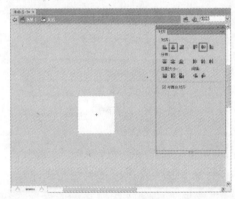

图12-63 矩形对齐

**11** 返回场景1舞台，在"时间轴"面板中，单击 "新建图层"按钮，新建"图层2"，如图12-64所示。

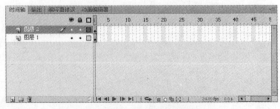

图12-64 新建图层

**12** 在"库"面板中选择"关闭"按钮，将其拖至舞台中，放置在适当的位置，并使用 ![] "任意变形工具"工具调整按钮的大小，如图12-65所示。

图12-65　调整"关闭"按钮

13 打开"组件"面板，在User Interface类别中选择Alert组件，如图12-66所示。

图12-66　选择Alert组件

14 将Alert组件拖至舞台中，如图12-67所示。然后，将其删除。

图12-67　删除Alert组件

这里将Alert组件拖至舞台中，然后将其删除，目的在于将该组件添加到"库"面板中，如图12-68所示。

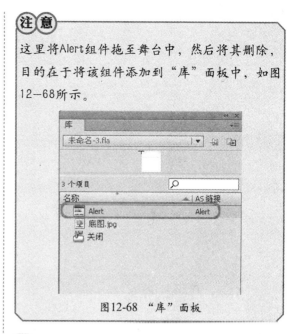

图12-68　"库"面板

15 在舞台中选择"关闭"按钮，按F9键打开"动作"面板，在其中输入以下代码，如图12-69所示。

```
on (press) {
    import mx.controls.Alert;
    Alert.okLabel = "退出";
    Alert.cancelLabel = "返回";
    var listenerObj:Object = new Object();
    listenerObj.click = function(evt) {
        switch (evt.detail) {
        case Alert.OK :
          fscommand("quit", true);
          break;
        case Alert.CANCEL :
          break;
        }
    };
    Alert.show("真的要离开吗?", "真情
    提示", Alert.OK | Alert.CANCEL,
    this, listenerObj);
}
```

图12-69　输入动作语句

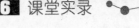

提 示

此处代码可直接复制素材"代码02.txt"文件。

16 按快捷键Ctrl+Enter测试场景，如图12-70所示。

图12-70　测试场景

17 执行"插入"|"新建元件"命令，打开"创建新元件"对话框。将"名称"设置为"励志"，将"类型"设置为"影片剪辑"，如图12-71所示。

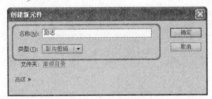

图12-71　创建新元件

18 单击"确定"按钮，新建元件完成；在工具箱中单击 "矩形工具"按钮，在"属性"面板中将"填充和笔触"项中的"笔触颜色"设置为无，"填充颜色"设置为白色，如图12-72所示。

图12-72　设置"矩形"属性

19 在舞台中绘制矩形，在"属性"面板中将"宽度"和"高度"的锁定打开，并两者的值分别设置为380和340，将X、Y都设置为0，如图12-73所示。

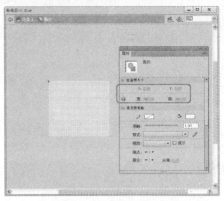

图12-73　绘制矩形并调整

20 在"时间轴"面板中，单击 "新建图层"按钮，新建"图层2"，如图12-74所示。

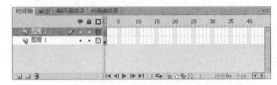

图12-74　新建"图层2"

21 执行"文件"|"导入"|"导入到舞台"命令，打开"导入"对话框，选择"姿态.jpg"文件，如图12-75所示。

图12-75　导入素材

22 单击"打开"按钮，在"属性"面板中将"宽度"和"高度"的值分别设置为330和250，将X、Y值分别设置为30和75，如图12-76所示。

23 在"时间轴"面板中，单击 "新建图层"按钮，新建"图层3"。在工具箱中选择 T "文本工具"工具，在舞台中输入文本，在"属性"面板中将字体设置为水平方向，将"字符"项下的"系列"设置为"华文行楷"，"大小"设置为17点，"颜色"设置为黑色，在场景中输入"和时间相依为命的我们，总要背叛很多，但姿态决定人生。"调整文本的格式，可以将"姿态"字体改为红色，打击可以自行改变文本的颜色，如图12-77所示。

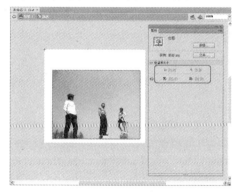

图12-76 调整素材

图12-77 设置文字属性

**24** 设置完成后，返回"场景1"舞台。在"时间轴"面板中，单击 ⬚ "新建图层"按钮，新建"图层3"，如图12-78所示。

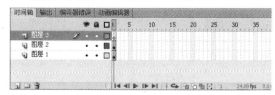

图12-78 新建"图层3"

**25** 在"组件"面板中，选择Button组件，将其拖至场景舞台中，如图12-79所示。

**26** 在"属性"面板中将实例名称设置为button，将"组件参数"项下，将label设置为"梦想之路"，如图12-80所示。

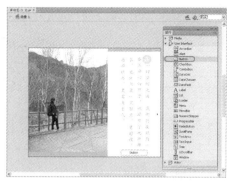

图12-79 创建Button组件

图12-80 调整button组件

**27** 选择button实例，在"属性"面板中将"位置和大小"下的X和Y值设置为350和370，如图12-81所示。

图12-81 调整button位置

**28** 在"时间轴"面板中选择"图层3"的第1帧，在"动作"面板中输入代码，如图12-82所示。

```
buttonListener = new Object();
buttonListener.click - function() {
  myWindow=mx.managers.PopUp
  Manager.createPopUp(_root,mx.
  containers.Window,true, {title:"
  梦想之路",  contentPath:"lizhi",
  closeButton:true});
  myWindow.setSize(400, 380);
  myWindow._x = 50;
  myWindow._y = 10;
  clListener = new Object();
  clListener.click = function() {
```

```
            myWindow.deletePopUp();
        };
        myWindow.addEventListener("click",
        clListener);
    };
    button.addEventListener("click",
    buttonListener);
```

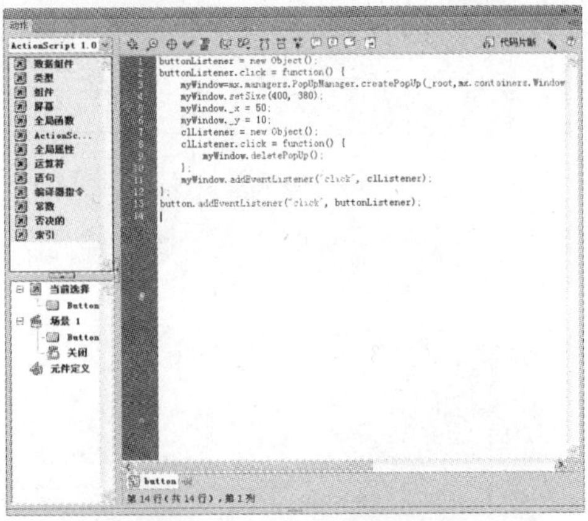

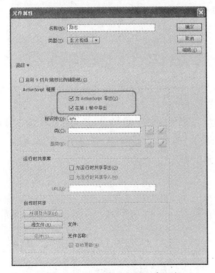

图12-82　输入动作语句

**提示**

此处代码可直接复制随书附带光盘中“素材”/代码03.txt”文件。

**29** 在“库”面板中选择“励志”元件，单击右键，在弹出的快捷菜单中执行“属性”命令，打开“元件属性”对话框，选中“为ActionScript导出”和“在帧1中导出”复选框，标识符设置为lizhi，如图12-83所示。

图12-83　“元件属性”对话框

**30** 在“组件”面板中选择“Window”组件，将其拖至舞台中，如图12-84所示。并将其删除。

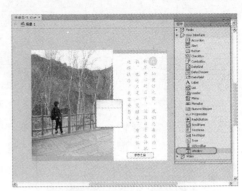

图12-84　Window组件

**注意**

这里将Window组件拖至舞台中，并将其删除，目的在于将该组件添加到Window面板中，如图12-85所示。

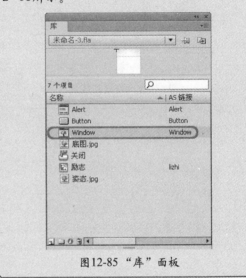

图12-85　“库”面板

**31** 影片制作完成，按快捷键Ctrl+Enter测试影片，如图12-86所示。

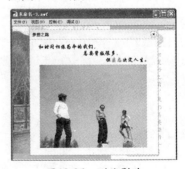

图12-86　测试影片

**32** 影片制作完成后，执行“文件”|“另存为”命令，单击“保存”按钮，保存场景文件，保存场景后，执行“文件”|“导出”|“导出影片”命令，单击“保存”按钮，将影片导出。

## 12.2.2　课堂实例2：电子日历制作

在本例中将利用DateChooser组件和TextArea组件制作一个电子日历，能够显示当前时间以及所选择的时间。制作重点在于使用绑定实现两个组件间的数据传送，制作效果如图12-87所示。

图12-87　电子日历

**01** 启动Flash CS6软件后，在开始界面中选择ActionScript 2.0选项，新建文件。

**02** 打开"组件"面板，从User Interface分类夹下将DateChooser组件拖至舞台，如图12-88所示。

图12-88　创建组件

**03** 在"属性"面板中将实例命名设置为rili，如图12-89所示。

图12-89　"属性"面板

**04** 在"属性"面板中，单击monthNames的参数设置区，打开"值"面板，按图12-90所示将各值由英文名称改为对应的中文名称，单击"确定"按钮。

图12-90　"值"面板

**05** 在"组件"面板中，在User Interface分类夹下将TextArea组件拖至舞台，如图12-91所示。

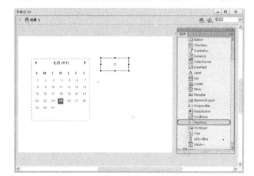

图12-91　创建组件

**06** 选择实例，选择 "任意变形工具"工具，对组件实例大小进行调整，如图12-92所示。

图12-92　组件调整

**07** 在"属性"面板中，在text后的参数设置区中输入"您选择的日期是："文本，如图12-93所示。

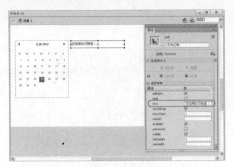

图12-93　创建文本

**08** 选择 "选择工具" 工具，按Ctrl键向下单击拖曳TextArea组件实例，复制出另一个TextArea组件实例，如图12-94所示。

图12-94　复制组件

**09** 在"属性"面板中，为新复制出的TextArea组件实例命名设置为time，然后删除text参数设置区中的文本，如图12-95所示。

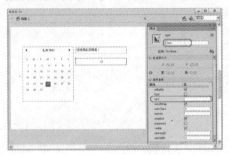

图12-95　设置组件

**10** 选择rili组件，执行"窗口"|"组件检查器"命令，打开"组件检查器"面板。单击"绑定"选项，单击 ➕ 按钮打开"添加绑定"面板，选择如图12-96所示的第3项，单击"确定"按钮。

**11** 在"组件检查器"面板中的bound to值区域中双击，打开"绑定到"面板，选择面板中的time实例，如图12-97所示。

**12** 单击"确定"按钮，查看"组件管理器"面板中的设置，如图12-98所示。

**13** 影片制作完成，按快捷键Ctrl+Enter测试影片，效果如图12-99所示。

**14** 保存场景后，将影片导出。

图12-96　添加绑定

图12-97　"绑定到"面板

图12-98　"组件管理器"面板

图12-99　影片测试

## 12.2.3 课堂实例3：花朵相册

本例要制作一个花朵相册，并产生单击图片不释放鼠标，图片就会逐渐放大并完全显示，释放鼠标图片就会逐渐恢复原来的效果。这种制作过程，主要是利用对影片剪辑的相关控制命令的设置完成的。制作完成的效果，如图12-100所示。

图12-100 花朵相册

**01** 启动Flash CS6软件后，在开始界面中选择ActionScript 2.0选项。

**02** 新建文件后，在"属性"面板中，将"属性"选项下的"大小"设置为1000像素×800像素。将"舞台"颜色设置为#FFCCCC，如图12-101所示。

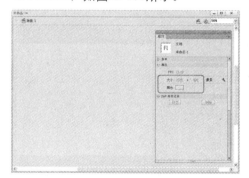

图12-101 "属性"面板

**03** 调整舞台完成后，按快捷键Ctrl+F8，在弹出的"创建新元件"对话框中，设置名称为"花01"，选择类型为"影片剪辑"，单击"确定"按钮，如图12-102所示。

图12-102 创建新元件

**04** 进入"图1"的编辑区域，按快捷键Ctrl+R，在

弹出的导入对话框中，选择01.jpg文件，单击"打开"按钮，在弹出的"是否导入序列"对话框中单击"否"按钮，如图12-103所示。

图12-103 "是否导入序列"对话框

**05** 调整导入图片的位置，如图12-104所示。

图12-104 调整图片

**06** 设置完成后，返回"场景1"舞台；按快捷键Ctrl+F8，在弹出的"创建新元件"对话框中，设置名称为"花01变"，选择类型为"影片剪辑"，单击"确定"按钮，如图12-105所示。

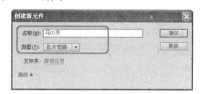

图12-105 创建新元件

**07** 进入"花01变"的编辑区域，在"库"面板中，将"花01"元件拖到舞台中央，如图12-106所示。

图12-106 图片拖入舞台

**08** 选中元件，执行"窗口"|"变形"命令，打开"变形"面板，在舞台中选择"花01"元件实例，在"变形"面板中，勾选"约束"选项，将比例设置为30%，并按Enter键应用。如图12-107所示。

图12-107 "变形"面板

**09** 在"时间轴"面板中，分别选择第9帧和第17帧，按F6键插入关键帧，如图12-108所示。

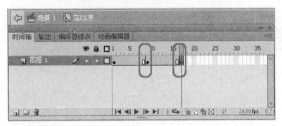

图12-108 插入关键帧

**10** 选择第9帧，在变形面板中，将"花01"元件实例比例设置为70%，并按Enter键应用。如图12-109所示。

图12-109 调整元件

**11** 在"时间轴"面板中，选择第1帧，单击右键，在弹出的菜单中，执行"创建传统补间"命令，在"时间轴"面板中，选择第13帧，单击右键，在弹出的菜单中，执行"创建传统补间"命令，如图12-110所示。

图12-110 创建传统补间

**12** 在"时间轴"面板中，单击 "新建图层"按钮，新建"图层2"，选择第9帧，并按F6插入关键帧，如图12-111所示。

图12-111 插入关键帧

**13** 在"图层2"中选择第1帧，按F9键打开"动作"面板。在弹出的"动作"面板中，输入动作语句stop();如图12-112所示。

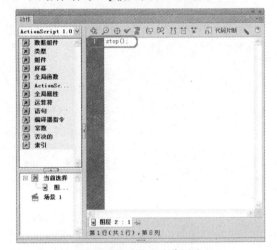

图12-112 输入动作语句

**14** 在"图层2"中选择第9帧，并为其添加同样的动作命令，如图12-113所示。

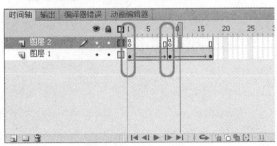

图12-113 添加"动作"语句

**15** 制作完成后，返回"场景1"，使用同样的方法制作元件"花02"。按快捷键Ctrl+F8，在弹出的"创建新元件"对话框中，设置名称为"花02"，选择类型为"影片剪辑"，单击"确定"按钮，如图12-114所示。

图12-114　创建新元件

**16** 进入"花02"的编辑区域，按快捷键Ctrl+R，在弹出的导入对话框中，选择02.jpg文件，单击"打开"按钮，如图12-115所示；在弹出的"是否导入序列"对话框中单击"否"。

图12-115　导入图片

**17** 返回"场景1"中，按快捷键Ctrl+F8，在弹出的"创建新元件"对话框中，设置"名称"为"花02变"，将"类型"设置为"影片剪辑"，单击"确定"按钮，如图12-116所示。

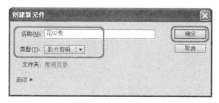

图12-116　创建新元件

**18** 进入"花02变"的编辑区域，在"库"面板中，将"花02"元件拖入舞台中；在舞台中选择"花02"元件实例，按快捷键Ctrl+T，在弹出的"变形"面板中，勾选"约束"项，将比例设置为"30%"，并按Enter键应用。如图12-117所示。

图12-117　调整图片

**19** 在"时间轴"面板中，分别选择第9帧和第17帧，按F6键插入关键帧。选择第9帧中"花02"元件实例，在"变形"面板中，将比例设置为70%，并按Enter键应用，如图12-118所示。

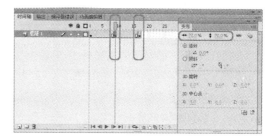

图12-118　插入关键帧

**20** 在"时间轴"面板中，选择第1帧和第13帧，单击右键，执行"创建传统补间"命令，如图12-119所示。

图12-119　创建传统补间

**21** 在"时间轴"面板中，单击"新建图层"按钮，新建"图层2"，选择第9帧，并按F6键插入关键帧，如图12-120所示。

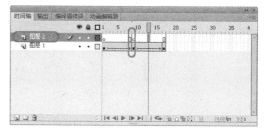

图12-120　插入关键帧

**22** 在"图层2"中，选择第1帧，按F9键，在弹出的"动作"面板中，输入动作语句 stop();。使用同样的方式为第9帧添加动作命令，如图12-121所示。

图12-121 输入动作语句

**23** 制作完成后返回"场景1"，使用同样的方法制作元件"花03"，导入素材中的03.jpg文件，然后制作元件"花03变"，实现与元件"花01变"、"花02变"相同的动画效果，如图12-122所示。

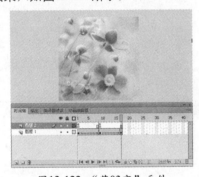

图12-122 "花03变"元件

**24** 同样制作元件"花04"，导入素材中的04.jpg文件，制作元件"花04变"，实现与元件"花01变"、"花02变"等相同的动画效果。如图12-123所示。

图12-123 "花04变"元件

**25** 同样制作元件"花05"，导入素材中的05.jpg文件，制作元件"花05变"，实现与元件"花01变"、"花02变"等相同的动画效果。如图12-124所示。

图12-124 "花05变"元件

**26** 同样制作元件"花06"，导入素材中的06.jpg文件，制作元件"花06变"，实现与元件"花01变"、"花02变"等相同的动画效果。如图12-125所示。

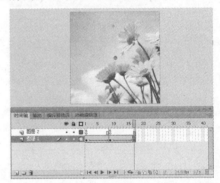

图12-125 "花06变"元件

**27** 同样制作元件"花07"，导入素材中的07.jpg文件，制作元件"花07变"，实现与元件"花01变"、"花02变"等相同的动画效果。如图12-126所示。

图12-126 "花07变"元件

**28** 同样制作元件"花08"，导入素材中的08.jpg文件，制作元件"花08变"，实现与元件"花01变"、"花02变"等相同的动画效果。如图12-127所示。

图12-127 "花08变"元件

29 同样制作元件"花09",导入素材中的09.jpg文件,制作元件"花09变",实现与元件"花01变"、"花02变"等相同的动画效果。如图12-128所示。

图12-128 "花09变"元件

30 制作完成后,返回"场景1"舞台,在"库"面板中,将元件按从"花01变"到"花09变"的顺序,一次拖至舞台中,以由左至右,由上至下顺序排列,最后放置的元件位于最上层,如图12-129所示。

图12-129 排列元件

31 在工具箱中选择 T "文本工具",在"属性"面板中,设置字体为"迷你简娃娃篆","大小"为50,"颜色"为白色,

字符间距为10,在舞台中输入文本"一花一世界",文字的排列方式可以随自己爱好调整,如图12-130所示。

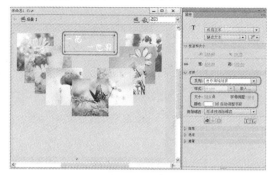

图12-130 创建文本

32 在舞台中选择"花01变"实例,执行"窗口"|"行为"命令,打开"行为"面板,在"行为"面板中,单击 "添加行为"按钮,执行"影片剪辑"|"移到最前"命令,如图12-131所示。

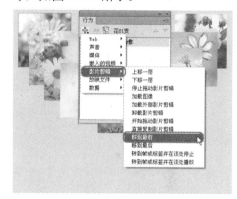

图12-131 "行为"面板

提示

由于舞台中的各实例存在遮挡关系,因此只有"移到最前"才能够完全显示出来。

33 在打开的"移到最前"面板中,单击"确定"按钮,如图12-132所示。

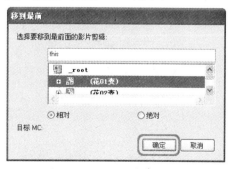

图12-132 "移到最前"面板

**34** 在"行为"面板中，从"事件"下拉列表中选择"按下时"选项，替换"释放时"，如图12-133所示。

图12-133 "行为"面板

**35** 在"行为"面板中，单击 ✛ "添加行为"按钮，执行"影片剪辑"|"转到帧或标签并在该处播放"命令，在"转到帧或标签并在该处播放"面板中，使"花01变"元件实例从第2帧开始播放，如图12-134所示。

图12-134 "转到帧或标签并在该处播放"面板

**36** 在"行为"面板中，将新添加的行为触发事件由"释放时"改为"按下时"，如图12-135所示。

图12-135 "行为"面板

**37** 在"行为"面板中，单击 ✛ "添加行为"按钮，执行"影片剪辑"|"移到最后"命令，在"移到最后"面板中，单击"确定"按钮，如图12-136所示。

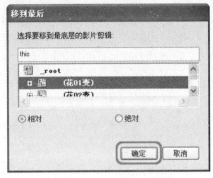

图12-136 "移到最后"面板

**38** 在"行为"面板中，单击 ✛ "添加行为"按钮，执行"影片剪辑"|"转到帧或标签并在该处播放"命令，在"转到帧或标签并在该处播放"面板中，使"花01变"元件实例从第10帧开始播放，如图12-137所示。

图12-137 "转到帧或标签并在该处播放"对话框

**39** 单击"确定"按钮退出，在"行为"面板上出现4个行为，如图12-138所示。

图12-138 "行为"面板

**40** 按F9键打开"动作"面板，将其中的所有动作语句全部选择，并按快捷键Ctrl+C进行复制，如图12-139所示。

图12-139 "动作"面板

**41** 在舞台上选择"花02变"元件实例，按F9键，在弹出的"动作"面板中，粘贴所有复制的语句，此时"行为"面板中会出现和"花01变"元件实例一样的行为，如图12-140所示。

图12-140 "花02变"行为面板

**提 示**

由于无法直接在"行为"面板中进行行为复制，因此这里采用了"动作"面板中复制语句的方法，间接实现了行为的复制，由此也可以看出，行为也是利用动作语句来实现的。

**42** 在舞台上选中"花03变"元件实例，按F9键，在弹出的"动作"面板中，粘贴所有复制的语句，此时"行为"面板中会出现和"花01变"元件实例一样的行为，如图12-141所示。

图12-141 "花03变"行为面板

**43** 在"行为"面板中选择最后一个行为动作，单击 ⊕ "添加行为"按钮，执行"影片剪辑"|"上移一层"命令，打开"上移一层"面板，单击"确定"按钮退出，如图12-142所示。

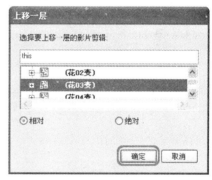

图12-142 "上移一层"对话框

**44** 这样在"花03变"元件实例的"行为"面板中增加了一个新行为"上移一层"，如图12-143所示。

图12-143 "花03变"行为面板

**45** 选择"花03变"元件实例，按F9键打开"动作"面板，将其中的所有动作语句全部选择，并按快捷键Ctrl+C进行复制。将其粘贴到"花04变"元件实例的动作面板中，此时"行为"面板中会出现和"花03变"元件实例一样的行为，如图12-144所示。

**中文版 Flash CS6** 课堂实录

图12-144 "花04变"行为面板

**46** 在"动作"面板中，复制"花04变"元件实例的动作语句，将其粘贴到"花05变"元件实例的动作面板中，并在行为面板中增加一个"上移一层"的新动作，对"花05变"元件实例的行为进行设置，如图12-145所示。

图12-145 "花05变"行为面板

**47** 按F9键，打开"动作"面板，复制"花05变"元件实例的动作语句，并将其粘贴到"花06变"元件实例的动作面板中，此时"行为"面板中会出现和"花05变"元件实例一样的行为，如图12-146所示。

图12-146 "花06变"行为面板

**48** 在"动作"面板中，复制"花06变"元件实例的动作语句，将其粘贴到"花07变"元件实例的动作面板中，并在行为面板中增加一个"上移一层"的新动作，对"花07变"元

件实例的行为进行设置，如图12-147所示。

图12-147 "花07变"行为面板

**49** 按F9键，打开"动作"面板，复制"花07变"元件实例的动作语句，并将其粘贴到"花08变"元件实例的动作面板中，此时"行为"面板中会出现和"花07变"元件实例一样的行为，如图12-148所示。

图12-148 "花08变"行为面板

**50** 在舞台中选择"花01变"元件实例，按F9键打开"动作"面板，复制"花01变"元件实例的动作语句，并将其粘贴至"花09变"元件实例的面板中，此时"行为"面板中会出现和"花01变"元件实例一样的行为，选择其中的"移到最后"，单击 "删除"按钮，删除选择的命令，如图12-149所示。

图12-149 "花09变"行为面板

**51** 按快捷键Ctrl+Enter测试影片，如图12-150所示。

图12-150 测试影片

52 在"场景1"中，按快捷键Ctrl+R，在弹出的"导入"对话框中，选择"向日葵.jpg"文件，单击"打开"按钮，如图12-151所示。

图12-151 导入图片

53 选择导入的文件，调整其在舞台中的位置。单击右键，在弹出的快捷菜单中执行"转换为元件"命令，在弹出的"转换为元件"对话框中，将"名称"定义为"向日葵花语"，"类型"定义为"按钮"，单击"确定"按钮，如图12-152所示。

图12-152 "转换为元件"对话框

54 双击"向日葵"元件实例，进入"向日葵花语"编辑区域。在"时间轴"面板的"图层1"中，在"指针"处按F6键插入关键帧，如图12-153所示。

图12-153 插入关键帧

55 在工具箱中选择 T "文本工具"工具，在"属性"面板中，设置字体为"方正彩云简体"，"大小"为50，"颜色"为红色，在舞台中输入文本"沉默的爱"，制作完成后，调整文本在舞台中的位置，如图12-154所示。

图12-154 "转换为元件"对话框

56 回到"场景1"中，使用同样的方法制作"雏菊花语"元件，如图12-155所示。

图12-155 "雏菊花语"元件

57 回到"场景1"中，使用同样的方法制作"波斯菊花语"元件，如图12-156所示。

58 按快捷键Ctrl+Enter测试影片，然后保存场景，如图12-157所示。

59 保存场景后，将影片导出。

图12-156 "波斯菊花语"元件

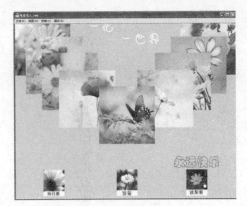

图12-157 测试场景

# 12.3 课后练习

### 1. 选择题

（1）在Checkbox的参数中，_____设置的字符串代表复选框旁边的文字说明。

    A. LabelPlacement           B. Label     C. selected

（2）direction指示进度栏填充的方向，值可以是_____或_____。

    A. right                  B. left            C. false                   D. ture

### 2. 填空题

（1）Alert（警告）组件能够显示一个窗口，该窗口向用户呈现一条消息和相应按钮。该窗口包含一个_____的标题栏、一个可自定义的消息和若干_____的按钮。

（2）Alert（警告）组件没有创作参数，必须调用_____的_____方法来显示Alert窗口。

### 3. 简答题

简述使用组件的优点。

### 4. 操作题

根据本课所学内容制作一个电子日历。

# 第13课
# 音频和视频的编辑

在制作一些Flash动画时，可以根据需要将音频文件或视频文件导入到Flash中，这样可以使制作出的效果更加美观，本课将介绍音频和视频的编辑。

# 13.1 基础讲解

## 13.1.1 音频文件

在 Flash CS6 中提供多种使用声音的方式。可以根据需要使声音独立于时间轴连续播放，或使用时间轴将动画与音轨保持同步。向按钮添加声音可以使按钮具有更强的互动性，通过声音淡入淡出，还可以使音轨更加优美。

在 Flash CS6 中有两种声音类型：事件声音和音频流。事件声音必须完全下载后才能开始播放，除非明确停止，否则它将一直连续播放。音频流在前几帧下载了足够的数据后就开始播放；音频流要与时间轴同步以便在网站上播放。

在 Flash CS6 中，可以根据需要导入音频文件，当导入的音频文件容量过大时，该音频文件会对 Flash 影片的播放有很大的影响，因此 Flash 还专门提供了音频压缩功能，有效地控制了最后导出的 SWF 文件中的声音品质和容量大小。

### 1. 导入音频文件

在 Flash 中，可以将音频文件导入到舞台或导入到库，下面将介绍如何在 Flash 中导入音频文件。

**01** 启动 Flash CS6，执行"文件"|"导入到库"命令，或按快捷键 Ctrl+R，如图 13-1 所示。

图 13-1 执行"导入到库"命令

**02** 在弹出的对话框中选择要导入的音频文件，如图 13-2 所示。

图 13-2 选择音频文件

**03** 选择完成后，单击"打开"按钮，将选中的音频文件导入到"库"面板中，如图 13-3 所示，将音频文件导入"库"面板中后，在"预览"窗口中即可观察到音频的波形。

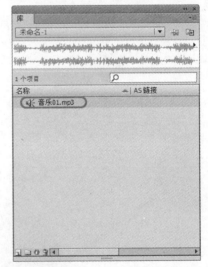

图 13-3 导入的音频文件

**04** 单击"库"面板的"预览"窗口中的 ▶ "播放"按钮，即可在"库"中试听导入的音频效果。音频文件被导入到 Flash 中之后，就成为 Flash 文件的一部分，也就是说，声音或音轨文件会使 Flash 文件的体积变大。如图 13-14 所示。

图13-4　单击"播放"按钮

**05** 在"时间轴"面板中选择"图层1"，在第35帧处右击，在弹出的快捷菜单中执行"插入帧"命令，如图13-5所示。

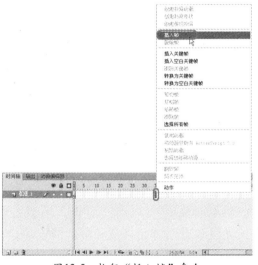

图13-5　执行"插入帧"命令

**06** 在"库"面板中选择导入的音频文件，单击拖曳至舞台中，即可将其添加到图层1中，如图13-6所示。

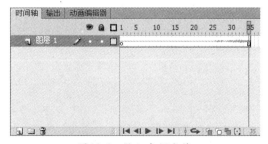

图13-6　添加音频文件

### 2. 编辑音频

用户可以在"属性"面板中对导入的音

频文件的属性进行编辑。

　　（1）设置音频效果

　　在音频层中任意选择一帧（含有声音数据的），并打开"属性"面板，如图13-7所示。可以在"效果"下拉列表中选择一种效果。

图13-7　音频的"属性"面板

★　左声道：只用左声道播放声音。

★　右声道：只用右声道播放声音。

★　向右淡出：声音从左声道转换到右声道。

★　向左淡出：声音从右声道转换到左声道。

★　淡入：音量从无逐渐增加到正常。

★　淡出：音量从正常逐渐减少到无。

★　自定义：选择该选项后，可以打开"编辑封套"对话框，通过使用编辑封套自定义声音效果，如图13-8所示。

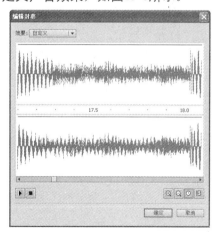

图13-8　"编辑封套"对话框

**提示**

除此之外，还可以在"属性"面板中单击"编辑声音封套"按钮，同样也可以打开"编辑封套"对话框。

下面将介绍如何设置音频效果，其具体操作步骤如下。

**01** 启动Flash CS6，打开素材文件，如图13-9所示。

图13-9 打开的素材文件

**02** 执行"文件"|"导入"|"导入到库"命令，在弹出的对话框中选择所需的音频文件，如图13-10所示。

图13-10 选择素材文件

**03** 单击"打开"按钮，将选中的素材文件导入到"库"面板中，在"时间轴"面板中单击"新建图层"按钮，并将其命名为"音乐"，如图13-11所示。

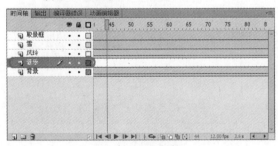

图13-11 新建图层

**04** 选择该图层，按快捷键Ctrl+L打开"库"面板，在该面板中选择导入的音频文件，单击拖曳至舞台中，将其添加至"音乐"图层中，如图13-12所示。

图13-12 将音频文件添加至"音乐"图层中

**05** 选择"音乐"图层中的任意一帧，按快捷键Ctrl+F3打开"属性"面板，单击"效果"右侧的下三角按钮，在弹出的下拉列表中执行"淡出"命令，如图13-13所示，执行该操作后，即可为该音频文件添加效果。

图13-13 执行"淡出"命令

（2）音频同步设置

如果要将声音与动画同步，可以在关键帧处设置音频开始播放和停止播放等，在"属性"面板的"同步"下拉列表中可以选择音频的同步类型，如图13-14所示。

图13-14 "同步"下拉列表

★ 事件：该选项可以将声音和一个事件的发生过程同步。事件声音在它的起始关键帧开始显示时播放，并独立于时间轴播放完整个声音，即使 SWF文件停止也继续播放。当播放发布的SWF文件时，事件和声音也同步进行播放。事件声音的一个实例就是当用户单击一个按钮时播放的声音。如果事件声音正在播放，而声音再次被实例化（例如，再次单击按钮），则第一个声音实例继续播放，而另一个声音实例也开始播放。

★ 开始：与"事件"选项的功能相近，但是如果原有的声音正在播放，使用"开始"选项后则不会播放新的声音实例。

★ 停止：使指定的声音静音。

★ 数据流：用于同步声音，以便在Web站点上播放。选择该项后，Flash将强制动画和音频流同步。如果Flash不能流畅地运行动画帧，就跳过该帧。与事件声音不同，音频流会随着SWF文件的停止而停止。而且，音频流的播放时间绝对不会比帧的播放时间长。当发布SWF文件时，音频流会混合在一起播放。

一般情况下，如果在一个较长的动画中引用很多音频文件，就会造成文件过大。为了避免这种情况发生，可以使用音频重复播放的方法，在动画中重复播放一个音频文件。

在"属性"面板的"循环次数"文本框中输入一个值，可以指定音频循环播放的次数，如果要连续播放音频，可以选择"循环"选项，以便在一段持续时间内一直播放音频。

下面将介绍如何设置音频的同步方式，其具体操作步骤如下。

**01** 在"时间轴"面板中选择音频的任意一帧，按快捷键Ctrl+F3打开"属性"面板，单击"同步"右侧的下三角按钮，在弹出的下拉列表中执行"开始"命令，如图13-15所示。

**02** 在单击"同步"下方的三角按钮，在弹出的下拉列表中执行"循环"命令，如图13-16

所示，设置完成后，按快捷键Ctrl+Enter试听设置后的效果。

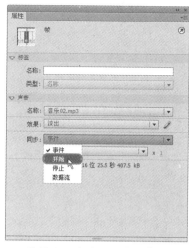

图13-15 执行"开始"命令

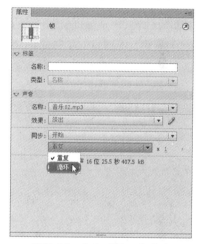

图13-16 执行"循环"命令

**3．压缩音频**

在"库"面板中选择一个音频文件，单击右键，在弹出的快捷菜单中执行"属性"命令，如图 13-17 所示，打开"声音属性"对话框，单击"压缩"右侧的下拉列表，可以选择压缩选项，如图 13-18 所示，其各选项介绍如下。

图13-17 执行"属性"命令

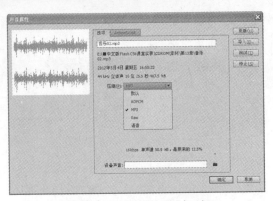

图13-18 "声音属性"对话框

★ 默认：这是Flash CS6提供的一个通用的压缩方式，可以对整个文件中的声音用同一个压缩比进行压缩，而不用分别对文件中不同的声音进行单独的属性设置，从而避免了不必要的麻烦。

★ ADPCM：常用于压缩诸如按钮音效、事件声音等比较简短的声音，选择该项后，其下方将出现新的设置选项，如图13-19所示。

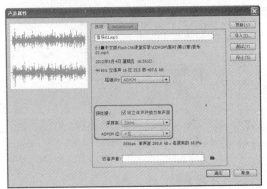

图13-19 ADPCM参数设置

◆ 预处理：如果选择"将立体声转换为单声道"复选框即可自动将混合立体声（非立体声）转化为单声道的声音，文件大小相应减小。

◆ 采样率：可在此选择一个选项以控制声音的保真度和文件大小。较低的采样率可以减小文件大小，但同时也会降低声音的品质。5kHz的采样率只能达到人们说话声的质量；11kHz的采样率是播放一小段音乐所要求的最低标准，同时11kHz的采样率所能达到的声音质量为1/4的CD（Compact Disc）音质；22kHz的采样率的声音质

量可达到一般的CD音质，也是目前众多网站所选择的播放声音的采样率，鉴于目前的网络速度，建议采用该采样率作为Flash动画中的声音标准；44kHz的采样率是标准的CD音质，可以达到很好的效果。

◆ ADPCM位：设置编码时的比特率。数值越大，生成的声音的音质越好，而声音文件的容量也就越大。

★ MP3：使用该方式压缩声音文件可使文件体积变成原来的1/10，而且基本不损害音质。这是一种高效的压缩方式，常用于压缩较长且不用循环播放的声音，这种方式在网络传输中很常用。选择这种压缩方式后，其下方会出现如图13-20所示的选项。

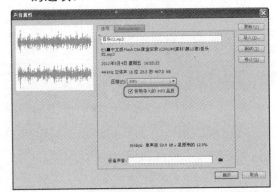

图13-20 MP3参数设置

★ Raw：选择这种压缩方式后，其下方会出现如图13-21所示的选项。

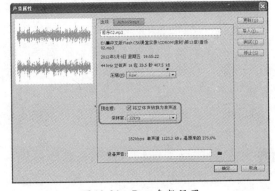

图13-21 Raw参数设置

★ 语音：选择该项，则会选择一个适合于语音的压缩方式导出声音。选择这种压缩方式后，其下方会出现如图13-22所示的选项。

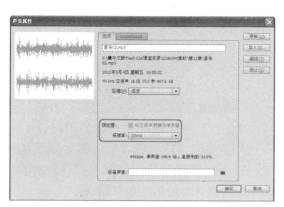

图13-22 语音参数设置

## 13.1.2 视频文件

Flash支持动态影像的导入功能，根据导入视频文件的格式和方法的不同，开始在Flash中使用视频之前，了解以下信息很重要。

★ Flash仅可以播放特定视频格式。其中包括FLV、F4V和MPEG等视频格式。

★ 使用单独的Adobe Media Encoder应用程序（Flash Professional附带程序），将其他视频格式转换为FLV和F4V。

**1. 导入视频文件**

下面将介绍如何向Flash中导入视频文件，其具体操作步骤如下。

01 执行"文件"|"导入"|"导入视频"命令，执行该命令后，即可打开"导入视频"对话框，在该对话框中单击"文件路径"右侧的"浏览"按钮，如图13-23所示。

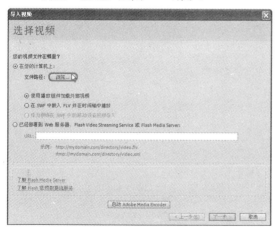

图13-24 "导入视频"对话框

02 单击该按钮后，即可打开"打开"对话框，在弹出的对话框中选择要导入的视频文件，如图13-24所示。

图13-24 选择视频文件

03 选择完成后，单击"打开"按钮，返回至"导入视频"对话框中，在该对话框中单击"下一步"按钮，即可切换至"设定外观"界面，在"外观"下拉列表中选择所需的视频外观，还可以通过其右侧的"颜色"色块设置视频外观的颜色，如图13-25所示。

图13-25 "设定外观"界面

04 在"导入视频"对话框中单击"下一步"按钮，在弹出的"完成视频导入"界面中单击"完成"按钮即可，如图13-26所示。

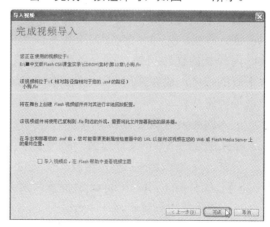

图13-26 单击"完成"按钮

05 执行该操作后，即可将选中的视频文件导入到舞台中，如图13-27所示。

图13-27 将视频导入至舞台中

### 2. 在 Flash 文件内嵌入视频文件

当用户嵌入视频文件时，所有视频文件数据都将添加到 Flash文件中。这导致 Flash文件及随后生成的 SWF 文件具有比较大的文件大小。视频被放置在时间轴中，可以在此查看在时间轴帧中显示的单独视频帧。由于每个视频帧都由时间轴中的一个帧表示，因此视频剪辑和 SWF 文件的帧速率必须设置为相同的速率。如果对 SWF 文件和嵌入的视频剪辑使用不同的帧速率，视频播放将不一致。

> **注意**
>
> 若要使用可变的帧速率，可使用渐进式下载或 Flash Media Server 流式加载视频。在使用这些方法中的任何一种导入视频文件时，FLV 或 F4V 文件都是自包含文件，它的运行帧频与该 SWF 文件中包含的所有其他时间轴帧频都不同。

对于播放时间少于 10 秒的较小视频剪辑，嵌入视频的效果最好。如果正在使用播放时间较长的视频剪辑，可以考虑使用渐进式下载的视频，或者使用 Flash Media Server 传送视频流。

嵌入的视频的局限如下。

★ 如果生成的 SWF 文件过大，可能会遇到问题。下载和尝试播放包含嵌入视频的大 SWF 文件时，Flash Player 会保留大量内存，这可能会导致 Flash Player 失败。

★ 较长的视频文件（长度超过 10 秒）通常

在视频剪辑的视频和音频部分之间存在同步问题。一段时间以后，音频轨道的播放与视频的播放之间开始出现差异，导致不能达到预期的收看效果。

★ 若要播放嵌入在 SWF 文件中的视频，必须先下载整个视频文件，然后再开始播放该视频。如果嵌入的视频文件过大，则可能需要很长时间才能下载完整个 SWF 文件，然后才能开始播放。

★ 导入视频剪辑后，便无法对其进行编辑。必须重新编辑和导入视频文件。

★ 在通过 Web 发布 SWF 文件时，必须将整个视频都下载到观看者的计算机上，然后才能开始视频播放。

★ 在运行时，整个视频必须放入播放计算机的本地内存中。

★ 导入的视频文件的长度不能超过16000帧。

★ 视频帧速率必须与Flash Professional时间轴帧速率相同。设置Flash Professional文件的帧速率以匹配嵌入视频的帧速率。

在Flash文件中嵌入视频文件的具体操作步骤如下。

01 启动Flash CS6，执行"文件"|"导入"|"导入视频"命令，执行该命令后，即可打开"导入视频"对话框，在该对话框中单击"文件路径"右侧的"浏览"按钮，在弹出的对话框的中选择要嵌入的视频文件，如图13-28所示。

图13-28 选择视频文件

02 单击"打开"按钮，在"导入视频"对话框中单击"在SWF中嵌入FLV并在时间轴中播放"单选按钮，如图13-29所示。

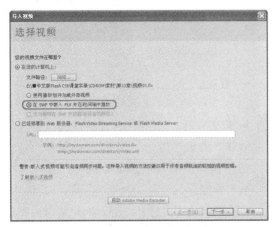

图13-29 "导入视频"对话框

**03** 在弹出的"嵌入"界面中将"符号类型"设置为"嵌入的视频",并勾选其下方的3个复选框,如图13-30所示。

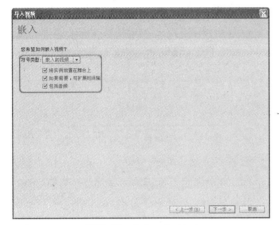

图13-30 "嵌入"界面

**04** 设置完成后,单击"下一步"按钮,即可弹出"完成视频导入"界面,在该界面中单击"完成"按钮,如图13-31所示。

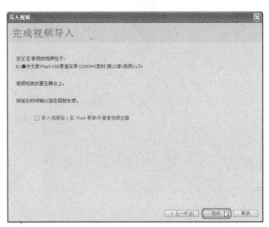

图13-31 单击"完成"按钮

**05** 执行该操作后,即可将选中的视频嵌入至Flash文件中,在"时间轴"面板中拖曳时间线即可查看效果,或按Enter键预览效果,如图13-32所示。

图13-32 预览效果

# 13.2 实例应用

## 13.2.1 课堂实例1:葡萄园宣传动画

本节将通过介绍葡萄园宣传动画的制作方法,从而巩固前面所学的知识,其具体操作步骤如下。

**01** 启动Flash CS6,新建一个空白文件,在"属性"面板中单击 "编辑文档属性"按钮,如图13-33所示。

**02** 在弹出的对话框中将"尺寸"设置为950像素×449像素,将"帧频"设置为60,如图13-34所示。

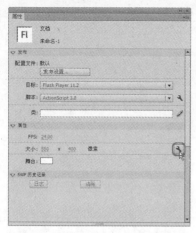

图13-33  单击"编辑文档属性"按钮

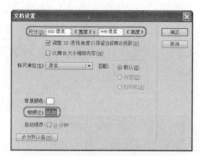

图13-34  "文档设置"对话框

**03** 设置完成后,单击"确定"按钮,执行"文件"|"导入"|"导入到舞台"命令,在弹出的"导入"对话框中选择"背景.jpg"素材图片。

**04** 选择完成后,单击"打开"按钮,将其导入到舞台中,按快捷键Ctrl+K打开"对齐"面板,在该面板中勾选"与舞台对齐"复选框,再单击"对齐"选项组中的分别单击 "水平中齐"按钮和"垂直中齐"按钮,将导入的素材图片与舞台对齐,对齐后的效果如图13-35所示。

图13-35  "对齐"面板

**05** 执行"插入"|"新建元件"命令,在弹出的对话框中将"名称"设置为"遮罩动画",将"类型"设置为"影片剪辑",如图13-36所示。

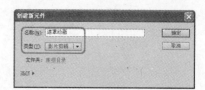

图13-36  "创建新元件"对话框

**06** 设置完成后,单击"确定"按钮,在"时间轴"面板中选择"图层1"的第40帧,右击,在弹出的快捷菜单中执行"插入关键帧"命令。

**07** 按快捷键Ctrl+R打开"导入"对话框,在该对话框中选择"葡萄02(0).jpg"素材图片,选择完成后,单击"打开"按钮。

**08** 在舞台中调整其位置,执行"修改"|"转换为元件"命令,在弹出的对话框中将"名称"设置为"葡萄02",将"类型"设置为"图形",如图13-37所示。

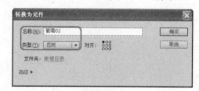

图13-37  "转换为元件"对话框

**09** 设置完成后,单击"确定"按钮,选中该元件,在"属性"面板将"样式"设置为Alpha,并将其参数设置为0,如图13-38所示。

图13-38  "属性"面板

**10** 在"时间轴"面板中选择"图层1"的第130帧,按F6键插入一个关键帧,再次选择该元件,在"属性"面板中将Alpha参数设置为100,按Enter键确认,如图13-39所示。

**11** 在第75帧处右击,在弹出的快捷菜单中执行"创建传统补间"命令。

图13-39　将Alpha设置为100

**12** 在"时间轴"面板中单击 "新建图层"按钮，新建一个图层，选择"图层2"的第40帧，按F6键插入一个关键帧，在工具箱中单击 "椭圆工具"，在工具箱中将"笔触颜色"设置为无，将"填充颜色"设置为#666666，在舞台中绘制一个椭圆，如图13-40所示。

图13-40　绘制椭圆

**13** 选择"图层2"的第130帧，按F6键插入一个关键帧，在工具箱中单击 "任意变形工具"，在舞台中对椭圆进行调整，如图13-41所示。

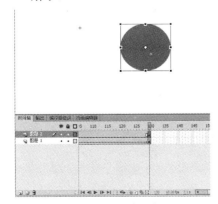

图13-41　调整椭圆大小

**14** 在第120帧处右击，在弹出的快捷菜单中执行"创建补间形状"命令，为其创建补间形状动画，如图13-42所示。

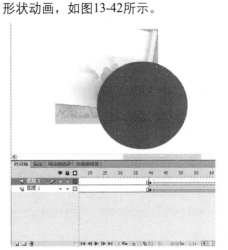

图13-42　创建补间形状动画

**15** 选择"图层2"，右击，在弹出的快捷菜单中执行"遮罩层"命令，如图13-43所示。

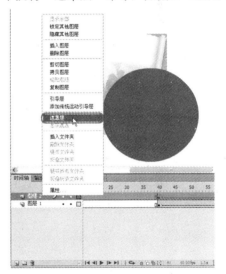

图13-43　执行"遮罩层"命令

**16** 使用同样的方法制作另外一个遮罩动画，制作后的效果如图13-44所示。

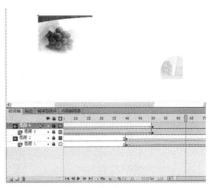

图13-44　创建其他遮罩动画

227

**17** 在"时间轴"面板中单击 🔲 "新建图层"按钮，新建一个图层，在该图层的第130帧处按F6键插入一个关键帧，选择第130帧，按F9键在弹出的"动作"面板中输入如图13-45所示的代码。

图13-45 输入代码

**18** 按F9键将其关闭，返回至"场景1"中，在"时间轴"面板中单击 🔲 "新建图层"按钮，新建一个图层，在"库"面板中将"遮罩动画"元件拖至舞台中，在舞台中调整其位置，按快捷键Ctrl+Enter预览调整后的效果，如图13-46所示。

图13-46 预览效果

**19** 在"时间轴"面板中单击 🔲 "新建图层"按钮，新建一个图层，按快捷键Ctrl+R，在弹出的对话框中选择"葡萄藤02.png"素材图片，单击"打开"按钮，在舞台中调整其位置，调整后的效果如图13-47所示。

图13-47 导入素材图片

**20** 按快捷键Ctrl+F8，打开"创建新元件"对话框，在该对话框中将"名称"设置为"葡萄藤动画"，将"类型"设置为"影片剪辑"命令，如图13-48所示。

图13-48 "创建新元件"对话框

**21** 设置完成后，单击"确定"按钮，按快捷键Ctrl+R打开"导入"对话框，在该对话框中选择"葡萄藤01.png"素材图片，选中该图片右击，在弹出的快捷菜单中执行"转换为元件"命令，在弹出的对话框中将"名称"设置为"葡萄藤"，将"类型"设置为"图形"，如图13-48所示。

图13-49 "转换为元件"对话框

**22** 设置完成后，单击"确定"按钮，在工具箱中单击 ▣ "任意变形工具"，在舞台中调整中心点的位置，如图13-50所示。

图13-50 调整中心点的位置

**23** 在"时间轴"面板中选择该图层的第90帧，按F6键插入关键帧，在第35帧处插入关键帧，使用 ▣ "任意变形工具"对其进行旋转，如图13-51所示。

图13-51 对素材进行旋转

**24** 在第35帧处右击，在弹出的快捷菜单中执行"创建传统补间"命令，使用同样的方法在第20帧处创建传统补间，如图13-52所示。

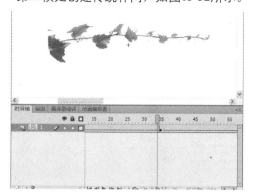

图13-52　创建传统补间

**25** 返回至"场景1"中，在"时间轴"面板中单击 🔲 "新建图层"按钮，创建图层4，在"库"面板中选择"葡萄藤动画"元件，将其拖至舞台中，并在舞台中调整其位置，调整后的效果如图13-53所示。

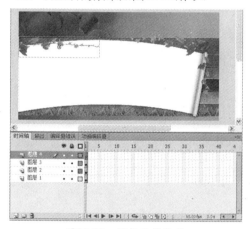

图13-53　调整元件位置

**26** 按快捷键Ctrl+F8打开"创建新元件"对话框，在该对话框中将"名称"设置为"文字动画"，将"类型"设置为"影片剪辑"，如图13-54所示。

图13-54　创建文字动画元件

**27** 设置完成后，单击"确定"按钮，在工具箱中单击 T "文本工具"，在舞台中输入"艺馨葡萄园"，选中输入的文字，在

"属性"面板中将系列设置为"汉仪黑咪体简"，将"大小"设置为37，将颜色设置为黑色，如图13-55所示。

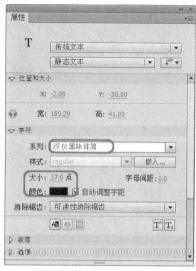

图13-55　设置文字属性

**28** 使用"选择工具"选中该文字，右击在弹出的快捷菜单中执行"分离"命令，使用同样的方法再次对该文字进行分离。

**29** 选中分离后的文字，按F8键打开"转换为元件"对话框，在该对话框中将"名称"设置为"文字1"，将"类型"设置为"图形"，设置完成后，单击"确定"按钮，选择第1帧，在舞台中选择"文字1"元件，在"属性"面板中将"样式"设置为Alpha，并将其参数设置为0，如图13-56所示。

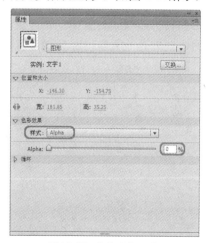

图13-56　"属性"面板

**30** 在"时间轴"面板中选择该图层的第15帧，按F6键插入一个关键帧，在"属性"面板中将"样式"设置为"无"，如图13-57所示。

图13-57 设置色彩效果

**31** 在"时间轴"面板中的第1帧处右击,在弹出的快捷菜单中执行"创建传统补间"命令,为其创建一个传统补间动画,如图13-58所示。

图13-58 创建传统补间动画

**32** 在时间轴的第85帧位置插入帧,使用同样的方法创建其他文字,并为其设置动画效果,如图13-59所示。

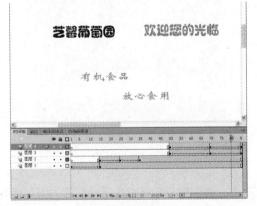

图13-59 创建其他文字

**33** 在"时间轴"面板中单击 "新建图层"

按钮,新建一个图层,在该图层的第85帧处按F6键插入一个关键帧,选择第130帧,按F9键,在弹出的"动作"面板中输入如图13-60所示的代码。

图13-60 输入代码

**34** 再次按F9键将其关闭,返回至场景1中,在"时间轴"面板中单击 "新建图层"按钮,新建图层5,在"库"面板中将"文字动画"元件拖至舞台中,并调整其位置,如图13-61所示。

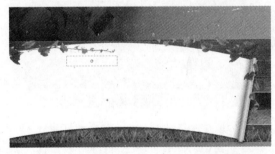

图13-61 调整"文字动画"元件的位置

**35** 执行"文件"|"导入"|"导入到库"命令,在弹出的对话框中选择"背景音乐.mp3"音频文件,在"时间轴"面板中单击 "新建图层"按钮,新建图层6,在"库"面板中将"背景音乐.mp3"音频文件拖至舞台中,在"时间轴"面板中选择"图层6"的第1帧,在"属性"面板中将"效果"设置为"淡出",将"同步"设置为"事件",将其下方的选项设置为"循环",如图13-62所示。

图13-62 "属性"面板

**36** 执行"文件"|"导出"|"导出影片"命令，在弹出的对话框中为其指定保存路径，并设置其名称，设置完成后，单击"保存"按钮，按快捷键Ctrl+Enter预览效果，其效果如图13-63所示。

图13-63 完成后的效果

## 13.2.2 课堂实例2：制作童年回忆录

本节将介绍如何制作童年回忆录，其具体操作步骤如下。

**01** 执行"文件"|"新建"命令，打开"新建文档"对话框，在该对话框中选择ActionScript 2.0，将"宽"和"高"分别设置为900像素、590像素，将"帧频"设置为36，将"背景颜色"设置为#999999，如图13-64所示。

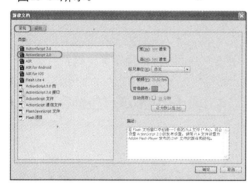

图13-64 "新建文档"对话框

**02** 设置完成后，单击"确定"按钮，在"属性"面板中将"目标"设置为Flash Player 9，如图13-65所示。

**03** 执行"文件"|"导入"|"导入到舞台"命令，在弹出的对话框中选择"小鸟.jpg"素材文件。

**04** 选择完成后，单击"打开"按钮，在舞台中选择插入的素材图片，在"属性"面板中将"宽"和"高"分别设置为900、635.4，如图13-66所示。

图13-65 "属性"面板

图13-66 设置图片大小

**05** 按F8键打开"转换为元件"对话框，在该对话框中将"名称"设置为"背景"，将"类型"设置为13-67所示。

图13-67 "转换为元件"对话框

**06** 在"属性"面板将"样式"设置为Alpha，并将其参数设置为0，如图13-68所示。

图13-68 设置Alpha参数

**07** 在"时间轴"面板中选择该图层的第10帧，按F6键插入一个关键帧，选择舞台中的元件，在"属性"面板中将"样式"设置为"无"，如图13-69所示。

图13-69 将"样式"设置为无

**08** 在第5帧处右击，在弹出的快捷菜单中执行"创建传统补间"命令，在"时间轴"面板中选择该图层的第200帧，右击，在弹出的快捷菜单中执行"插入帧"命令。

**09** 在"时间轴"面板中单击　"新建图层"按钮，新建图层2，在工具箱中单击　"矩

形工具"，在"属性"面板中将圆角值设置为10，如图13-70所示。

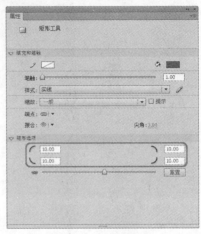

图13-70 设置圆角值

**10** 设置完成后，在舞台中绘制一个圆角矩形，在工具箱中单击　"任意变形工具"，在舞台中对该图形进行旋转，如图13-71所示。

图13-71 对圆角矩形进行旋转

**11** 按F8键打开"转换为元件"对话框，在该对话框中将"名称"设置为"背景遮罩"，将"类型"设置为"图形"，如图13-72所示。

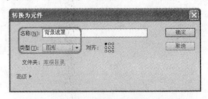

图13-72 "转换为元件"对话框

**12** 设置完成后，单击"确定"按钮，在"时间轴"面板中选择"图层2"并右击，在弹出的快捷菜单中执行"遮罩层"命令。

**13** 在"时间轴"面板中单击　"新建图层"按钮，新建图层3，选择第57帧，按F6键插入一个关键帧，按快捷键Ctrl+R打开"导入"对话框，在该对话框中选择01.png文件。

**14** 单击"打开"按钮，在弹出的对话框中单击"否"按钮，将选中的素材图片导入到舞台中，如图13-73所示。

图13-73 导入素材图片

**15** 选中该元件，按F8键打开"转换为元件"对话框，在该对话框中将"名称"设置为"标签1"，将"类型"设置为"图形"，如图13-74所示。

图13-74 设置元件名称及类型

**16** 设置完成后，单击"确定"按钮，并在舞台中调整其位置，调整后的效果如图13-75所示。

图13-75 调整元件位置

**17** 在"时间轴"面板中选择"图层3"的第65帧，按F6键插入一个关键帧，在舞台中调整其位置，调整后的效果如图13-76所示。

图13-76 调整元件的位置

**18** 在第60帧右击，在弹出的快捷菜单中执行"创建传统补间"命令。

**19** 使用相同的方法创建图层4和图层5，并为其设置动画效果，如图13-77所示。

**20** 执行"文件"|"导入"|"打开外部库"命令，在弹出的对话框中选择"打开动画.fla"素材文件。

图13-77 创建其他动画

**21** 选择完成后，单击"打开"按钮，在"时间轴"面板中创建一个新的图层，选择该图层的第31帧，按F6键插入一个关键帧，在"外部库"中选择"打开动画"元件，将其拖至舞台中，并调整其位置，如图13-78所示。

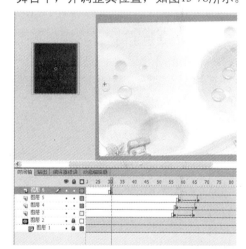

图13-78 调整元件的位置

**22** 使用同样的方法制作其他动画效果，如图13-79所示。

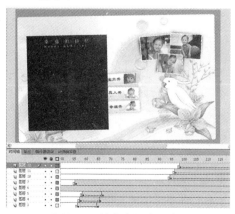

图13-79 创建其他动画效果

23 在时间轴面板中新建一个图层，执行"文件"|"导入"|"导入视频"命令，即可打开"导入视频"对话框，在该对话框中单击"文件路径"右侧的"浏览"按钮，如图13-80所示。

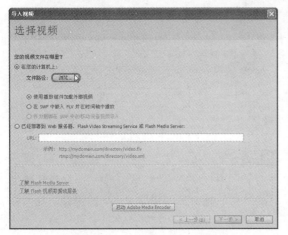

图13-80 "导入视频"对话框

24 单击该按钮后，即可打开"打开"对话框，在弹出的对话框中要导入的视频文件，如图13-81所示。

图13-81 选择视频文件

25 选择完成后，单击"打开"按钮，返回至"导入视频"对话框中，在该对话框中单击"下一步"按钮，即可切换至"设定外观"界面，在"外观"下拉列表中执行"无"命令，如图13-82所示。

26 再在"导入视频"对话框中单击"下一步"按钮，在弹出的"完成视频导入"界面中单击"完成"按钮即可，执行该操作后，即可将选中的视频文件导入到舞台中，在舞台中调整其角度，调整后的效果如图13-83所示。

图13-82 "设定外观"界面

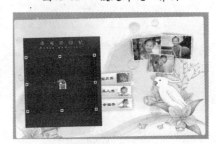

图13-83 导入视频

27 使用前面所介绍的方法为其添加关键帧，并使用同样的方法添加其他素材，添加后的效果如图13-84所示。

图13-84 添加其他素材文件

28 在时间轴面板中新建一个图层，在第200帧处插入一个关键帧，选择第200帧，按F9键打开"动作"面板，在该面板中输入stop();，将该面板关闭，按快捷键Ctrl+Enter预览效果，效果如图13-85所示。

图13-85 完成后的效果

## 课后练习

（1）如何为Flash文件添加音频文件？

（2）插入视频文件的方式有几种？

# 第14课
# 制作交互式动画

本课介绍交互式动画的制作，该交互式动画主要是通过制作元件、输入脚本代码等方法来制作。

# 14.1　基础讲解

Flash中的交互功能是由事件、目标和动作组成的。如果将现实生活中的打电话看做一个交互过程，那么其中潜在的逻辑关系如下。

（1）事件：即打电话行为发生的原因，这里指人拿起电话。

（2）目标：即打电话行为发生的对象，这里指电话。

（3）动作：即打电话行为发生的内容，这里指按拨号码。

交互动画是指在动画作品播放时支持事件响应和交互功能的一种动画，也就是说，动画播放时可以接受某种控制。这种控制可以是动画播放者的某种操作，也可以是在动画制作时预先准备的操作。

这种交互性提供了观众参与和控制动画播放内容的手段，使观众由被动接受变为主动选择。

最典型的交互式动画就是Flash动画。观看者可以用鼠标或键盘对动画的播放进行控制。

# 14.2　实例应用

## 14.2.1　课堂实例1：交互界面制作

通过本例的学习，可以对Flash中常用的交互界面的理解与熟悉，本例制作的动画效果如图14-1所示。

图14-1　动画效果

01　启动Flash CS6软件后，在如图14-2所示的界面中选择ActionScript 2.0选项，新建文件。

02　新建文件后，在"属性"面板中，单击"属性"选项下的🔧"编辑文档属性"按钮，如图14-2所示。

图14-2　"属性"面板

03　在打开的"文档属性"对话框中，将"尺寸"设置为500像素×250像素，将"背景颜色"设置为白色，"帧频"设置为36，单击"确定"按钮，场景如图14-3所示。

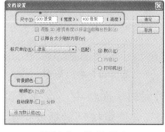

图14-3　设置舞台

04　设置完成后的场景效果，如图14-4所示。

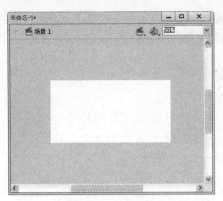

图14-4 场景效果

05 场景设置完成后，按快捷键Ctrl+F8创建
新元件，在弹出的"创建新元件"对话
框中，将"名称"设置为"反应区"，将
"类型"设置为"按钮"，单击"确定"
按钮，创建新元件，如图14-5所示。

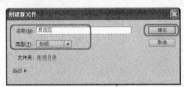

图14-5 创建新元件

06 单击工具箱中的"矩形工具" ▢，将"填
充颜色"设置为黑色，在舞台中绘制矩
形。绘制完成后，单击工具箱的 ▧ "选择
工具"按钮，选择矩形，在"属性"面板
中，将"位置和大小"下的X和Y值均设置
为0，将"宽"和"高"分别设置为50和
250，如图14-6所示。

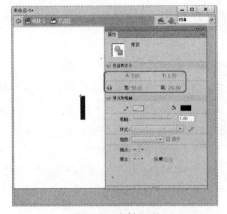

图14-6 绘制矩形

07 在"时间轴"面板中，选择"图层1"的
"弹起"帧位置按F6键插入关键帧，使用
同样的方法在"指针"、"按下"、"点
击"帧处插入关键帧，如图14-7所示。

图14-7 插入关键帧

08 按快捷键Ctrl+F8，在弹出的"创建新元
件"对话框中，将"名称"设置为"鲁
菜"，将"类型"设置为"影片剪辑"，
单击"确定"按钮，如图14-8所示。

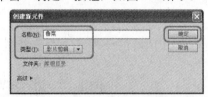

图14-8 创建新元件

09 在"库"面板中，将"反应区"元件拖入舞
台中。打开"属性"面板中，将元件的实
例名称设置为button，将"位置和大小"下
的X和Y值均设置为0，如图14-9所示。

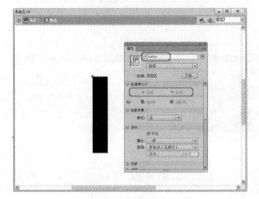

图14-9 设置元件

10 按F9键打开"动作"面板，在"动作"面板
中输入以下代码，如图14-10所示。

```
on (rollOver)
{
    this.bannerRollOver();
}
on (rollOut)
{
    this.bannerRollOut();
}
```

 提示

此处代码可直接复制随书附带光盘中素材"代
码04.txt"文件。

图14-10 输入代码

**11** 在"时间轴"面板中，在"图层1"的第30帧处按F5键插入帧，如图14-11所示。

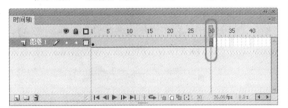

图14-11 插入帧

**12** 在"时间轴"面板中，单击 "新建图层"按钮，新建"图层2"，如图14-12所示。

图14-12 新建图层

**13** 新建图层后，按快捷键Ctrl+R，在弹出的"导入"对话框中，选择素材"lucai.jpg"文件，单击"打开"按钮。

**14** 在场景中选择导入的文件，打开"属性"面板，将"位置和大小"下的X和Y值均设置为0，如图14-13所示。

图14-13 设置文件属性

**15** 在"时间轴"面板中，单击 "新建图层"按钮，新建"图层3"，如图14-14所示。

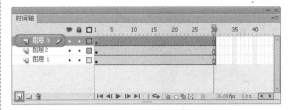

图14-14 新建图层

**16** 新建图层后，单击工具箱中的 "矩形工具"按钮，在舞台中绘制一个矩形。绘制完成后，选中该矩形，打开"属性"面板，将"位置和大小"下的X和Y均设置为0，将"宽"、"高"分别设置为50、250。将"填充和笔触"下的填充颜色设置为白色，如图14-15所示。

图14-15 设置矩形属性

**17** 选中矩形并单击右键，在弹出的快捷菜单中，执行"转换为元件"命令，在弹出的"转换为元件"对话框中，将"名称"设置为"指向背景"，将"类型"设置为"图形"，单击"确定"按钮，如图14-16所示。

图14-16 "转换为元件"对话框

**18** 在"时间轴"面板下，选择"图层3"中的第30帧，按F6键插入关键帧；单击该帧的元件，打开"属性"面板，将"色彩效果"下的"样式"设置为Alpha通道并将值设置为0，如图14-17所示。

图14-17　设置元件属性

**19** 元件设置完成后，在"图层3"的第1帧处，单击右键，在弹出的快捷菜单中执行"创建传统补间"命令，如图14-18所示。

图14-18　创建传统补间

**20** 在"时间轴"面板中，单击 "新建图层"按钮，新建"图层4"。选择工具箱中的 "矩形工具"，绘制一个矩形。打开"属性"面板，将"位置和大小"下的X和Y值均设置为0，将"宽"、"高"分别设置为50、250，将"填充和笔触"下的填充颜色设置为#FF9966，如图14-19所示。

图14-19　设置矩形属性

**21** 矩形设置完成后，在"时间轴"面板中，选择"图层4"中的第30帧，按F6键插入关键帧。选择该帧的元件，打开"属性"面板，将"位置和大小"下的"宽"值设置为350，如图14-20所示。

**22** 在"时间轴"面板中，选择"图层4"中的第1帧，单击右键，在弹出快捷菜单栏中执行"创建补间形状"命令，如图14-21所示。

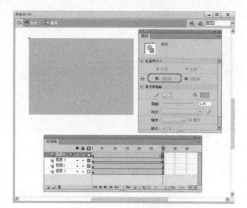

图14-20　设置矩形属性

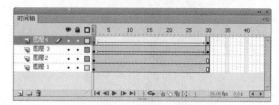

图14-21　创建传统补间

**23** 选择"时间轴"面板中的"图层4"，单击右键，在弹出的快捷菜单中执行"遮罩层"命令，如图14-22所示。

图14-22　遮罩层

**24** 选择"时间轴"面板中的"图层2"，然后单击右键，在弹出的快捷菜单中执行"属性"命令。在"图层属性"对话框中，勾选"锁定"和"被遮罩"选项，单击"确定"按钮，如图14-23所示。

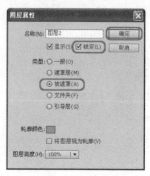

图14-23　设置图层属性

**25** 选择"图层4",单击 🔳 "新建图层"按钮,新建"图层5"。按快捷键"Ctrl+R",在弹出的"导入"对话框中,选择"鲁菜.jpg"文件。选中该文件,打开"属性"面板,将"位置和大小"下的X和Y值均设置为0,如图14-24所示。

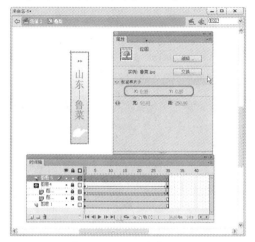

图14-24 设置元件属性

**26** 选中元件,单击右键,在弹出的快捷菜单栏中执行"转换为元件"命令。在"转换为元件"对话框中,将"名称"设置为"鲁菜图像",将"类型"设置为"图形",单击"确定"按钮,如图14-25所示。

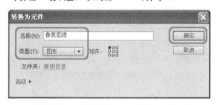

图14-25 "转换为元件"对话框

**27** 在"时间轴"面板中,选择"图层5"中的第15帧,按F6键插入关键帧。单击该帧处的元件,打开"属性"面板,将"色彩效果"下的"样式"设置为Alpha通道,将Alpha值设置为0,如图14-26所示。

**28** 在"时间轴"面板中,选择"图层5"的第16帧,按F7键插入空白关键帧,选择第1帧,单击右键,在弹出的快捷菜单中执行"创建传统补间"命令。

**29** 在"时间轴"面板中,单击 🔳 "新建图层"按钮,新建"图层6"。选择"图层6"的第1帧,按F9键,打开"动作"面板,输入stop();代码,如图14-27所示。

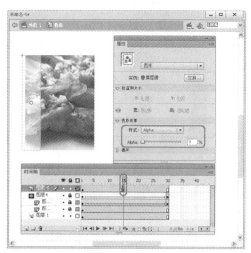

图14-26 设置元件属性

图14-27 输入代码

**30** 在"库"面板中,选择"鲁菜"元件,单击右键,在弹出的快捷菜单中执行"播放"命令,就可以查看元件效果。

**31** 返回"场景1"中,按快捷键Ctrl+F8,在弹出的"创建新元件"对话框中,将"名称"设置为"川菜",将"类型"设置为"影片剪辑",单击"确定"按钮,如图14-28所示。

图14-28 "创建新元件"对话框

**32** 在"库"面板中,选择"反应区"元件,并将其拖至舞台中。打开"属性"面板,将实例名称设置为button。将"位置和大小"下的X和Y值均设置0,如图14-29所示。

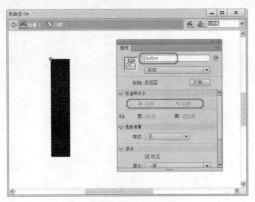

图14-29　设置元件属性

**33** 在"时间轴"面板中，选择"图层1"中的第30帧，按F5键插入帧。单击 ⬜"新建图层"按钮，新建"图层2"，如图14-30所示。

图14-30　新建图层

**34** 按快捷键Ctrl+R，在弹出的"导入"对话框中，选择chuancai.jpg文件，单击"打开"按钮。

**35** 选择舞台中导入的对象，打开"属性"面板，将"位置和大小"下的X和Y值均设置为0，如图14-31所示。

图14-31　设置图片属性

**36** 打开"库"面板，选择"指向背景"元件，并将其拖至舞台，打开"属性"面板，调整元件在舞台中的位置，将"位置和大小"下的X和Y值均设置为0，如图14-32所示。

**37** 在"时间轴"面板中，选择"图层3"中的第30帧，按F6插入关键帧，如图14-33所示。

图14-32　设置元件属性

图14-33　插入关键帧

**38** 选择"图层3"的第30帧处，选择舞台中的"指向背景"元件实例，打开"属性"面板，将"色彩效果"下的"样式"设置为Alpha样式，并将Alpha值设置为0，如图14-34所示。

图14-34　设置元件属性

**39** 在"时间轴"面板中，选择"图层3"的第1帧，单击右键，在弹出的快捷菜单中执行"创建传统补间"命令。

**40** 单击"时间轴"面板中的 ⬜"新建图层"按钮，新建"图层4"，如图14-35所示。

图14-35　新建图层

**41** 单击工具箱中的 ▢ "矩形工具" 按钮，在舞台中绘制一个矩形，单击工具箱中的 ▶ "选择工具" 按钮，选择该矩形。打开 "属性" 面板，将 "位置和大小" 下的X和Y值均设置为0，将 "宽"、"高" 分别设置为50和250，将填充颜色设置为#FF9966，如图14-36所示。

图14-36　设置矩形属性

**42** 在 "时间轴" 面板中，选择呢 "图层4" 的第30帧，按F6插入关键帧，选择该帧处的元件实例，打开 "属性" 面板，将 "位置和大小" 下的 "宽" 值设置为350，如图14-37所示。

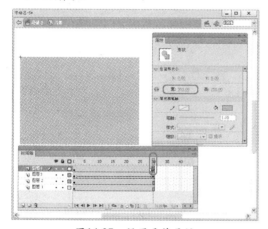

图14-37　设置元件属性

**43** 选择 "图层4" 的第1帧，单击右键，在弹出的快捷菜单栏中执行 "创建补间形状" 命令。

**44** 单击选择 "图层4"，单击右键，在弹出的快捷菜单栏中执行 "遮罩层" 命令。

**45** 单击选择 "图层2"，单击右键，在弹出的快捷菜单栏中执行 "属性" 命令，在弹出的 "图层属性" 对话框中，勾选 "锁定" 选项，勾选 "类型" 下的 "被遮罩" 选项，单击 "确定" 按钮，如图14-38所示。

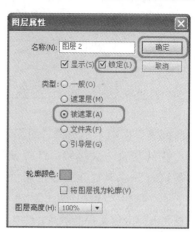

图14-38　"图层属性" 对话框

**46** 单击选择 "图层4"，单击 ☐ "新建图层" 按钮，新建 "图层5"，如图14-39所示。

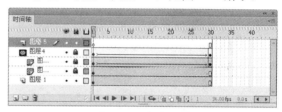

图14-39　新建图层

**47** 新建图层后，按快捷键Ctrl+R，在弹出的 "导入" 对话框中，选择 "川菜.jpg" 文件，单击 "打开" 按钮，选择导入的素材文件，打开 "属性" 面板，将 "位置和大小" 下的X和Y值均设置为0，如图14-40所示。

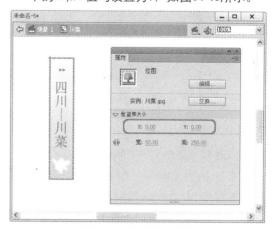

图14-40　设置元件属性

**48** 在舞台中选中该元件，单击右键，在弹出的快捷菜单栏中执行 "转换为元件" 命令，在弹出的 "转换为元件" 对话框中，将 "名称" 设置为 "川菜图像"，将 "类型" 设置为 "图形"，单击 "确定" 按钮，如图14-41所示。

图14-41 转换为元件

**49** 在"时间轴"面板中,选择"图层5"的第15帧,按F6键插入关键帧。选择该帧的元件实例,打开"属性"面板,将"色彩效果"下的"样式"设置为Alpha,并将Alpha值设置为0,如图14-42所示。

图14-42 设置元件属性

**50** 单击选择"图层5"中的第16帧,按F7键,插入空白关键帧,如图14-43所示。

图14-43 插入空白关键帧

**51** 单击选择"图层5"中的第1帧,单击右键,在弹出的快捷菜单栏中执行"创建传统补间"命令。

**52** 在"时间轴"面板中,单击 "新建图层"按钮,新建"图层6",如图14-44所示。

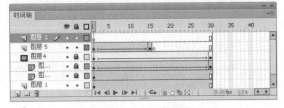

图14-44 新建图层

**53** 单击选择"图层6"中的第1帧,按F9键,打开"动作"面板。在面板内输入stop();代码,如图14-45所示。

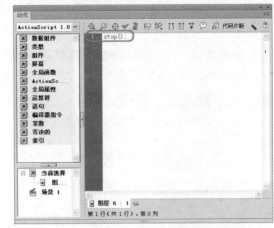

图14-45 输入代码

**54** 元件制作完成,打开"库"面板,可以看到刚刚制作的"川菜"元件。在该元件上单击右键,在弹出的快捷菜单中执行"播放"命令,查看元件的最终效果。使用相同的制作方法,制作出"粤菜"元件,如图14-46所示。

图14-46 "粤菜"元件

**55** 使用相同的制作方法,制作出"苏菜"元件,如图14-47所示。

**56** 返回场景1中,在"库"面板中,选择"鲁菜"元件并拖至舞台中,打开其"属性"面板,将实例名称设置为bannerMc1,将"位置和大小"下的X和Y值均设置为0,如图14-48所示。

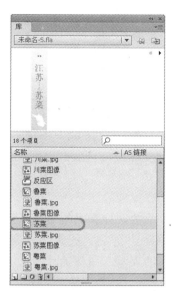

图14-47 "苏菜"元件

图14-48 设置元件属性

**57** 在"时间轴"面板中,单击 🖫 "新建图层"按钮,新建"图层2"。在"库"面板中,选择"川菜"元件,并将其拖至舞台中,打开"属性"面板,将实例名称设置为"bannerMc2",将"位置和大小"下的X和Y值分别设置为50和0,如图14-49所示。

图14-49 设置元件属性

**58** 在"时间轴"面板中,单击 🖫 "新建图层"按钮,新建"图层3"。在"库"面板中,选择"粤菜"元件,并将其拖至舞台中,打开"属性"面板,将实例名称设置为bannerMc3,将"位置和大小"下的X和Y值分别设置为100和0,如图14-50所示。

图14-50 设置元件属性

**59** 在"时间轴"面板中,单击 🖫 "新建图层"按钮,新建"图层4"。在"库"面板中,选择"苏菜"元件,并将其拖至舞台中,打开"属性"面板,将实例名称设置为bannerMc4,将"位置和大小"下的X和Y值分别设置为150和0,如图14-51所示。

图14-51 设置元件属性

**60** 在"时间轴"面板中,单击 🖫 "新建图层"按钮,新建"图层5",如图14-52所示。

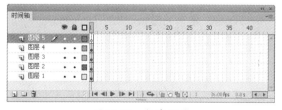

图14-52 新建图层

**61** 单击选择"图层5"中的第1帧,按F9键,打开"动作"面板。打开"代码05.txt"文件，复制全部内容，将其粘贴至"动作"面板中，如图41-53所示。

图14-53　输入代码

62 场景制作完成后，按快捷键Ctrl+Enter，进行动画效果测试，查看动画效果，如图14-54所示。

图14-54　场景测试

63 保存制作完成的场景，单击"文件"｜"另存为"命令，在弹出的"另存为"对话框中，将"文件名"设置为"交互式动画01"，"类型"设置为"Flash CS6 文档（*.fla）"，单击"保存"按钮。场景保存完成后，将动画导出。

## 13.2.2　课堂实例2：Flash交互动画深入

通过本例的学习，可以加深对Flash交互式动画的了解，能够更加轻松地制作出交互式动画。

01 启动Flash CS6软件后，在开始界面中选择ActionScript 2.0选项，新建文件。

02 新建文件后，在"属性"面板中，将舞台"大小"设置为500像素×375像素。

03 舞台设置完成后，按快捷键Ctrl+F8，创建新元件，在弹出的"创建新元件"对话框中，将"名称"设置为"反应区"，将"类型"设置为"按钮"，单击"确定"按钮，如图14-55所示。

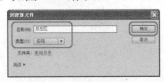

图14-55　创建新元件

04 创建新元件后，进入"反应区"编辑面板，在"时间轴"面板中，在"点击"帧位置，按F6键，插入关键帧，如图14-56所示。

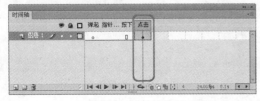

图14-56　插入关键帧

05 单击工具箱中的□"矩形工具"按钮，在舞台中绘制一个矩形。选择绘制的矩形，打开"属性"面板，将"位置和大小"下的X和Y均设置为0，将"宽"和"高"分别设置为500像素和345像素，如图14-57所示。

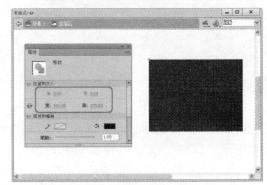

图14-57　设置属性

06 按快捷键Ctrl+F8，在弹出的"创建新元件"对话框中，将"名称"设置为"按钮1"，将"类型"设置为"按钮"，单击"确定"按钮，如图14-58所示。

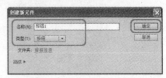

图14-58　创建新元件

07 进入"按钮1"的编辑区域，单击工具箱中的□"矩形工具"按钮，在舞台中绘制一个矩形。选中该矩形，打开"属性"面板，将"位置和大小"下的X和Y值均设置为0，将"宽"和"高"均设置为100像素，将填充颜色设置为黑色，如图14-59所示。

图14-59 设置属性

**08** 在"时间轴"面板中，在"点击"帧处按F5键插入帧，如图14-60所示。

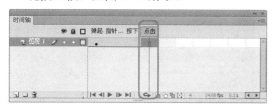

图14-60 插入帧

**09** 单击 **」**"新建图层"按钮，新建"图层2"，单击工具箱中的 **T**"文本工具"按钮，在场景中输入文本1。选中该文本，打开"属性"面板，将"位置和大小"下的X和Y值分别设置为23和2，将"系列"设置为"方正宋黑简体"，"大小"设置为90像素，"颜色"设置为白色，如图14-61所示。

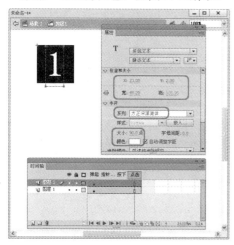

图14-61 设置属性

**10** 选择文字，执行"修改"|"分离"命令，将文字分离成元件，如图14-62所示。

图14-62 执行"分离"命令

**11** 在"时间轴"面板的"图层2"中，在"指针"处按F6键插入关键帧，并选择该帧处的元件，打开"属性"面板，将填充颜色设置为#CCCCCC，如图14-63所示。

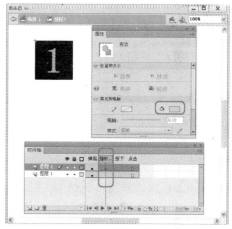

图14-63 设置属性

**12** 在"点击"帧处，单击右键，选择"删除帧"选项，在"按下"帧处，按F6键插入关键帧，并选择该帧的元件，打开"属性"面板，将填充颜色设置为#990000，如图14-64所示。

图14-64 设置属性

**13** 返回"场景1"中,使用相同的方法制作其他的元件,如图14-65所示。

图14-65 "库"面板

**14** 按快捷键Ctrl+F8,创建新元件。在弹出的"创建新元件"对话框中,将"名称"设置为"图像1","类型"设置为"图形",单击"确定"按钮。

**15** 进入"图像1"编辑区域,按快捷键Ctrl+R导入到舞台,在弹出的"导入"对话框中,选择1.jpg文件,单击"打开"按钮。

**16** 在弹出的提示对话框中,单击"否"按钮,如图14-66所示。

14-66 单击"否"按钮

**17** 选择导入的图片,打开"属性"面板,将"位置和大小"下的X和Y值均设置为0。在"时间轴"面板中,单击"新建图层"按钮,新建"图层2",如图14-67所示。

图14-67 新建图层

**18** 打开"库"面板,选择"反应区"元件并将

其拖至舞台中,并打开"属性"面板,将"位置和大小"下的X和Y值均设置为0,如图14-68所示。

图14-68 设置元件属性

**19** 按F9键,打开动作面板,在弹出的"动作"面板中,输入以下代码,如图14-69所示。

```
on (release)
{
    getURL("http://www.5ifz.cn/");
}
```

图14-69 输入代码

**20** 返回"场景1"中,使用相同的方法制作其他的图像元件,如与14-70所示。

图14-70 "库"面板

**21** 打开"库"面板，选择"图像1"元件，并将其拖至舞台中。打开"属性"面板，将"位置和大小"的X和Y值均设置为0，将"色彩效果"下的"样式"设置为Alpha，并将Alpha值设置为0，如图14-71所示。

图14-71　设置元件属性

**22** 在"时间轴"面板中，在"图层1"中，在第50帧位置，按F6键，插入关键帧。在第15帧位置插入关键帧，并在场景中选择该帧的元件，打开"属性"面板，并将"色彩效果"下的"样式"设置为"无"，如图14-72所示。

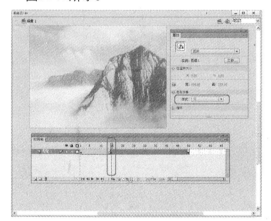

图14-72　设置元件属性

**23** 在第45帧位置按F6键，插入关键帧，并在该帧处单击右键，在弹出的快捷菜单中执行"创建传统补间"命令，如图14-73所示。

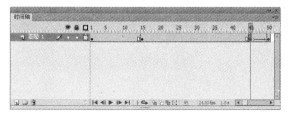

图14-73　创建传统补间

**24** 在第1帧位置，单击右键，在弹出的快捷菜单中执行"创建传统补间"命令，如图14-74所示。

图14-74　创建传统补间

**25** 使用相同的方法，可以制作出其他图层上的元件效果，如图14-75所示。

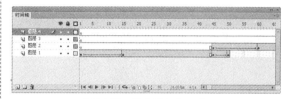

图14-75　"时间轴"面板

**26** 在"时间轴"面板中，单击 "新建图层"按钮，新建"图层5"，选择第1帧，打开"属性"面板，将"标签"下的"名称"设置为image1，如图14-76所示。

图14-76　设置帧属性

**27** 使用相同的方法，为第45帧、第95帧、第150帧，设置相应的帧标签，如图14-77所示。

图14-77　设置帧属性

28 在"时间轴"面板中，单击 🔲 "新建图层"
按钮，新建"图层6"。打开"库"面板，
将"按钮1"元件拖至舞台中，打开"属
性"面板，将"位置和大小"下的X和Y值
分别设置为0和345，将"宽"和"高"值均
设置为30像素，如图14-78所示。

图14-78　设置元件属性

29 在场景中选择"按钮1"元件，按F9键，
打开"动作"面板，输入以下代码，如图
14-79所示。

```
on (release) {
        gotoAndPlay("image1");
}
```

30 使用相同的方法，拖入其他按钮，并输入相
应的脚本代码，如图14-80所示。

31 按快捷键Ctrl+Enter，查看动画效果。场景
制作完成后，执行"文件"|"另存为"命
令，并为其设置储存路径，单击"保存"

按钮。

图14-79　输入代码

图14-80　各个元件代码

32 场景保存完成后，执行"文件"|"导
出"|"导出影片"命令，在弹出的"导出
影片"对话框中，为其设置保存路径。

# 14.3 课后练习

（1）什么是交互式动画？

（2）如何制作元件？

（3）如何为原件添加动作代码？

（4）制作一个交互式动画。

# 第15课
# 动画的输出与发布

本课将主要介绍动画的输出与发布，以及对影片进行优化和减少影片的容量等方法。通过本课的学习，可以熟练地掌握动画输出与发布的设置方法。

# 15.1 基础讲解

## 15.1.1 测试及优化Flash作品

由于Flash可以以流媒体的方式边下载边播放影片，因此如果影片播放到某一帧时，所需要的数据还没有下载完全，影片就会停止播放并等待数据下载。所以在影片正式发布前，需要测试影片在各帧的下载速度，找出在播放过程中有可能因为数据容量太大而造成影片播放停顿的地方，具体的操作步骤如下。

**01** 打开准备发布的Flash影片的源文件，按快捷键Ctrl+Enter测试影片，然后在菜单栏中执行"视图"|"宽带设置"命令，如图15-1所示。

图15-1 执行"宽带设置"命令

**02** 此时在测试面板中可以看到，柱状图代表每一帧的数据容量，数据容量大的帧所消耗的读取时间也会较多。如果某一帧的柱状图在红线以上，则表示该帧影片的下载速度会慢于影片的播放速度，所以就需要适当地调整该帧内的数据容量了，如图15-2所示。

图15-2 宽带设置

下面介绍优化Flash作品的操作方法。

制作完成Flash影片后，就要准备将其发布为可播放的文件格式了。发布影片是整个Flash影片制作中最后的也是最关键的一步，由于Flash是为网络而生的，因此一定要充分考虑最终生成影片的大小、播放速度等一系列重要的问题。如果不能平衡好这些问题，即使Flash作品设计得再优秀与精彩，也不能使它在网页中流畅地播放，影片的价值就会大打折扣。

**1．元件的灵活使用**

如果一个对象在影片中被多次应用，那么一定要将其用图形元件的方式添加到库中，因为添加到库中的文件不会因为调用次数的增加而使影片文件的容量增大。

**2．减少特殊绘图效果的应用**

★ 在使用 "线条工具"绘制图像的时候要格外注意，如果不是十分必要，要尽量使用实线，因为实线相对其他特殊线条所占用的存储容量最小。

★ 在填充色方面，应用渐变颜色的影片容量要比应用单色填充的影片容量大，因此应该尽可能使用单色填充，并且要用网络安全色。

★ 对于由外部导入的矢量图形，在将其导入后应该执行"修改"|"分离"命令将其打散，然后再执行"修改"|"形状"|"优化"命令优化图形中多余的曲线，使矢量图的文件容量减少。

**3．注意字体的使用**

在字体的使用上，应尽量使用系统的默认字体。而且在执行"分离"命令打散文字时也应该多加注意，有的时候打散文字未必就能使文件容量减少。

#### 4．优化位图的图像

对于影片中所使用的位图图像，应该尽可能地对其进行压缩优化，或者在"库"面板中右击位图图像，在弹出的快捷菜单中执行"属性"命令，再在弹出的"位图属性"对话框中对其图像属性进行重新设置，如图15-3所示。

图15-3 "位图属性"对话框

#### 5．优化声音文件

导入声音文件应使用经过压缩的音频格式，如MP3。而对于WAV这种未经压缩的声音格式文件应该尽量避免使用。对于"库"面板中的声音文件可以单击右键并在弹出的快捷菜单中执行"属性"命令，在打开的"声音属性"对话框中选择适合的压缩方式，如图15-4所示。

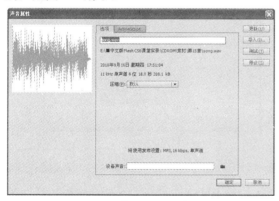

图15-4 "声音属性"对话框

### 15.1.2 Flash作品的导出

Flash作品制作完毕后，就要准备将其导出成影片了。导出Flash作品的具体操作步骤如下。

01 执行"文件"|"导出"|"导出影片"命令，如图15-5所示。

图15-5 执行"导出影片"命令

02 打开"导出影片"对话框，在该对话框中选择影片导出路径、名称和影片格式，如图15-6所示。

图15-6 "导出影片"对话框

### 15.1.3 发布Flash格式

Flash影片可以导出成为多种文件格式，为了方便设置每种可以导出的文件格式属性，Flash提供了一个"发布设置"对话框，在该对话框中可以选择将要导出的文件类型及其导出路径，并且还可以一次性地同时导出多个格式的文件。

#### 1．发布格式设置。

执行"文件"|"发布设置"命令，打开"发布设置"对话框，如图15-7所示。在左侧列表中可以选择要导出的文件类型，各选项参数介绍如下。

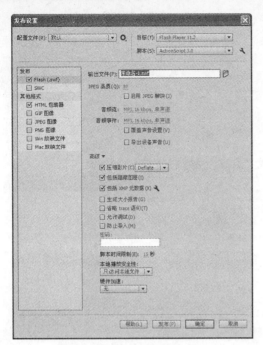

图15-7 "发布设置"对话框

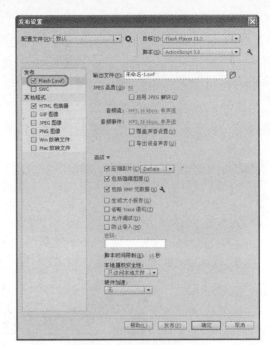

图15-8 发布Flash设置界面

★ Flash(.swf)：这是Flash默认的输出影片格式。

★ SWC：SWC文件用于分发组件。SWC 文件包含一个编译剪辑、组件的ActionScript类文件，以及描述组件的其他文件。

★ HTML包装器：发布到网上的一个必选项，.html是网上对.swf格式的一种翻译，.html必须依附于.swf格式，它不允许单独选择。

★ GIF图像：不带声音的动画组列形式，例如一些简单的运动，和网上许多的QQ表情动画都可以做一些图像序列。

★ JPEG图像：单帧的图像显示格式。

★ PNG图像：.png是带层次的单帧显示，可以将该格式文件导入一些专业的绘图软件中，然后对层进行编辑。

★ Win放映文件：在没有播放软件的情况下，可以将动画打包成一个.exe文件，像一个运行文件，双击该文件即可播放Flash影片。

★ Mac放映文件：该文件为电影文件。

（1）发布Flash

在"发布设置"对话框的左侧列表中勾选"Flash(.swf)"复选框，就会转到Flash影片文件的设置界面，如图15-8所示。

★ 输出文件：在右侧的文本框中输入导出影片的文件名，单击右侧的 "选择发布目标"按钮，可以打开"选择发布目标"对话框，如图15-9所示。在该对话框中可以设置导出影片的路径和文件名。

图15-9 "选择发布目标"对话框

★ JPEG品质：Flash动画中的位图都是使用JPEG格式进行压缩的，所以通过输入数值，可以设置位图在最终影片中的品质。

★ 启用JPEG解块：勾选该复选框后，可以减少低品质设置的失真。

★ 音频流/音频事件：单击右侧的蓝色参数，可以打开"声音设置"对话框，如图15-10所示。在该对话框中可以对声音的压缩属性进行设置。

图15-10 "声音设置"对话框

★ 覆盖声音设置：勾选该复选框后，影片中
所有的声音压缩设置都将统一遵循音频流
/音频事件的设置方案。

★ 导出设备声音：勾选该复选框后，可将设
备声音导出。

★ 压缩影片：勾选该复选框后，将压缩影片
文件的尺寸。通过右侧的下拉列表，可以
选择压缩模式。

★ 包括隐藏图层：勾选该复选框后，可将动
画中的隐藏层导出。

★ 包括XMP元数据：勾选该复选框后，可
导出包括XMP播放器的使用数据。

★ 生成大小报告：勾选该复选框后，可产生
一份详细记载了帧、场景、元件、声音压
缩情况的报告。

★ 省略trace语句：勾选该复选框后，可以忽
略当前 SWF 文件中的 ActionScript trace
语句。

★ 允许调试：勾选该复选框后，可激活调试
器并允许远程调试SWF 文件。

★ 防止导入：勾选该复选框后，可防止其他
人将影片导入另外一部作品当中，例如
将flash上传到网上之后，有很多人会去下
载，选中该选项后下载该作品的用户只可
以看，但不可以对其进行修改。

★ 密码：勾选"防止导入"复选框后，可以
为影片设置导入密码。

★ 脚本时间限制：设置脚本的运行时间限制。

★ 本地播放安全性：选择要使用的 Flash 安
全模型。

★ 硬件加速：选择使用硬件加速的方式。

（2）发布HTML

在"发布设置"对话框的左侧列表中勾选
"HTML 包装器"复选框，即可将界面转换到
HTML 的发布文件设置界面，如图 15-11 所示。

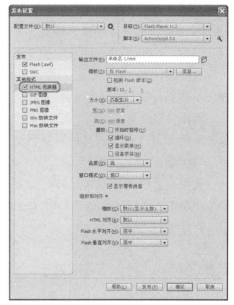

图15-11 发布HTML设置界面

★ 输出文件：在右侧的文本框中输入导出
影片的文件名，单击石侧的 ⬛ "选择发布
目标"按钮，可以打开"选择发布目标"
对话框，在该对话框中可以设置导出影片
的路径和文件名。

★ 模板：在右侧的下拉列表中选择生成
HTML文件所需的模板，单击"信息"按
钮弹出"HTML模板信息"对话框，在
该对话框中可以查看模板的信息，如图
15-12所示。

图15-12 "HTML模板信息"对话框

★ 检测 Flash 版本：自动检测 Flash 的版本。勾
选该复选框后，可以进行版本检测的设置。

★ 大小：设置 Flash 影片在 HTML 文件中的尺寸。

★ 开始时暂停：勾选该复选框后，影片在第
l帧暂停。

★ 循环：勾选该复选框后，将循环播放影片。

★ 显示菜单：勾选该复选框后，在生成的影
片页面中单击右键，会弹出控制影片播放
的菜单。

★ 设备字体：勾选该复选框后，将使用默认
字体替换系统中没有的字体。

★ 品质：选择影片的图像质量。

★ 窗口模式：选择影片的窗口模式。

　◆ 窗口：Flash影片在网页中的矩形窗口内播放。

　◆ 不透明无窗口：使Flash影片的区域不露出背景元素。

　◆ 透明无窗口：使网页的背景可以透过Flash影片的透明部分。

　◆ 直接：当使用直接模式时，在 HTML 页面中，无法将其他非 SWF 图形放置在 SWF 文件的上面。

★ 显示警告消息：勾选该复选框后，在标签设置发生冲突时会显示错误消息。

★ 缩放：设置动画的缩放方式。

　◆ 默认（显示全部）：等比例大小显示Flash影片。

　◆ 无边框：使用原有比例显示影片，但是去除超出网页的部分。

　◆ 精确匹配：使影片大小按照网页的大小进行显示。

　◆ 无缩放：不按比例缩放影片。

★ HTML 对齐：设置Flash影片在网页中的位置。

★ Flash水平对齐/ Flash垂直对齐：设置影片在网页上的排列位置。

（3）发布GIF

在"发布设置"对话框的左侧列表中勾选"GIF图像"复选框，即可将界面转换到GIF的发布文件设置界面，如图15-13所示。

图15-13　发布GIF设置界面

★ 输出文件：在右侧的文本框中输入导出影片的文件名，单击右侧的 ⬚ "选择发布目标"按钮，可以打开"选择发布目标"对话框，在该对话框中可以设置导出影片的路径和文件名。

★ 匹配影片：勾选该复选框后，可以使发布的GIF动画大小和原Flash影片大小相同。

★ 宽/高：如果没有勾选"匹配影片"复选框，可以自定义设置GIF动画的宽和高。

★ 静态：发布的GIF为静态图像。

★ 动画：发布的GIF为动态图像，选择该项后可以设置动画的循环播放次数。

★ 优化颜色：勾选该复选框后，可以删除GIF动画的颜色表中用不到的颜色。

★ 交错：勾选该复选框后，可以使GIF动画以由模糊到清晰的方式进行显示。

★ 平滑：勾选该复选框后，可以消除位图的锯齿。

★ 抖动纯色：勾选该复选框后，可以使用相近的颜色来替代调色板中没有的颜色。

★ 删除渐变：勾选该复选框后，可以删除影片中出现的渐变颜色，将其转化为渐变色的第一个颜色。

★ 透明：设置GIF动画的透明效果。

　◆ 不透明：发布的GIF动画不透明。

　◆ 透明：发布的GIF动画透明。

　◆ Alpha：可自由设置透明度的数值。数值的范围是0～255。

★ 抖动：设置GIF动画抖动的方式。

　◆ 无：没有抖动处理。

　◆ 有序：在增加文件大小控制在最小范围之内的前提下，提供良好的图像质量。

　◆ 扩散：提供最好的图像质量。

★ 调色板类型：用于定义GIF动画的调色板。

　◆ Web 216色：标准的网络安全色。

　◆ 最合适：为GIF动画创建最精确的颜色调色板。

　◆ 接近Web最适：网络最佳色，将优化过的颜色转换为Web 216色的调色板。

　◆ 自定义：自定义添加颜色创建调色板。

★ 最多颜色：设置GIF动画中所使用的最大颜色数，数值范围为2～255。

★ 调色板：选择"自定义"调色板后可以激活此选项，在文本框中输入调色板名称，也可以单击右侧的  "浏览到调色板位置"按钮，在弹出的"打开"对话框中选择调色板文件，如图15-14所示。

图15-14 "打开"对话框

（4）发布JPEG

在"发布设置"对话框的左侧列表中勾选"JPEG图像"复选框，即可将界面转换到JPEG的发布文件设置界面，如图15-15所示。

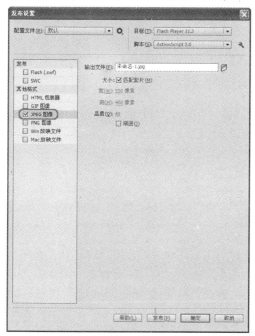

图15-15 发布JPEG设置界面

★ 输出文件：在右侧的文本框中输入导出影片的文件名，单击右侧的 "选择发布目标"按钮，可以打开"选择发布目标"对话框，在该对话框中可以设置导出影片的

路径和文件名。

★ 匹配影片：勾选该复选框后，可以使发布的JPEG图像大小和原Flash影片大小相同。

★ 宽/高：如果没有勾选"匹配影片"复选框，可以自定义设置JPEG图像的宽和高。

★ 品质：设置发布位图的图像品质。

★ 渐进：勾选该复选框后，可以在低速网络环境中，逐渐显示位图。

**提示**

此外，还可以选择和设置几种可以发布的格式文件，但是，由于它们的使用概率较低，因此就不在此一一说明了。

**2. 发布预览**

首先使用"发布设置"对话框指定可以导出的文件类型，并执行"文件"|"发布预览"命令，在其子菜单中选择预览的文件格式，如图15-16所示。这样Flash便可以创建一个指定的文件类型，并将它放在Flash影片文件所在的文件夹中。

图15-16 "发布预览"子菜单

**提示**

在"发布预览"子菜单中可以选择的文件格式都是在"发布设置"对话框中指定的输出格式。

# 15.2 实例应用

## 15.2.1 课堂实例1：下雪效果动画制作及导出

本例先来介绍一下雪效果动画的制作，并将其导出为动画，具体操作步骤如下。

**01** 在开始界面中单击"新建"选项下的 ActionScript 2.0按钮，如图15-17所示。

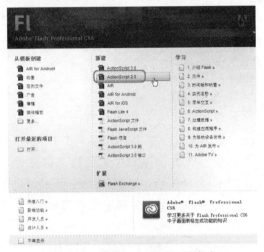

图15-17 单击ActionScript 2.0按钮

**02** 系统将自动创建一个空白文件，并在"属性"面板中单击 🔧 "编辑文档属性"按钮，如图15-18所示。

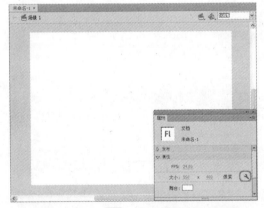

图15-18 单击 🔧 "编辑文档属性"按钮

**03** 弹出"文档设置"对话框，在该对话框中将"尺寸"设置为500像素×360像素，将"背景颜色"设置为#999999，如图15-19所示。

**04** 单击"确定"按钮，设置文档属性后的效果，如图15-20所示。

图15-19 "文档设置"对话框

图15-20 设置文档属性效果

**05** 执行"插入"|"新建元件"命令，如图15-21所示。

图15-21 执行"新建元件"命令

**06** 弹出"创建新元件"对话框，在"名称"文本框中输入"雪"，并设置"类型"为"影片剪辑"，然后单击"确定"按钮，如图15-22所示。

图15-22 创建新元件

**07** 新建元件后，在工具箱中选择 ⬤ "椭圆工

具"，然后打开"颜色"面板，将"颜色
类型"设置为"径向渐变"，设置"笔触
颜色"为无，并单击颜色条左侧的色块，将
RGB值设置为255、255、255，将Alpha值设
置为100%，再单击颜色条右侧的色块，将
RGB值设置为255、255、255，将Alpha值设
置为0%，如图15-23所示。

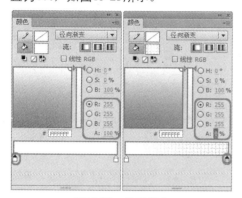

图15-23 设置颜色

**08** 在"雪"影片剪辑元件中绘制椭圆，并在
"属性"面板中将"宽"和"高"设置为
10，如图15-24所示。

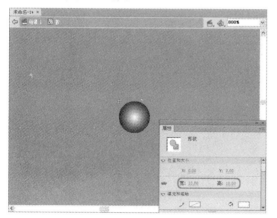

图15-24 绘制椭圆

**09** 执行"插入"|"新建元件"命令，如图
15-25所示。

图15-25 执行"新建元件"命令

**10** 弹出"创建新元件"对话框，在"名称"
文本框中输入雪动画，并设置"类型"为
"影片剪辑"，单击"确定"按钮，如图
15-26所示。

图15-26 创建新元件

**11** 创建新元件后，在"库"面板中将"雪"影片
剪辑元件拖至该元件中，并在"属性"面板
中将实例名称设置为snow，如图15-27所示。

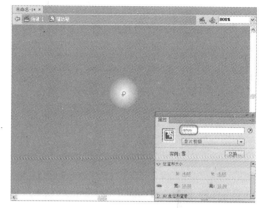

图15-27 设置"雪"影片剪辑元件

**12** 在"时间轴"面板中选择第1帧，并单击右
键，在弹出的快捷菜单中执行"动作"命
令，如图15-28所示。

图15-28 执行"动作"命令

**13** 打开"动作"面板，并输入代码，如图
15-29所示。

图15-29 输入代码

**14** 返回到"场景1"中,执行"文件"|"导入"|"导入到舞台"命令,如图15-30所示。

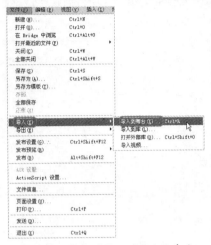

图15-30 执行"导入到舞台"命令

**15** 弹出"导入"对话框,在该对话框中选择素材文件,单击"打开"按钮,如图15-31所示。

图15-31 选择素材文件

**16** 即可将选择的素材文件导入至舞台中,在"对齐"面板中单击 "水平中齐"和 "垂直中齐"按钮,如图15-32所示。

图15-32 设置对齐

**17** 在"库"面板中将"雪动画"影片剪辑元件拖至舞台中,如图15-33所示。

图15-33 将"雪动画"影片剪辑元件拖至舞台中

**18** 按快捷键Ctrl+Enter测试影片,如图15-34所示。

图15-34 测试影片

**19** 影片测试完成后,执行"文件"|"保存"命令,如图15-35所示。

图15-35 执行"保存"命令

**20** 弹出"另存为"对话框,在该对话框中选择保存路径，并输入"文件名"为"雪效果"，然后设置"保存类型"为fla，最后单击"保存"按钮，如图15-36所示。

图15-36 保存场景文件

图15-37 选择"导出影片"命令

**21** 保存场景后，执行"文件"|"导出"|"导出影片"命令，如图15-37所示。

**22** 弹出"导出影片"对话框，在该对话框中选择导出路径，并输入"文件名"为"导出Flash作品"，然后设置"保存类型"为swf，最后单击"保存"按钮，如图15-38所示。

图15-38 导出影片

## 15.2.2 课堂实例2：将制作完成的作品发布

下面再来为大家介绍一下如何将制作完成的Flash作品进行发布，具体操作步骤如下。

**01** 打开上一节中制作的"雪效果.fla"场景文件，如图15-39所示。

图15-39 打开的场景文件

**02** 执行"文件"|"发布设置"命令，如图15-40所示。

图15-40 执行"发布设置"命令

**03** 弹出"发布设置"对话框，在左侧列表中勾选"Win放映文件"复选框，单击"发布"和"确定"按钮，如图15-41所示。

261

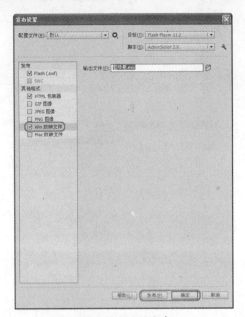

图15-41　设置发布

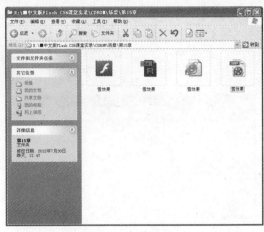

图15-42　发布的文件

**04** 此时发布的文件就在原影片文件保存的位置或文件夹中生成，如图15-42所示。

**05** 双击文件则不需要任何其他附件，也不需要在计算机上安装Flash播放器，即可直接观看此动画文件了，如图15-43所示。

图15-43　观看动画

# 15.3 课后练习

（1）优化Flash作品的方法有哪些？

（2）怎样导出Flash作品？

# 第16课
# 典型动画应用实例

本课介绍了3个精彩案例的具体操作步骤和制作方法，将前面所学到的知识进行综合运用，此案例应用于网站、广告等行业。通过对本课的学习，用户可开拓创作思维，从而自己去制作出真正商业化的作品。

# 16.1 制作Flash小动画

本案例主要结合用户对前面基础的了解与掌握，制作一个典型的Flash小游戏，其制作方法很简单，下面将介绍怎样去制作一个简单的Flash小动画。

**01** 启动Flash CS6，在打开的"新建文档"对话框中单击"新建"选项下的ActionScript 3.0按钮，单击"确定"按钮，即可创建一个空白文档，如图16-1所示。

图16-1　开始界面

**02** 在"属性"面板中单击属性选项组中的　"编辑文档属性"按钮，在弹出的"文档设置"对话框中设置其"尺寸"值为550像素×389像素，将"帧频"设置为12，如图16-2所示。

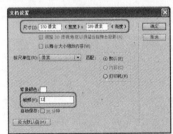

图16-2　"文档设置"对话框

**03** 执行"插入"|"新建元件"命令，如图16-3所示。

图16-3　执行"新建元件"命令

**04** 打开"创建新元件"对话框，在"名称"右侧的文本框中为其命名为女孩，其"类型"设置为影片剪辑，如图16-4所示，单击"确定"按钮即可。

图16-4　"创建新元件"对话框

**05** 执行"文件"|"导入"|"导入到舞台"命令，在弹出的"导入"对话框中选择"gif动画"素材文件，如图16-5所示。

图16-5　"导入"对话框

**06** 单击"打开"按钮，即可将选中的素材文件导入到舞台中，其效果如图16-6所示。

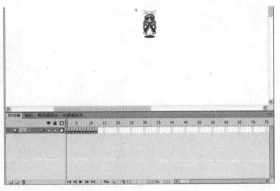

图16-6　导入后的效果

**07** 在"图层面板"中单击"新建图层"按钮，新建"图层2"，如图16-7所示。

图16-7　新建"图层2"

**08** 选择"图层2"的第1帧，执行"窗口"|"动作"命令，在弹出的"动作面板"中输入代码：stop();，如图16-8所示。

图16-8　输入代码

**09** 将其动作面板关闭，再次执行"插入"|"新建元件"命令，创建一个"背景动画"的影片剪辑元件，如图16-9所示。

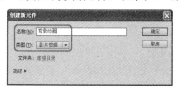

图16-9　"创建新元件"对话框

**10** 单击"确定"按钮，执行"文件"|"导入"|"导入到舞台"命令，在弹出的"导入"对话框中选择001.jpg素材文件，单击"打开"按钮，在弹出的"是否导入序列"对话框中单击"否"按钮，如图16-10所示。

图16-10　导入序列对话框

**11** 将选中的素材文件导入到舞台中，如图16-11所示。

图16-11　导入的素材文件

**12** 切换至"属性"面板，在"位置和大小"选项组中设置X值为0，Y值为0，如图16-12所示。

图16-12　"属性"面板

**13** 按F8键，打开"转换为元件"对话框，在"名称"右侧的文本框中设置其名称为背景图1，"类型"为图形，如图16-13所示。

图16-13　"转换为元件"对话框

**14** 在"图层"面板中选择"图层1"第15帧，单击右键，在弹出的快捷菜单中执行"插入关键帧"命令。

**15** 在第20帧位置单击右键，在弹出的快捷菜单中执行"插入关键帧"命令。

**16** 在舞台中选择第20帧上的元件，切换至"属性"面板，在"色彩效果"选项组中将"样式"设置为Alpha，设置其Alpha值为30%，如图16-14所示。

图16-14 设置其Alpha值

17 在"时间轴"面板中单击第1帧，在舞台中选择第1帧上的元件，切换至"属性"面板，在"色彩效果"选项组中设置其Alpha值为60%，如图16-15所示。

图16-15 设置第1帧上的Alpha值

18 在"时间轴"面板中单击第15帧，在舞台中选择第15帧上的元件，切换至"属性"面板，在"色彩效果"选项组中设置其Alpha值为50%，如图16-16所示。

图16-16 设置第15帧上的Alpha值

19 在第15帧处单击右键，在弹出的快捷菜单中执行"创建传统补间"命令。

20 在"图层"面板中单击 "创建新图层"按钮，新建一个"图层2"，如图16-17所示。

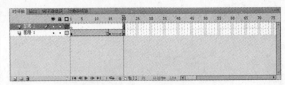

图16-17 新建图层

21 在"图层2"的15帧处单击右键，在弹出的快捷菜单中执行"插入关键帧"命令。

22 按快捷键Ctrl+R，在弹出的"导入"对话框中选择002.jpg素材文件。

23 单击"打开"按钮，在弹出的"是否导入序列"对话框中单击"否"按钮，如图16-18所示。

图16-18 导入序列对话框

24 切换至"属性"面板，在"位置和大小"选项组中设置X值为0，Y值为0。按F8键，打开"转换为元件"对话框，在"名称"右侧的文本框中设置其名称为"背景图2"，"类型"为图形，如图16-19所示。

图16-19 "转换为元件"对话框

25 在舞台中选择第15帧上的元件，切换至"属性"面板，在"色彩效果"选项组中将"样式"设置为Alpha，设置其Alpha值为30%，如图16-20所示。

图16-20 设置第15帧上的Alpha值

26 在第20帧位置单击右键，在弹出的快捷菜单中执行"插入关键帧"命令。

27 使用同样的方法选择第20帧的元件，在"属性面板"中设置其Alpha值为60%，如图16-21所示。

图16-21 设置第20帧上的Alpha值

**28** 在第15帧处单击右键，在弹出的快捷菜单中执行"创建传统补间"命令。

**29** 使用同样的方法制作剩下的补间动画，完成后的效果如图16-22所示。

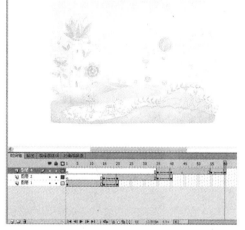

图16-22 完成后的效果

**30** 执行"插入"|"创建新元件"命令，在弹出的"创建新元件"对话框中设置其名称为"反应区"，将其"类型"设置为按钮，如图16-23所示，单击"确定"按钮即可。

图16-23 "创建新元件"对话框

**31** 在"图层1"处单击右键，在弹出的快捷菜单中执行"插入关键帧"命令。

**32** 在工具箱中选择 "矩形工具"，在"属性"面板的"填充和笔触"选项组中设置

其"笔触颜色"为无，设置其"填充颜色"为纯黑色，如图16-24所示。

图16-24 设置矩形属性

**33** 在舞台中央绘制一个矩形，并在舞台中将其选中，切换至"属性"面板，在"位置和大小"选项组中设置其X值为0，Y值为0，其宽、高值为66×95，如图16-25所示。

图16-25 设置矩形属性

**34** 执行"插入"|"新建元件"命令，创建一个名称为文本动画的影片剪辑，完成此操作后，在工具箱中选择 "文本工具"，切换至"属性"面板，在"字符"选项组中设置字体系列为方正舒体，大小设置为30点，如图16-26所示。

图16-26 设置字体属性

**35** 在舞台中央单击并输入"找不到我……"文本内容，并在属性面板中设置其"位置和大小"选项组中的大小值为0、0。在舞台中选择文本对象，按F8键将其转换为文字的元件，如图16-27所示。

图16-27 "转换为元件"对话框

**36** 单击"确定"按钮，在第15、35、45帧位置分别插入关键帧，在第60帧位置单击右键，在弹出的快捷菜单中执行"插入帧"命令。

**37** 在舞台中选择第1帧上的元件，并将其调整至合适的位置，在"属性"面板中的"色彩效果"选项组中将"样式"设置为Alpha，设置其Alpha值为0%，如图16-28所示。

图16-28 设置第1帧上的Alpha值

**38** 在舞台中选择第45帧上的元件，并将其调整至合适的位置，在"属性"面板中设置其Alpha值为0%，如图16-29所示。

图16-29 设置第45帧上的Alpha

**39** 在第1帧位置单击右键，在弹出的快捷菜单

中执行"创建传统补间"命令，使用同样的方法，在第35帧位置创建传统补间动画。

**40** 返回场景1，在"库"面板中选择"背景动画"，将其拖至舞台中央，并在"属性"面板的"位置和大小"选项组中设置X、Y值为0，完成后的效果如图16-30所示。

图16-30 添加的素材文件

**41** 在第20帧位置单击右键，在弹出的快捷菜单中执行"插入帧"命令，新建一个"图层2"，在"库"面板中选择"文本动画"影片剪辑，并将其拖至合适位置，如图16-31所示。

图16-31 添加影片剪辑

**42** 新建"图层3"，在"库"面板中选择"女孩"影片剪辑，并将其拖至舞台中央，如图16-32所示。

**43** 在舞台中选择拖入的女孩影片剪辑，切换至"属性"面板，为其影片剪辑命名为ren，按Enter键确认，如图16-33所示。

图16-32 导入女孩影片剪辑

图16-33 命名影片剪辑

**44** 分别在第5帧位置，第10帧位置、第15帧位置、第20帧位置插入关键帧，并在不同的关键帧位置调整舞台中女孩的位置，如图16-34所示。

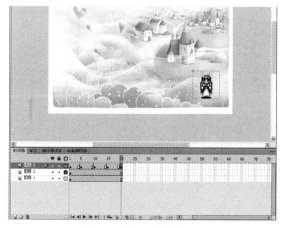

图16-34 完成后的效果

**45** 新建"图层4"，在第1帧处单击，在"库"面板中选择"反应区"按钮，并将其拖至舞台中央，调整至合适的位置，如图16-35所示。

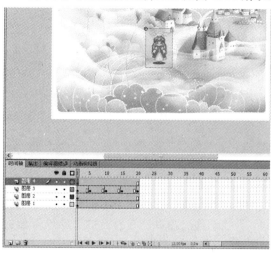

图16-35 拖入的反应区

**46** 使用同样的方法，在第5帧位置、第10帧位置、第15帧位置、第20帧位置插入关键帧并载入反应区，完成后的效果如图16-36所示。

图16-36 完成后的效果

**47** 新建一个"图层5"，在第1帧位置单击右键，在弹出的快捷菜单中执行"动作"命令，在弹出的"动作"面板中输入代码：stop();，如图16-37所示。

图16-37 "动作"面板

**48** 将"动作"面板关闭，使用同样的方法，分别在第5帧位置、第10帧位置、第15帧位置、第20帧位置处插入关键帧，并输入相同的脚本代码，完成后的效果如图16-38所示。

图16-38　完成后的效果

**49** 选择"图层5"的第1帧，在舞台中选择反应区，并单击右键，在弹出的快捷菜单中执行"动作"命令，在打开的"动作"面板中输入代码：

```
on (rollOver) {
  _root.ren.play();
    gotoAndPlay(5);
}
```

如图16-39所示。

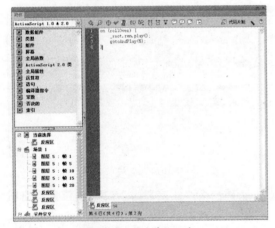

图16-39　"动作"面板

**50** 使用同样的方法选择第5帧上的反应区，打开"动作"面板，输入代码：

```
on (rollOver) {
  _root.ren.play();
    gotoAndPlay(10);
}
```

如图16-40所示。

**51** 在第10帧位置选择反应区，打开"动作"面板，输入代码：

```
on (rollOver) {
  _root.ren.play();
    gotoAndPlay(15);
}
```

如图16-41所示。

图16-40　第5帧位置的动作代码

图16-41　第10帧位置的动作代码

**52** 在第15帧位置选择反应区，打开"动作"面板，输入代码：

```
on (rollOver) {
  _root.ren.play();
    gotoAndPlay(20);
}
```

如图16-42所示。

图16-42　第15帧位置的动作代码

**53** 在第20帧位置选择反应区，打开"动作"面板，输入代码：

```
on (rollOver) {
    _root.ren.play();
    gotoAndPlay(1);
}
```

如图16-43所示。

图16-43　第20帧位置的动作代码

**54** 至此，"抓不着游戏"就制作完成，执行"控制"｜"测试影片"｜"测试"命令，测

试后的效果如图16-44所示。

图16-44　效果图

**55** 测试完成后，将其对话框关闭，回到舞台中，在菜单栏中执行"文件"｜"导出"｜"导出影片"命令，在弹出的"导出影片"对话框中为其小游戏指定一个正确的路径，将其保存为一个名为"Flash小游戏"的SWF的影片。

# 16.2 护肤品网站

本案例将通过介绍护肤品网站的制作方法，从而巩固前面所学的知识，其具体操作步骤如下：

**01** 启动Flash CS6，执行"文件"｜"新建"命令，在弹出的对话框中选择"常规"选项卡，在该选项卡中选择ActionScript 2.0选项，如图16-45所示。

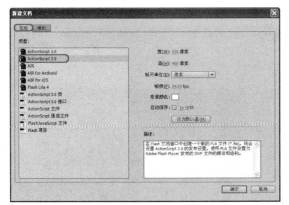

图16-45　"新建文档"对话框

**02** 选择完成后，单击"确定"按钮，在"属性"面板中单击 🔧 "编辑文档属

性"按钮，如图16-46所示。

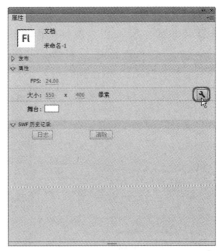

图16-46　单击"编辑文档属性"按钮

**03** 在弹出的对话框中将"尺寸"设置为970像素×620像素，将"背景颜色"设置为#333333，将"帧频"设置为36，如图14-67所示。

图16-47 "文档设置"对话框

**04** 设置完成后,单击"确定"按钮,在菜单栏中执行"插入"|"新建元件"命令,在弹出的对话框中将"名称"设置为"文字动画",将"类型"设置为"影片剪辑",如图16-48所示。

图16-48 "创建新元件"对话框

**05** 设置完成后,单击"确定"按钮,在工具箱中单击 T "文本工具",在舞台中输入如图16-49所示的文字。

图16-49 输入文字

**06** 选择输入的文字,在"属性"面板中"系列"设置为"方正综艺简体",将"大小"设置为52,如图16-50所示。

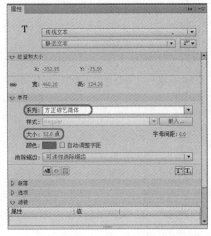

图16-50 设置文字属性

**07** 在"属性"面板中单击"颜色"右侧的色块,在弹出的窗口中单击 按钮,如图16-51所示。

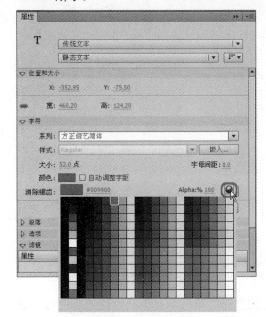

图16-51 "颜色"窗口

**08** 执行该操作后,即可弹出"颜色"对话框,在该对话框中将RGB值设置为142、13、37,如图16-52所示。

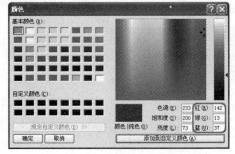

图16-52 "颜色"对话框

**09** 设置完成后,单击"确定"按钮,执行该操作后,即可改变选中文字的颜色,如图16-53所示。

图16-53 改变文字颜色

**10** 在工具箱中单击 "任意变形工具",在舞台中对文字进行变形,并调整其角度,调整后的效果如图16-54所示。

图16-54 对文字进行调整

**11** 选中该文字，执行"修改"|"分离"命令，执行该操作后，即可对选中文字进行分离，再次按快捷键Ctrl+B对其进行分离，再次执行"修改"|"转换为元件"命令，在弹出的对话框中将"名称"设置为文字罩，将"类型"设置为图形，如图16-55所示。

图16-55 "转换为元件"对话框

**12** 设置完成后，单击"确定"按钮，在"时间轴"面板中选择"图层1"的第90帧右击，在弹出的快捷菜单中执行"插入帧"命令，如图16-56所示。

图16-56 执行"插入帧"命令

**13** 在"时间轴"面板中单击 "新建图层"按钮，新建图层2，在工具箱中单击 "矩形工具"按钮，在菜单栏中执行"窗口"|"颜色"命令。

**14** 在"颜色"面板中将"颜色类型"设置为线性渐变，选择最左侧的色标，将其设置为白色，将Alpha值设置为0，选择最右侧的色标，将其设置为白色，将Alpha值设置为0，在颜色条的中间位置单击，添加一个色标，将其RGB值设置255、255、255，如图16-57所示。

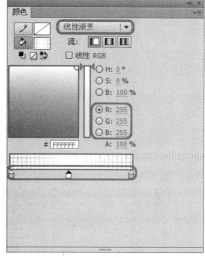

图16-57 "颜色"面板

**15** 在舞台中绘制一个矩形，如图16-58所示。

图16-58 创建矩形

**16** 单击工具箱中的 "任意变形工具"按钮，在舞台中对矩形进行调整，并调整其位置，如图16-59所示。

图16-59 对矩形进行调整

**17** 在"时间轴"面板中选择"图层2"的第90帧右击，在弹出的快捷菜单中执行"插入关键帧"命令，如图16-60所示。

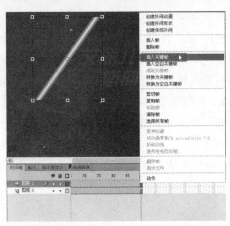

图16-60 执行"插入关键帧"命令

**18** 在舞台中调整矩形的位置,在该图层的任意一帧处右击,在弹出的快捷菜单中执行"创建形状补间"命令,如图16-61所示。

图16-61 执行"创建形状补间"命令

**19** 在"时间轴"面板中单击 "新建图层"按钮,新建图层3,在"库"面板中选择"文字"图形元件,单击拖曳至舞台中,并调整其位置,调整后的效果如图16-62所示。

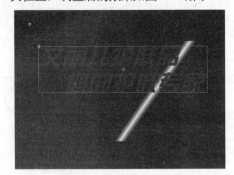

图16-62 调整文字的位置

**20** 在"时间轴"面板中选择"图层3"右击,在弹出的快捷菜单中执行"遮罩层"命令,如图16-63所示。

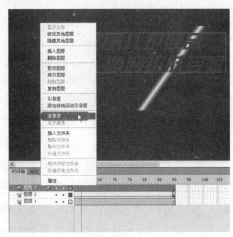

图16-63 执行"遮罩层"命令

**21** 返回至场景1中,在"时间轴"面板中选择"图层1",执行"文件"|"导入"|"导入到舞台"命令,在弹出的对话框中选择"背景.jpg"素材文件,如图16-64所示。

图16-64 选择素材文件

**22** 单击"打开"按钮,将选中的素材文件导入到舞台中,在"属性"面板中将"宽"和"高"分别设置为970、735.05,将X和Y分别设置为0.45、-1,如图16-65所示。

图16-65 设置素材文件的属性

**23** 在"时间轴"面板中单击 "新建图层"按钮，新建图层2，在"库"面板中选择"文字动画"元件，单击拖曳至舞台中，并调整其位置，如图16-66所示。

图16-66 将"文字动画"元件拖拽至舞台中

**24** 按快捷键Ctrl+F8打开"创建新元件"对话框，在该对话框中将"名称"设置为"导航动画"，将"类型"设置为"影片剪辑"，如图16-67所示。

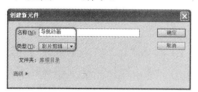

图16-67 创建新元件

**25** 设置完成后，单击"确定"按钮，打开"库"面板，在该面板中单击"新建文件夹"按钮，新建一个文件夹，并为其命名，如图16-68所示。

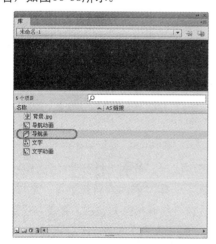

图16-68 新建文件夹

**26** 执行"文件"|"导入"|"导入到库"命令，在弹出的对话框中按Ctrl键选择如图16-69所示的素材文件。

图16-69 选择素材文件

**27** 选择完成后，单击"打开"按钮，将导入的文件移动至"导航条"文件夹中，选择"导航条.jpg"，单击拖曳至舞台中，如图16-70所示。

图16-70 将"导航条.jpg"素材文件拖至舞台

**28** 在"时间轴"面板中单击 "新建图层"按钮，新建一个图层，再将"库"面板中的"标签1.png"素材文件拖至舞台中，打开"属性"面板，将"宽"和"高"分别设置为101.3、44，如图16-71所示。

图16-71 设置素材属性

**29** 选择该素材文件，按F8键打开"转换为元件"对话框，在该对话框中将"名称"设置为"标签1"，将"类型"设置为"按钮"，如图16-72所示。

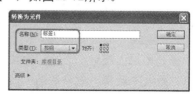

图16-72 "转换为元件"对话框

**30** 设置完成后，单击"确定"按钮，双击该元件，在"时间轴"面板中选择"指针"下的帧，按F6键插入一个关键帧，在舞台中选择该元件右击，在弹出的快捷菜单中执行"交换位图"命令，如图16-73所示。

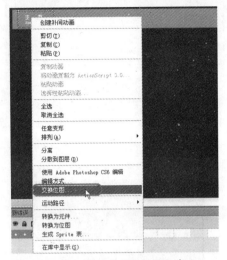

图16-73 执行"交换位图"命令

**31** 在弹出的"交换位图"对话框中选择"标签1副本.png"，如图16-74所示。

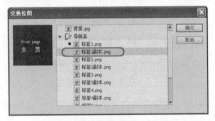

图16-74 "交换位图"对话框

**32** 选择完成后，单击"确定"按钮，使用同样的方法添加其他的标签，完成后的效果如图16-75所示。

图16-75 添加其他标签

**33** 返回至场景1中，在"时间轴"面板中单击 新建图层"新建图层"按钮，新建一个图层，在"库"面板中选择"导航动画"元件，单击拖曳至舞台中，如图16-76所示。

图16-76 将"导航动画"元件拖至舞台中

**34** 按快捷键Ctrl+F8打开"创建新元件"对话框，在该对话框中将"名称"设置为"展示表"，将"类型"设置为"影片剪辑"，如图16-77所示。

图16-77 创建"展示表"影片剪辑

**35** 设置完成后，单击"确定"按钮，执行"文件"|"导入"|"导入到库"命令，打开"导入"对话框，在该对话框中按住Ctrl键选择如图16-78所示的素材。

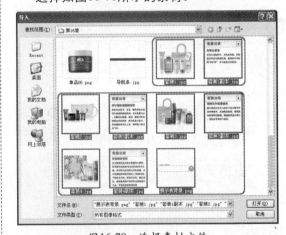

图16-78 选择素材文件

**36** 选择完成后，单击"打开"按钮，在"库"面板中选择"展示表背景.png"素材图片，按住鼠标将其拖至舞台中，如图16-79所示。

图16-79 将"展示表背景.png"素材图片拖至舞台中

**37** 在"时间轴"面板中单击  "新建图层"按钮，新建一个图层，在"库"面板中选择"套装1.jpg"素材图片，按住鼠标将其拖至舞台中，在"属性"面板中将"宽"设置为94，如图16-80所示。

图16-80 设置素材图片的宽度

**38** 在舞台中调整其位置，按F8键打开"换转为元件"对话框，在该对话框中将"名称"设置为套装1，将"类型"设置为"按钮"，如图16-81所示。

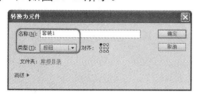

图16-81 "转换为元件"对话框

**39** 设置完成后，单击"确定"按钮，双击该按钮元件，在"时间轴"面板中选择"指针"下的帧，按F6键插入一个关键帧，在"库"面板中选择"套装1副本.jpg"，单击拖曳至舞台中，并调整其大小，如图16-82所示。

图16-82 编辑按钮元件

**40** 使用同样的方法创建其他按钮元件，创建后的效果如图16-83所示。

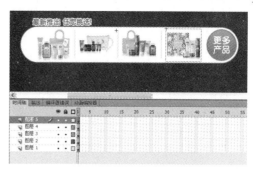

图16-83 创建其他按钮元件

**41** 返回至"场景1"中，在"时间轴"面板中新建一个图层，在"库"面板中选择"展示表"元件，并按住鼠标将其拖至舞台中，在舞台中调整其位置，调整后的效果如图16-84所示。

图16-84 调整元件的位置

**42** 按快捷键Ctrl+F8打开"新建元件"对话框，在该对话框中将"名称"设置为"树（图形）"，将"类型"设置为"图形"，如图16-85所示。

图16-85 创建新元件

**43** 设置完成后，单击"确定"按钮，按快捷键Ctrl+R打开"导入"对话框，在该对话框中选择shu.png素材文件，如图16-86所示。

图16-86 选择素材文件

**44** 单击"打开"按钮，在"属性"面板中将"宽"设置为190，将高设置为243，如图16-87所示。设置完成后，在"变形"面板中将"旋转"设置为10。

图16-87　设置素材大小

**45** 在添加一个"树02"影片剪辑元件，将"树（图形）"元件拖至该元件中，在时间轴面板中选择该图层的第1帧，按快捷键Ctrl+T打开"变形"面板，在该面板中将"旋转"设置为－10，如图16-88所示。

图16-88　设置旋转角度

**46** 在时间轴面板中选择该图层的第5帧，按F6键插入一个关键帧，再在"变形"面板中将"旋转"设置为0，如图16-89所示。

图16-89　设置旋转角度为0

**47** 在第1帧处右击，在弹出的快捷菜单中执行"创建传统补间"命令，如图16-90所示。

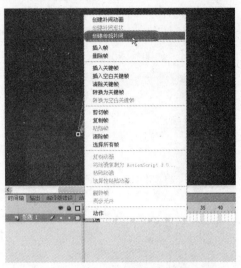

图16-90　执行"创建传统补间"命令

**48** 使用同样的方法依次创建其他传统补间动画，创建后的效果如图16-91所示。

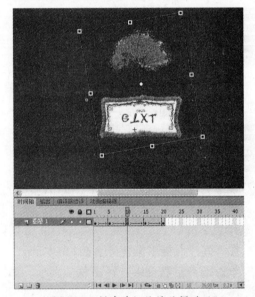

图16-91　创建其他传统补间动画

**49** 返回至"场景1"中，按快捷键Ctrl+F8打开"创建新元件"对话框，在该对话框中将"名称"设置为"抖动的树"，将"类型"设置为"按钮"，如图16-92所示。

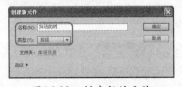

图16-92　创建新的元件

**50** 设置完成后，单击"确定"按钮，在"库"

面板中选择shu.png素材图片，按住鼠标将其拖至舞台，并调整其大小及角度，调整后的效果如图16-93所示。

中，并在舞台中调整其位置，调整后的效果如图16-95所示。

图16-95　调整元件位置

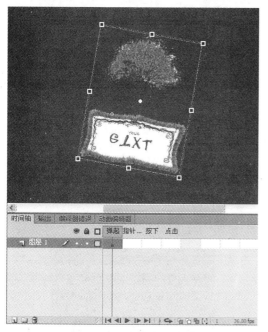

图16-93　调整素材的角度

**51** 在"时间轴"面板中选择"指针"下的帧，按F7键插入一个空白关键帧，在"库"面板中选择"树02"元件，按住鼠标将其拖至舞台中，并对其进行调整，如图16-94所示。

**53** 按快捷键Ctrl+F8打开"转换为元件"对话框，在该对话框中将"名称"设置为"星光移动1"，将"类型"设置为"影片剪辑"，如图16-96所示。

图16-96　"创建新元件"对话框

**54** 设置完成后，单击"确定"按钮，在工具箱中单击"矩形工具"，按快捷键Shift+Alt+F9打开"颜色"面板，在该面板中将颜色类型设置为"径向渐变"，选择最左侧的色标，将其RGB值设置为255、255、255，再次选择右侧的色标，将其RGB值设置为255、255、255，将Alpha值设置为0，如图16-97所示。

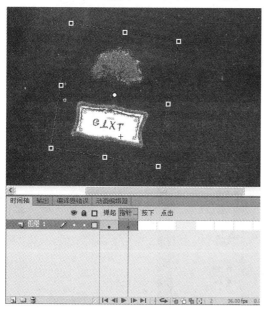

图16-94　添加元件

**52** 返回至"场景1"，在"时间轴"面板中新建一个图层，在"库"面板中选择"抖动的树"按钮元件，按住鼠标将其拖至舞台

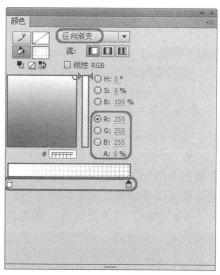

图16-97　设置渐变颜色

**55** 设置完成后，在舞台中绘制一个矩形，绘制后的效果如图16-98所示。

图16-98　绘制渐变矩形

**56** 在菜单栏中执行"编辑"|"复制"命令，复制该图形，再在菜单栏中执行"编辑"|"粘贴到当前位置"命令。

**57** 在菜单栏中执行"修改"|"变形"|"顺时针旋转90度"命令。

**58** 执行该操作后，即可对选中的图形进行旋转，在工具箱中单击"椭圆工具"，在舞台中绘制一个椭圆形，使用同样的方法再绘制两个矩形，如图16-99所示。

图16-99　绘制椭圆及矩形

**59** 在舞台中选择绘制后的图形，按F8键打开"转换为元件"对话框，在该对话框中将"名称"设置为"星光"，将"类型"设置为"图形"，如图16-100所示。

图16-100　"转换为元件"对话框

**60** 设置完成后，单击"确定"按钮，在时间轴面板中选择该图层的第12帧，按F6键插入一个关键帧，调整其位置，再在第20帧处插入一个关键帧，再次调整其位置，在"属性"面板中将"样式"设置为Alpha，并将其参数设置为0，如图16-101所示。

图16-101　设置Alpha值

**61** 在第1帧处右击，在弹出的快捷菜单中执行"创建传统补间"命令，使用同样的方法在第12帧处创建一个传统补间动画，如图16-102所示。

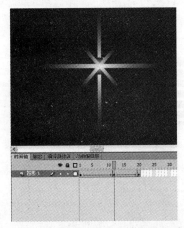

图16-102　创建传统补间动画

**62** 在时间轴面板中新建一个图层，选择该图层的第20帧，按F6键插入一个关键帧，按F9键打开"动作"面板，在该面板中输入如图16-103所示的代码。

图16-103　输入代码

63 按F9键关闭"动作"面板，返回至"场景1"中，使用同样的方法创建其他星光移动影片剪辑元件，如图16-104所示。

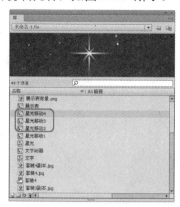

图16-104　创建其他星光移动影片剪辑元件

64 按快捷键Ctrl+F8打开"创建新元件"对话框，在该对话框中将"名称"设置为"多个星光"，将"类型"设置为"影片剪辑"，如图16-105所示。

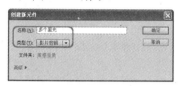

图16-105　创建新的元件

65 设置完成后，单击"确定"按钮，在"库"面板中选择"星光移动1"元件，按住鼠标将其拖至舞台中，使用同样的方法将其他星光移动元件拖至舞台中，效果如图16-106所示。

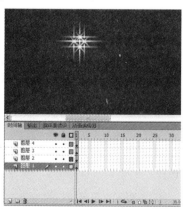

图16-106　添加星光移动元件

66 按快捷键Ctrl+F8打开"创建新元件"对话框，在该对话框中将"名称"设置为"多个星光动画"，将"类型"设置为"影片剪辑"，如图16-107所示。

图16-107　创建新的元件

67 设置完成后，单击"确定"按钮，在"库"面板中选择"多个星光"元件，按住鼠标将其拖至舞台中，打开"属性"面板，在该面板中将实例名称设置为mc，如图16-108所示。

图16-108　设置实例名称

68 在时间轴面板的第4帧位置处插入一个帧，再新建一个图层，选择第1帧，按F9键打开"动作"面板，在该面板中输入代码：

```
i = 1;
xPos = _xmouse;
yPos = _ymouse;
```

如图16-109所示。

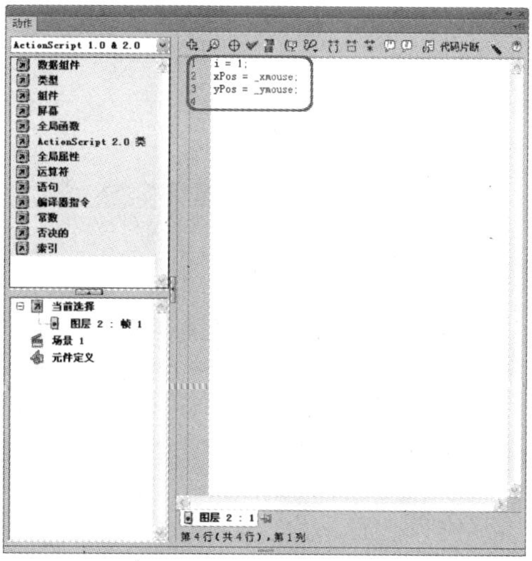

图16-109　输入代码

69 再在第3帧处插入一个关键帧，在动作面板中输入代码：

```
mouseX = _xmouse;
mouseY = _ymouse;
if (xPos != mousex || yPos != mouseY)
{
    duplicateMovieClip("mc", "mc" +
    i, 1428+ (1600 + i));
    setProperty("mc" + i, _x,
    mouseX);
    setProperty("mc" + i, _y,
    mouseY);
    setProperty("mc" + i, _rotation,
    random(180));
    ++i;
    if (i > 5)
    {
        i = 0;
    } // end if
} // end if
```

如图16-110所示。

图16-110 输入代码

**70** 再在第4帧处插入一个关键帧，在动作面板中输入代码：

```
xPos = _xmouse;
yPos = _ymouse;
gotoAndPlay(2);
```

如图16-111所示。

图16-111 输入代码

**71** 按F9键将"动作"面板关闭，返回至"场景1"中，在时间轴面板中新建一个图层，在"库"面板中选择"多个动画"元件，按住鼠标将其拖至舞台中，并在舞台中调整其大小及位置，调整后的效果如图16-112所示。

图16-112 调整后的效果

**72** 使用同样的方法创建其他元件，创建完成将其添加至舞台中，在舞台中调整其位置，调整后的效果如图16-113所示。

图16-113 创建其他元件

**73** 在时间轴面板中新建一个图层，按F9键打开"动作"面板，在该面板中输入代码，如图16-114所示。

图16-114 输入代码

**74** 在菜单栏中执行"文件"|"导入"|"导入到库"命令，在弹出的对话框中选择"背景音乐.mp3"音频文件，如图16-115所示。

图16-115 选择音频文件

**75** 选择完成后，单击"打开"按钮，将选中的音频文件导入到"库"面板中，如图16-116所示。

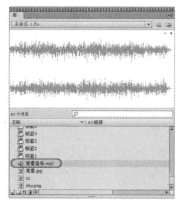

图16-116 将音频文件导入到"库"面板中

**76** 在时间轴面板中新建一个图层，在"库"面板中选择"背景音乐.mp3"，按住鼠标将其拖至舞台中，选择该图层的第1帧，

在"属性"面板中将"效果"设置为"淡出"，将"同步"设置为"事件"，在其下方的下拉列表中选择"循环"选项，如图16-117所示。

图16-117 设置音频属性

**77** 设置完成后，按快捷键Ctrl+Enter预览效果，其效果如图16-118所示。

图16-118 预览效果

**78** 执行"文件"|"导出"|"导出影片"命令，在弹出的对话框中指定保存路径，并为其命名。

# 16.3 导航栏

## 16.3.1 制作导航条

**01** 新建一个空白的ActionScript 2.0 flash文档，执行"修改"|"文档"命令，打开"文档设置"对话框，设置舞台的尺寸宽高值为700像素×300像素，其"背景颜色"值为#999999，如图16-119所示。

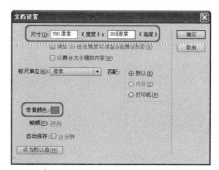

图16-119 "文档设置"对话框

**02** 将其对话框关闭，执行"插入"|"新建元件"命令，在弹出的"创建新元件"对话框中新建一个"导航按钮"的按钮元件，如图16-120所示。

图16-120 "创建新元件"对话框

**03** 将其对话框关闭，在"点击"帧位置单击右键，在弹出的快捷菜单中执行"插入关键帧"命令，如图16-121所示。

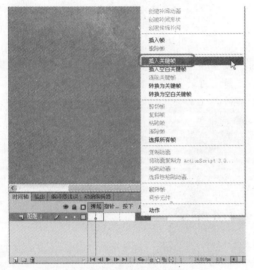

图16-121 执行"插入关键帧"命令

**04** 在工具箱中选择 "矩形选择"工具，切换至"属性"面板，在"填充和笔触"选项组中设置其"笔触颜色"为无，"填充颜色"为白色，如图16-122所示。

图16-122 设置矩形的笔触颜色和填充颜色

**05** 在舞台中绘制一个如图16-123所示的矩形。

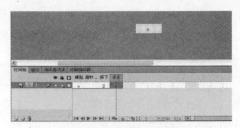

图16-123 绘制矩形

**06** 按快捷键Ctrl+F8，新建一个名称为"导航栏动画"的影片剪辑元件，如图16-124所示。

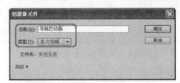

图16-124 "创建新元件"对话框

**07** 在第5帧位置单击右键，在弹出的快捷菜中执行"插入关键帧"命令，如图16-125所示。

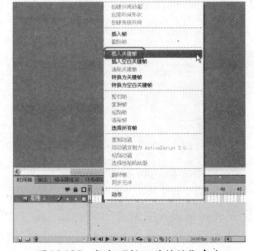

图16-125 执行"插入关键帧"命令

**08** 在工具箱中选择 "线条工具"，切换至"属性"面板，在"填充和笔触"选项组中设置其笔触颜色为白色，"笔触"大小为1像素，如图16-126所示。

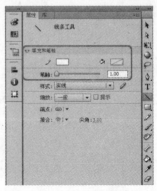

图16-126 设置线条笔触属性

**09** 在舞台中绘制一条直线，使用选择工具将其选中，再次切换至"属性"面板，在"位置和大小"选项组中设置其X值为0，Y值为－30，宽值为700，如图16-127所示。

图16-127 设置线条属性

**10** 执行"修改"｜"转换为元件"命令，打开"转换为元件"对话框，将其转换为一个名为线条的图像元件，如图16-128所示。

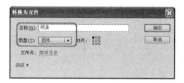

图16-128 "转换为元件"对话框

**11** 确定舞台中的元件处于被选中的状态下，在"属性"面板中的"色彩效果"选项组中设置其Alpha值为0%，如图16-129所示。

图16-129 设置元件的Alpha值

**12** 在第9帧位置单击右键，在弹出的快捷菜单中执行"插入关键帧"命令，在舞台中选择线条元件，切换至"属性"面板，在"位置和大小"选项组中设置Y值为30，在"色彩效果"选项组中设置其Alpha值为30%，如图16-130所示。

图16-130 设置线条元件的属性

**13** 在第5帧位置单击右键，在弹出的快捷菜单中执行"创建传统补间"命令，如图16-131所示。

图16-131 执行"创建传统补间"命令

**14** 在第145帧位置单击右键，在弹出的快捷菜单中执行"插入帧"命令，如图16-132所示。

图16-132 执行"插入帧"命令

**15** 新建"图层2",并在第9帧位置插入关键帧,如图16-133所示。

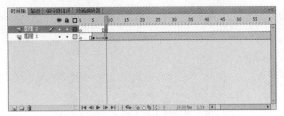

图16-133 新建图层

**16** 在工具箱中选择 "线条工具",在舞台中绘制一条纵向线条并将其选中,在"属性"面板的"位置和大小"选项组中设置X值为120,Y值为22,高值为35,如图16-134所示。

图16-134 设置线条的属性

**17** 按F8键,在弹出的"转换为元件"对话框中将其转换为名称为"纵向线条"的图形元件,如图16-135所示。

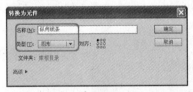

图16-135 "转换为元件"对话框

**18** 在舞台中将"纵向线条"元件选中,切换至"属性"面板,在"色彩效果"选项组中设置其Alpha值为0%,如图16-136所示。

**19** 在第18帧位置插入关键帧,切换至"属性"面板,在"位置和大小"选项组中设置Y值为-15,在"色彩效果"选项组中设置Alpha值为30%,如图16-137所示。

图16-136 设置其Alpha值

图16-137 设置线条属性

**20** 在第9帧位置单击右键,在弹出的快捷菜单中执行"创建传统补间"命令。如图16-138所示。

图16-138 执行"创建传统补间"命令

**21** 新建"图层3",在工具箱中选择 "矩形工具",打开"属性"面板,在"填充和笔触"选项组中设置笔触的颜色为无,填充颜色为#009933,如图16-139所示。

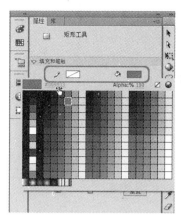

图16-139　设置矩形属性

**22** 在舞台中绘制一个矩形，在"图层"面板中选择"图层3"，并单击右键，在弹出的快捷菜单中执行"遮罩层"命令，如图16-140所示。

图16-140　选择"遮罩层"命令

**23** 新建"图层4"，在第15帧位置插入关键帧，在"库"面板中选择"纵向线条"元件，并将其拖至舞台中，如图16-141所示。

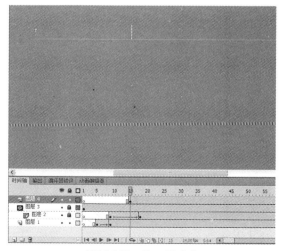

图16-141　拖入的元件

**24** 确认舞台中的元件处于被选中的状态下，打开"属性"面板，在"位置和大小"选项组中设置X值为240，Y值为22，在"色彩效果"选项组中设置该元件的Alpha值为0%，如图16-142所示。

图16-142　设置元件属性

**25** 在第24帧位置插入关键帧，打开"属性"面板，在"位置和大小"选项组中设置Y值为－15，在"色彩效果"选项组中设置该元件的Alpha值为30%，如图16-143所示。

图16-143　设置第24帧元件的属性

**26** 在第15帧位置单击右键，在弹出的快捷菜单中执行"创建传统补间"命令，如图16-144所示。

**27** 使用同样的方法新建一个图层并在舞台中绘制一个矩形，将该图层转换为遮罩层，完成后的"时间轴"效果，如图16-145所示。

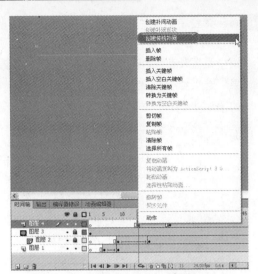

图16-144 执行"创建传统补间"命令

图16-145 时间轴效果

28 使用同样的方法制作出其他纵向线条的遮罩效果,完成后的效果,如图16-146所示。

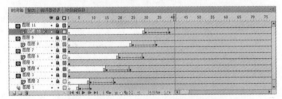

图16-146 完成后的时间轴效果

29 新建"图层12",在第10帧位置插入关键帧,在工具箱中选择 T "文本工具",在舞台中合适的位置输入文字,如图16-147所示。

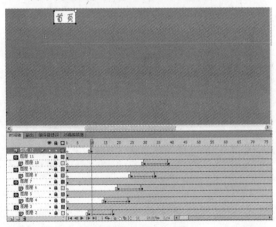

图16-147 输入文本

30 在舞台中选择输入的文本,打开"属性"面板,在"字符"选项组中设置字体为"仿

宋_GB2312",设置其大小为25点,颜色为白色,如图16-148所示。

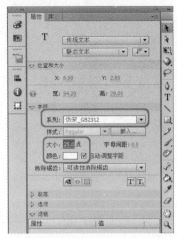

图16-148 设置文本属性

31 使用"选择工具"在舞台中选择设置好的文本,按F8键,在打开的"转换为元件"对话框中将该文本转换为名为"首页"的图形元件,如图16-149所示。

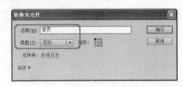

图16-149 "转换为元件"对话框

32 单击"确定"按钮,将其对话框关闭,在第15帧位置插入关键帧,并在舞台中调整其文本元件的位置,如图16-150所示。

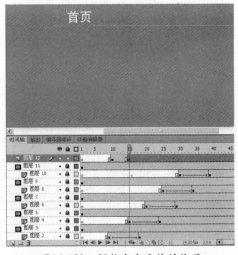

图16-150 调整文本元件的位置

33 选择第15帧上的文本元件,在"属性"面板中设置该元件的Alpha值为0%,如图16-151所示。

图16-151 第15帧位置的Alpha值

**34** 在第15帧处单击右键，在弹出的快捷菜单中执行"创建传统补间"命令，如图16-152所示。

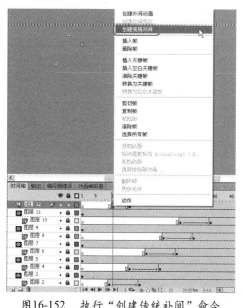

图16-152 执行"创建传统补间"命令

**35** 使用同样的方法，制作出"图层13"上的文本动画，完成后的效果如图16-153所示。

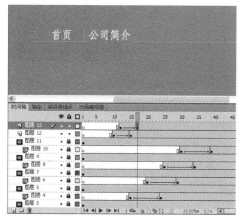

图16-153 "图层13"的文本动画效果

**36** 使用同样的方法制作出其他导航栏中文本的动画效果，如图16-154所示。

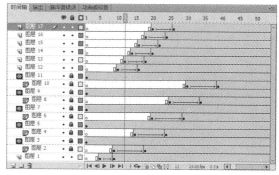

图16-154 完成后的效果

**37** 新建"图层18"，在第12帧位置插入关键帧，在"库"面板中选择"导航按钮"按钮，将其拖至舞台中并调整其位置，如图16-155所示。

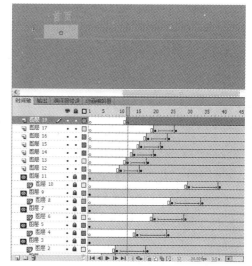

图16-155 在舞台中添加按钮

**38** 使用同样的方法新建新图层并添加按钮元件，完成后的效果如图16-156所示。

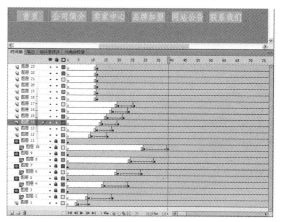

图16-156 完成后的效果

**39** 新建"图层24",在第51帧位置插入关键帧,在工具箱中选择 T "文本工具",打开"属性"面板,在"字符"选项组中设置大小值为17点,如图16-157所示。

图16-157 设置字体大小

**40** 在"买家中心"元件中心位置单击并输入文本内容,如图16-158所示。

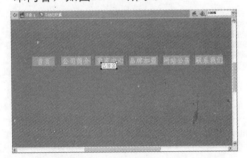

图16-158 在舞台中输入文本内容

**41** 使用"选择工具"将舞台中的文本选中,按F8键,在打开的"转换为元件"对话框中将该文本转换为名称为"已售出"的图形元件,如图16-159所示。

图16-159 "转换为元件"对话框

**42** 单击"确定"按钮,即可将其对话框关闭,在"图层24"的第58帧位置插入关键帧,如图16-160所示。

图16-160 新建图层并插入关键帧

**43** 在舞台中选择文本元件,使用方向键来移动文本元件至合适的位置即可。

**44** 在第66帧位置插入关键帧,将其向左移动至合适位置,在第67帧位置单击右键,在弹出的快捷菜单中执行"插入空白关键帧"命令。

**45** 选择第52帧位置上的文本元件,打开"属性"面板,在"色彩效果"选项组中设置其Alpha值为0%,如图16-161所示。

图16-161 设置该元件的Alpha值

**46** 在第50帧位置单击右键,在弹出的快捷菜单中执行"创建传统补间"命令。使用同样的方法,在第58帧位置创建传统补间动画。

**47** 使用同样的方法制作出其他文本的动画效果,完成后的效果如图16-162所示。

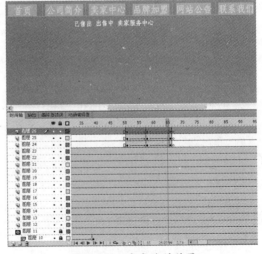

图16-162 完成后的效果

**48** 新建"图层27",在第51帧位置插入关键帧,在"库"面板中选择"导航按钮"元件,并将其拖至舞台中,并使用变形工具改变按钮元件的大小,如图16-163所示。

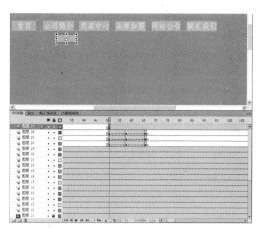

图16-163 添加"导航按钮"

**49** 在第67帧位置处单击右键,在弹出的快捷菜单中执行"插入空白关键帧"命令,使用同样的方法新建图层并制作其他帧上的动画效果,完成后的效果如图16-164所示。

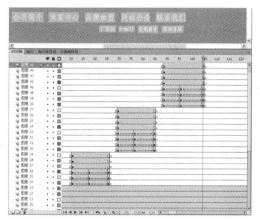

图16-164 完成后的效果

**50** 新建"图层46",在第39帧位置单击右键,在弹出的快捷菜单中执行"插入关键帧"命令,如图16-165所示。

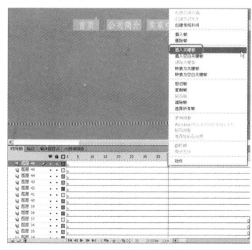

图16-165 执行"插入关键帧"命令

**51** 再次单击右键,在弹出的快捷菜单中选择"动作"命令,在打开的"动作"面板中输入代码:stop();,如图16-166所示。

图16-166 "动作"面板

**52** 使用相同的方法,分别在第66帧位置、第84帧位置、第101帧位置执行插入关键帧及动作命令。

**53** 在"图层"面板中选择"图层20",在舞台中选择按钮元件并单击右键,在弹出的快捷菜单中执行"动作"命令,在打开的"动作"面板中输入代码:

```
on (rollOver)
{
    gotoAndPlay(52);
}
on (release)
{
    getURL("链接地址");
}
```

**54** 在"图层"面板中选择"图层21",在舞台中选择按钮元件,并单击右键,在弹出的快捷菜单中执行"动作"命令,在打开的"动作"面板中输入代码:

```
on (rollOver)
{
    gotoAndPlay(70);
}
on (release)
{
    getURL("链接地址");
}
```

**55** 在场景中选择"图层23"上的按钮元件,按F9键,在打开的"动作"面板中输入代码:

```
on (rollOver)
{
    gotoAndPlay(88);
```

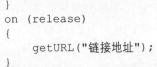

```
}
on (release)
{
    getURL("链接地址");
}
```

**56** 选择"图层27"上的按钮元件，按F9键，在
打开的"动作"面板中输入代码：

```
on (release)
{
  //Goto Webpage Behavior getURL
  ("http://www.baidu.com/cn","_self");
  //End Behavior
}
```

**57** 使用同样的方法，将"图层28"、"图层
29"、"图层34"、"图层35"、"图层36"、"图
层37"、"图层42"、"图层43"、"图层44"、
"图层45"上的按钮元件输入相同的代码：

```
on (release)
{
  //Goto Webpage BehaviorgetURL
  ("http://www.baidu.com/cn","_self");
  //End Behavior
}
```

**58** 在舞台中选择"图层18"上的按钮元件，按
F9键，打开"动作"面板，输入代码：

```
on (rollOver)
{
    gotoAndStop;
}
on (release)
{
  //Goto Webpage Behavior
  getURL("http://www.baidu.com/
  cn","_top");
  //End Behavior
}
```

**59** 使用同样的方法，将"图层19"、"图层
22"上的按钮元件输入相同的代码：

```
on (rollOver)
{
    gotoAndStop;
}
on (release)
{
  //Goto Webpage Behavior
  getURL("http://www.baidu.com/
  cn","_top");
  //End Behavior
}
```

### ▌16.3.2 制作动画效果

**01** 执行"插入"|"新建元件"命令，如图16-
167所示。

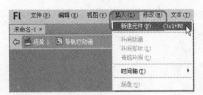

图16-167　执行"创建新元件"命令

**02** 在打开的"创建新元件"对话框中新建一个
名称为"滚动动画"的影片剪辑元件，如
图16-168所示。

图16-168　"创建新元件"对话框

**03** 执行"文件"|"导入"|"导入到库"命
令，在弹出的"导入到库"对话框中选
择"服装店展示.PNG"和"藤条"素材
文件。

**04** 单击"打开"按钮，即可将选择的素材文件导
入到"库"面板中，在第1帧位置处单击，在
"库"面板中选择"服装店展示.png"素材文
件拖至舞台中，如图16-169所示。

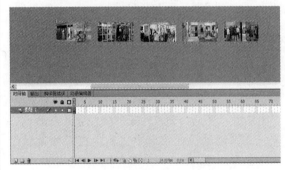

图16-169　添加的素材文件

**05** 在舞台中选择添加的素材文件，按F8键，在
弹出的"转换为元件"对话框中将其转换
为名称为"服装店展示"的图形元件，如
图16-170所示。

图16-170　"转换为元件"对话框

**06** 单击"确定"按钮，在第150帧位置插入关
键帧，如图16-171所示。

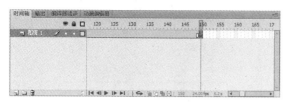

图16-171 插入关键帧

**07** 在场景中调整服装店展示元件的位置，在第1~150帧中单击右键，在弹出的快捷菜单中执行"创建传统补间"命令，如图16-172所示。

图16-172 执行"创建传统补间"命令

**08** 新建"图层2"，在第1帧处单击，在工具箱中选择🔲"矩形工具"，在舞台中绘制一个矩形，如图16-173所示。

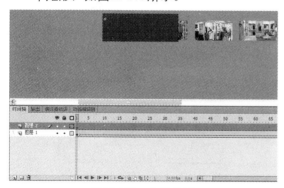

图16-173 绘制矩形

**09** 在"图层"面板中选择"图层2"，并单击右键，在弹出的快捷菜单中"遮罩层"命令，新建"图层3"，在"库"面板中选择"藤条"素材文件，并将其拖至舞台的合适位置，如图16-174所示。

**10** 按快捷键Ctrl+F8，在打开的"创建新元件"对话框中创建一个名为"文字"的影片剪辑元件，如图16-175所示。

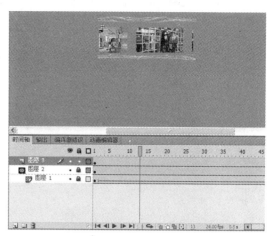

图16-174 添加素材文件。

图16-175 "创建新元件"对话框

**11** 单击"确定"按钮，在工具箱中选择🔲"文本工具"，打开"属性"面板，在"字符"选项组中设置其字体样式为"汉仪水波体简"，设置其大小值为80点，其颜色为黄色，如图16-176所示。

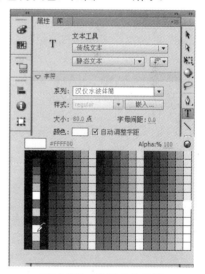

图16-176 设置文本属性

**12** 在舞台中单击并输入文本内容，如图16-177所示。

**13** 在第5帧位置插入关键帧，在舞台中选择创建的文本内容，打开"属性"面板，在"字符"选项组中设置其文本的填充颜色为红色，如图16-178所示。

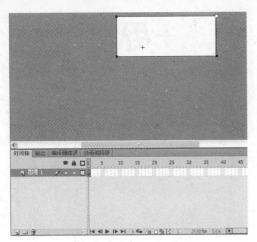

图16-177　输入文本内容

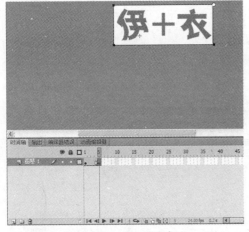

图16-178　改变文本颜色

14 在第10帧位置处插入关键帧，在舞台中选择该文本，在"属性"面板中设置该文本的颜色为白色，如图16-179所示。

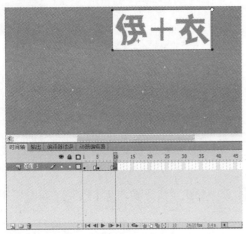

图16-179　改变文本颜色

15 在舞台中选择第1帧位置的文本元件，按F8键，将其转换成名称为"文本黄色"的图形元件，如图16-180所示。

图16-180　转换为文本黄色元件

16 单击"确定"按钮，在舞台中选择第5帧位置的文本元件，按F8键，将其转换成名称为"文本红色"的图形元件。

17 单击"确定"按钮，在舞台中选择第10帧位置的文本元件，按F8键，将其转换为名称为"文本白色"的图形元件。

18 在第1帧位置单击右键，在弹出的快捷菜单中执行"创建传统补间"命令，使用同样的方法，在第5帧与第10帧位置创建传统补间动画，完成后的效果如图16-181所示。

图16-181　完成后的效果

19 按快捷键Ctrl+F8，打开"创建新元件"对话框，创建一个名称为"展示1"的按钮元件，如图16-182所示。

图16-182　"创建新元件"对话框

20 在"按下"帧位置单击，在工具箱中选择 矩形工具"，打开"属性"面板，在"填充和笔触"选项组中设置笔触的颜色值为#66CCFF，将填充颜色值设置为#00FFFF，设置笔触的大小为4，如图16-183所示。

21 在舞台中选择绘制完的矩形，打开"属性"面板，设置其宽高值为60像素×31像素，如图16-184所示。

图16-183　设置矩形属性

图16-184　设置矩形大小

22 在"指针"帧位置插入关键帧，新建"图层2"在"弹起"帧位置单击，在工具箱中选择 T "文本工具"，打开"属性"面板，在"字符"选项组中设置字体系列为"仪粗宋简"，设置其大小值为19点，颜色为#0000FF，如图16-185所示。

图16-185　设置文本属性

23 新建"图层3"，在"指针"帧位置插入关键帧，执行"文件"|"导入"|"导入到舞台"命令，在弹出的"导入"对话框中选择"展示1.jpg"素材文件。

24 单击"打开"按钮，在弹出的"是否导入序列"对话框中单击"否"按钮，如图16-186所示。

图16-186　"是否导入序列"对话框

25 将选择的素材文件导入到舞台中，并在舞台中调整素材文件至合适的位置，如图16-187所示。

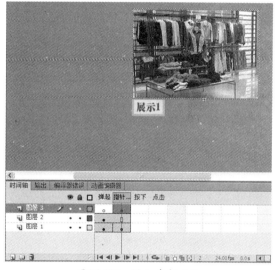

图16-187　添加素材文件

26 使用同样的方法，制作出其他按钮的展示动画，然后按快捷键Ctrl+F8，在弹出的"创建新元件"对话框中新建一个名称为"展示动画"的影片剪辑元件，如图16-188所示。

图16-188　"创建新元件"对话框

27 选择"图层1"，在"库"面板中选择"展示1"按钮元件，并将其拖至舞台中，如图16-189所示。

28 使用同样的方法，新建其他图层，并添加相应的按钮元件，完成的效果如图16-190所示。

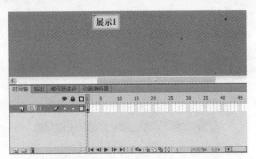

图16-189　添加的按钮元件

图16-190　完成后的效果

**29** 按快捷键Ctrl+F8，在弹出的"创建新元件"对话框中新建一个"星1"的图形元件，如图16-191所示。

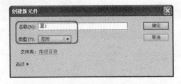

图16-191　"创建新元件"对话框

**30** 在工具箱中选择 ▣ "矩形工具"，单击 ▣ "颜色"按钮，在"颜色类型"下拉列表中选择"径向渐变"选项，在该面板中将颜色类型设置为"径向渐变"，选择最左侧的色标，将其RGB值设置为255、255、255，再次选择右侧的色标，将其RGB值设置为255、255、255，将Alpha值设置为0，如图16-192所示。将"笔触"的颜色设置为无。

图16-192　设置矩形类型

**31** 在舞台中绘制一个矩形，按快捷键Ctrl+K，打开"对齐"面板，在该面板中设置该元件的对齐方式为 ▣ "水平居中"和 ▣ "垂直对齐"，如图16-193所示。

图16-193　设置元件的对齐方式

**32** 使用同样的方法，绘制另外一条矩形，完成后的效果如图16-194所示。

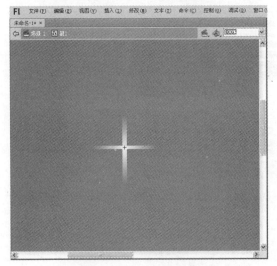

图16-194　完成后的效果

**33** 按快捷键Ctrl+F8，在弹出的"创建新元件"对话框中创建一个名称为"圆"的图形元件，如图16-195所示。

图16-195　"创建新元件"对话框

**34** 使用同样的方法，在舞台中绘制一个椭圆，按快捷键Ctrl+F8，在弹出的"创建新元件"对话框中创建"星动画"影片剪辑元件，如图16-196所示。

图16-194 创建新元件

**35** 新建元件后,在"库"面板中将"星1"图形元件拖至该元件中,在"属性"面板中将X和Y设置为0,将"宽"和"高"设置为5.6和5.7,如图16-197所示。

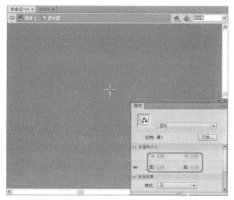

图16-197 设置"星1"图形元件

**36** 在"时间轴"面板中选择第2帧,并单击右键,在弹出的快捷菜单中执行"插入空白关键帧"命令,插入空白关键帧,选择第12帧,按F6键插入关键帧,如图16-198所示。

图16-198 插入关键帧

**37** 在"库"面板中将"星1"图形元件拖至元件中,在"属性"面板中将X和Y设置为0,将"宽"和"高"设置为11.7和11.9,如图16-199所示。

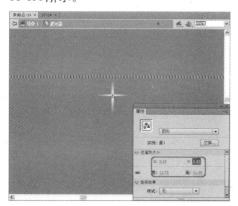

图16-199 设置"星1"图形元件

**38** 在"时间轴"面板中选择第13帧,并单击右键,在弹出的快捷菜单中执行"插入空白关键帧"命令。选择第22帧,按F6键插入关键帧,如图16-200所示。

图16-200 插入关键帧

**39** 在"库"面板中将"星1"图形元件拖至元件中,在"属性"面板中将X和Y设置为0,将"宽"和"高"设置为5.6和5.7。

**40** 在"时间轴"面板中单击"新建图层"按钮,新建"图层2",如图16-201所示。

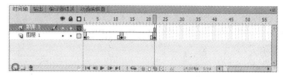

图16-201 新建图层

**41** 选择"图层2"第1帧,在"库"面板中将"圆"图形元件拖至元件中,并在"属性"面板中将X和Y设置为0,将"宽"和"高"设置为2.3和2.55。

**42** 选择"图层2"第5帧,按F6键插入关键帧,在"属性"面板中将"圆"图形元件的"宽"和"高"设置为3.6和3.95。

**43** 选择"图层2"第11帧,按F6键插入关键帧,在"属性"面板中将"圆"图形元件的"宽"和"高"设置为5和5.45。

**44** 按快捷键Ctrl+T打开"变形"面板,在该面板中设置"旋转"为90°,如图16-202所示。

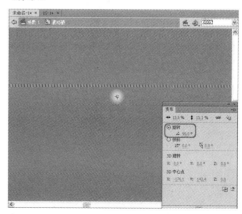

图16-202 设置旋转角度

**45** 选择"图层2"第17帧，按F6键插入关键帧，在"属性"面板中将"圆"图形元件的"宽"和"高"设置为3.6和3.3。

**46** 选择"图层2"第22帧，按F6键插入关键帧，在"变形"面板中将"旋转"设置为0°。

**47** 在"属性"面板中将"圆"图形元件的"宽"和"高"设置为2.3和2.8。

**48** 选择"图层2"第1帧，并单击右键，在弹出的快捷菜单中执行"创建传统补间"命令，即可创建传统补间动画，使用同样的方法，创建其他传统补间动画，效果如图16-203所示。

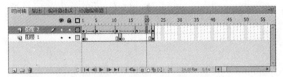

图16-203　创建传统补间动画

**49** 执行"插入"|"新建元件"命令，弹出"创建新元件"对话框，在"名称"文本框中输入"流星"，并设置"类型"为"影片剪辑"，单击"确定"按钮，如图16-204所示。

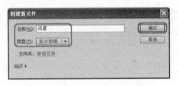

图16-204　创建新元件

**50** 在"图层1"的第1帧位置处单击，在"库"面板中选择"星动画"元件，并将其拖至舞台中，并在"属性"面板中将该帧上元件的Alpha值设置为0%如图16-205所示。

**51** 在第2帧位置插入关键帧，并在"属性"面板中将帧上元件的Alpha值设置为8%。

**52** 在第3帧位置插入关键帧，并在"属性"面板中将帧上元件的Alpha值设置为15%。

**53** 在第15帧位置插入关键帧，并在"属性"面板中将帧上元件的Alpha值设置为100%。

**54** 使用上述的步骤，在第50帧位置、第70帧位置插入关键帧，并设置其Alpha值为100%。

**55** 在第1帧位置单击右键，在弹出的快捷菜单

中执行"创建传统补间"命令。使用同样的方法为其他帧创建传统补间动画，完成后的效果如图16-206所示。

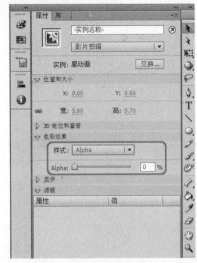

图16-205　第1帧位置的Alpha值

图16-206　完成后的效果

**56** 选择"图层"面板中的"图层1"，并单击右键，在弹出的快捷菜单中执行"添加传统运动引导层"命令。

**57** 在工具箱中选择 "铅笔工具"，打开"属性"面板吗，在"填充和笔触"选项组中设置笔触的颜色为黑色，设置笔触大小值为1，如图16-207所示。

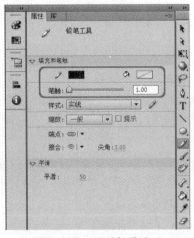

图16-207　设置铅笔属性

**58** 在舞台中绘制一条曲线，选择"引导层"图层的第2帧，并将"图层1"上第2帧的元件

拖至绘制的曲线上，并将其调整至合适的位置，如图16-208所示。

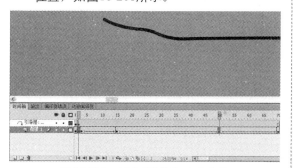

图16-208 调整第2帧位置的元件

**59** 使用同样的方法，在第3帧位置插入关键帧并调整其位置，如图16-209所示。

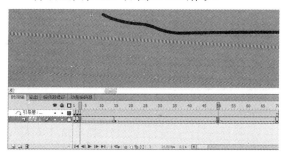

图16-209 调整第3帧位置的元件

**60** 使用同样的方法，在第15帧位置、第50帧位置、第70帧位置处插入关键帧，并调整其元件的位置，完成后的效果如图16-210所示。

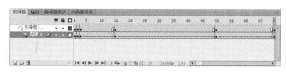

图16-210 完成后的效果

**61** 单击 场景1 ，回到场景1，执行"文件"|"导入"|"导入到舞台"命令，在弹出的"导入"对话框中选择"背景图片.jpg"素材文件，单击"打开"按钮，即可将选择的素材文件导入到舞台中，选择导入的素材文件，打开"属性"面板，在"位置和大小"选项组中设置其X 、Y值为0，如图16-211所示。

**62** 新建"图层2"，在"库"面板中选择"导航栏动画"影片剪辑元件并将其拖至舞台中，为其调整至合适的位置。

**63** 使用同样的方法新建图层，并在"库"面板中将"滚动动画"影片剪辑元件、"文字"影片剪辑元件、"展示动画"影片剪辑元件拖至合适的位置，完成后的效果如图16-212所示。

图16-211 "属性"面板

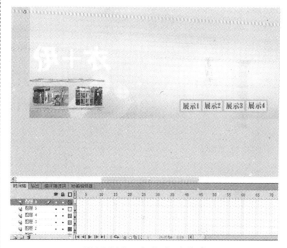

图16-212 完成后的效果

**64** 新建"图层6"，在"库"面板中选择"流星"影片剪辑元件，将其拖至舞台外的左下侧，反复执行此操作，并将它们分散到不同的位置，如图16-213所示。

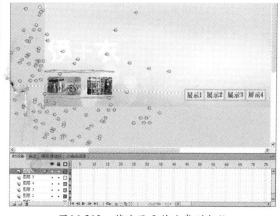

图16-213 将流星元件分散到各处

65 按快捷键Ctrl+Enter测试影片，效果如图16-214所示。

66 执行"文件"|"导出"|"导出影片"命令，在弹出的"导出影片"对话框中为其选择一个正确的储存路径，单击"保存"按钮即可。

图16-214 测试影片